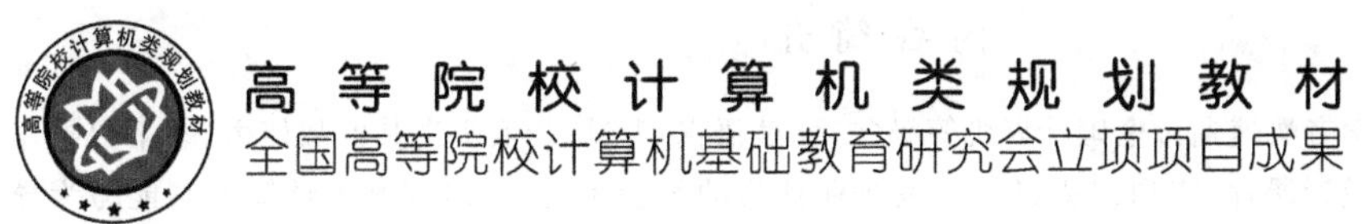

C语言实训与考级教程

主　编　李志刚　刘　芳　邓玉洁
副主编　李海涵　贺娜娜

北京邮电大学出版社
www.buptpress.com

内容简介

为了帮助C语言初学者快速通过全国计算机等级(二级C语言)考试,切实提高其实战能力,本书根据作者多年讲授C语言程序设计课程、实训课程以及开发企业项目的经验编写,以培养读者计算思维能力为导向,第1部分针对新版考试大纲的要求,梳理和归纳C语言的基础知识和考点,并配有大量讲解详尽的例题和上机操作题,第2部分则针对复杂的综合应用问题,引入软件开发流程及企业编码规范,剖析应用中的难点和关键问题,指导读者完成一个六七百行代码的实训课大作业。

本书讲解由浅入深,由基础训练到综合训练循序渐进,可以作为大专院校学生C语言考级辅导教材,也可以作为C语言实训课程参考书,还可以作为C语言初学者的参考书。

图书在版编目(CIP)数据

C语言实训与考级教程 / 李志刚, 刘芳, 邓玉洁主编. -- 北京 : 北京邮电大学出版社, 2023.8
ISBN 978-7-5635-6978-6

Ⅰ. ①C… Ⅱ. ①李… ②刘… ③邓… Ⅲ. ①C语言—程序设计—水平考试—教材 Ⅳ. ①TP312.8

中国国家版本馆CIP数据核字(2023)第143721号

策划编辑: 马晓仟 **责任编辑**: 王小莹 **责任校对**: 张会良 **封面设计**: 七星博纳

出版发行: 北京邮电大学出版社
社　　址: 北京市海淀区西土城路10号
邮政编码: 100876
发 行 部: 电话: 010-62282185 传真: 010-62283578
E-mail: publish@bupt.edu.cn
经　　销: 各地新华书店
印　　刷: 中煤（北京）印务有限公司
开　　本: 787 mm×1 092 mm 1/16
印　　张: 18
字　　数: 473千字
版　　次: 2023年8月第1版
印　　次: 2023年8月第1次印刷

ISBN 978-7-5635-6978-6 定价: 47.00元

前　言

当前信息技术日新月异,人工智能、5G移动通信、区块链、物联网、云计算、大数据等新概念和新技术,给社会经济、人文科学、自然科学等领域带来了一系列革命性的突破。信息技术已经融入了人类社会生活的方方面面,深刻改变了人类思维、生产、生活、学习的方式,深刻展示了人类社会发展的前景。随着信息技术的全面发展,无处不在的计算思维能力成为人们认识和解决问题的基本能力之一。

思维模式是人们看待世界和认识世界的方法与观点,也就是我们所说的世界观。在科学思维中,有以物理学为代表的实证思维和以数学为代表的逻辑思维,其看待世界的观点是不同的,并且形成了判断结论是否正确的不同标准。而计算思维是指运用计算机科学的基础概念去求解问题、设计系统和理解人类的行为。

计算思维能力不仅是计算机专业学生应该具备的能力,而且也是所有大学生应该具备的能力。并非每一个大学生都要成为计算机科学家,但他们绝大多数都会从事科学研究、社会研究或者各种社会实践活动,掌握计算思维的基本方式对他们是终身有益的。

C语言是当今最为流行的程序设计语言之一,C语言程序设计课程是提高人们计算思维水平的一门基础性课程,也是计算机相关专业学生的必修课。学生学习C语言程序设计的基础知识,并通过上机操作开展基础编程练习与综合编程练习,是掌握C语言程序设计基础知识和基本技能的关键步骤,同时也是培养和锻炼其计算思维能力的良好途径。

本书的各位编者全部来自教授C语言程序设计课的一线教师,都具有5年以上的教学经验和工程项目开发经验,在C语言教学的各个环节,从基础知识讲解、上机技能培训、实训课指导到C语言二级考级辅导都积累了丰富的经验,每年都为多个班级不同专业的学生教授C语言程序设计课及C语言实训课,帮助参加课程的学生在程序设计能力及计算思维能力上取得了很大的进步。编者编写本书是为了给大学生,尤其是准备C语言二级考级的大学生,提供一本合适的学习和练习教材。

本书21章分为两部分:C语言考级教程和C语言实训任务。第1部分C语言考级教程(1～13章)包含了C语言二级考试除公共知识外的所有知识点。第1章主要介绍计算思维的基本概念,学习编程语言时不仅要学习其语法规则,掌握编程技能,也要自觉运用计算思维方法，在循序渐进的程序设计中培养计算思维能力，这种理念贯穿于后续各个章节。第2～12章是基础知识，包括C语言程序的组成结构、变量与常量、运算符与表达式、输入输出函数、选择结构、循环结构、数组、函数、指针、编译预处理、内存管理、结构体及文件等，知识层次清晰、讲解由浅入深，重点放在基础知识和考点的梳理、归纳和辨析上，并配有大量讲解详尽的例题。第13章是上机操作，总结和归纳了6大类35小类共93个算法题目，每个题目都有详细的解题思路和解题宝典。第2部分实训任务（14～21章）按照软件工程的开发流程，详细和完整地介绍一个实训任务的需求分析、概要设计、详细设计、调试、测试以及文档撰写各个环节的主要内容和关键问题，指导读者完成一个六七百行代码的实训课大作业。本书将实训任务的讲授重点放在软件设计上，采用结构化方法、自顶向下地将实训任务分解为若干个子模块，在迭代过程中逐步完善各模块功能，在代码编写上还引入软件企业采用的编码规范，以帮助学生提高所写软件程序的规范性。

建议C语言初学者在考级前按照本书中的开发流程认真完成实训任务，这将有助于深入理解C语言的基础知识，并大幅度提升编程能力。

全书贯彻计算思维能力训练，循序渐进地培养学生的计算思维能力，增强学生运用C语言基础知识和技能分析问题和解决问题的能力。本书第1章、第10章以及第14～21章由李志刚编写，第2～4章由贺娜娜编写，第5～6章由李海涵编写，第7章和第9章由邓玉洁编写，第8章、第11～12章由刘芳编写。本书第13章上机练习由陈义嘉、刘星宇、秦鑫洋、金吉安、王嘉恒、韩昱州和徐康博等在校本科生帮忙整理和汇总。全书由李志刚和刘芳统稿。本书提供实训任务CTraining代码资源，感兴趣的读者可以在北京邮电大学出版社官网（http://www.buptpress.com）上下载。

本书是全国高等院校计算机基础教育研究会立项项目成果，并得到北京邮电大学出版社的大力支持，在此一并表示衷心感谢！

由于作者水平有限，书中难免存在不足之处，恳请广大读者及同行给予批评和指正，谢谢！

编　者

2023年1月

目　　录

第1部分　C语言考级教程

第 2 部分　C 语言实训任务

第1部分

C语言考级教程

第1部分C语言考级教程分为13章，覆盖了全国计算机等级考试（二级C语言）除公共知识以外的所有知识点，其中第1章介绍程序设计和计算思维，第2章至第12章介绍C语言基础知识，包括了C语言概述、运算符和表达式、输入输出函数、选择结构、循环结构、数组、函数、指针、编译预处理和内存管理、用户定义类型、结构体、共用体以及文件等，第13章介绍上机操作。

第 1 章　程序设计和计算思维

目前 C 语言是全世界主要的计算机程序设计语言之一，C 语言程序设计已成为各高校计算机基础教学的核心课程。通过 C 语言的学习，学生不仅能够掌握计算机程序设计的基本概念、思想、方法以及编程技能，还能够培养和锻炼计算思维，为解决复杂软件工程问题打下良好基础。

本章要点

① 编程语言对思维训练的意义；

② 结构化程序设计的基本概念和观点；

③ C 语言程序设计中蕴含的计算思维方法。

1.1 引　　言

以一个 C 语言程序为例，阐述程序设计中蕴含的思维方法，引入计算思维概念，然后说明 C 语言在软件开发中的重要位置。

1.1.1 第一个 C 语言程序例子

在 C 语言程序设计教材中，通常第一个 C 语言程序例子是“Hello World! ”程序，其典型的代码如下：

```
#include<stdio.h>
int main(int argc,char * argv[])
{
    printf("Hello World!\n");
    return 0;
}
```

在 Windows 操作系统中，这是一个 C 语言控制台程序，其经过编译、链接之后会生成可执行文件，运行该可执行文件后将在控制台上输出字符串“Hello World!”。

上面简单几行代码在逻辑上蕴含了人们执行很多任务所遵循的基本思维方法。

① 借助于外部资源。为了高效地完成任务，人们往往借助于外部资源，充分利用外部资源可以做到事半功倍。上述程序中，引入 C 语言的库函数 #include < stdio.h >就可以不必了解控制台的技术细节，而直接向控制台输出指定的字符串。

② 执行并完成任务。上述程序中，main 后面的“{ }”中代码的主要功能是使用“printf("Hello World! \n")”语句实现字符串在控制台的显示，这可以理解为做事情的“内因”，而整个程序功能则是“外因通过内因”而实现的。

③ 反馈结果。在完成任务后，应该向“上级”反馈“任务已经完成”，在程序中，通过“return 0”语句通知 Windows 的控制台——本程序已经成功将字符串输出到控制台，并正常退出。

上面程序逻辑中涉及的外因、内因、反馈概念等，在计算思维中表现为“评估”“设计”和“通信”等基本方法。

1.1.2　编程语言中的思维训练

利用编程语言编写一段程序代码，不但表现为一种技术层面的开发过程，而且表现为一种计算思维活动过程。

学习计算机编程语言时，除了学习编程语言本身外，还应该学习什么呢？微软公司创始人比尔·盖茨说：“你不必是编程或元素周期表方面的专家，但是具备这些专家思考方式的能力，则将会为你提供极大的帮助。你不一定会编写代码，但是你需要了解计算机工程师可以做什么以及不能做什么。”

那么，到底什么是计算思维？通俗地说，计算思维就是计算机工程师面对问题时如何思考，以及找出问题的交互关系，并建立永久性解决方案的方法和步骤。例如，工程师在解决问题时有特定的思考流程，面对一个问题时首先将问题拆解成许多的小问题（拆解问题）；其次找出问题彼此间的关联性或规律性（找到模式）；再次将问题简化，忽略细节（建立抽象化）；最后针对这个问题提供一个完整的解决方案（完成演算）。

计算思维在人类认识世界和改造世界过程中具有极其重要的地位，业界学者将其与实证思维、逻辑思维并列到同等地位，并归纳出人类认识世界和改造世界过程中的 3 种基本思维特征。

① 实证（实验）思维：以观察和总结自然规律为特征，以物理学科为代表。

② 逻辑（推理）思维：以推理和演绎为特征，以数学学科为代表。

③ 计算思维：运用计算机科学的基础概念去求解问题、设计系统和理解人类的行为，是人类求解问题的一条途径。

计算思维的本质是抽象和自动化，它虽然具有计算机科学的许多特征，但是计算思维本身并不是计算机科学的专属。实际上，即使没有计算机，计算思维也会逐步发展。但正是计算机的出现，才给计算思维的研究和发展带来了根本性的变化，并且计算思维可通过对计算机科学基本知识和应用能力的学习而得以理解和掌握。通过编程学习计算思维是一条非常好的途径，但这要求我们至少要学习和掌握一门编程语言。

1.1.3　非常受欢迎的编程语言

C 语言是一种结构化程序设计语言，功能强大，具有高效性、快速性、灵活性和可移植性等优点，这使其自 1972 年诞生以来就一直是软件工程开发的主流编程语言，也是程序设计的初学者普遍学习的编程语言。

在最受欢迎编程语言排行榜——TIOBE 编程语言排行榜中，C 语言位居排行榜前列，图 1.1 是 TIOBE 于 2022 年 7 月公布的最受欢迎编程语言排行榜。

Jul 2022	Jul 2021	Change	Programming Language	Ratings	Change
1	3	↑	Python	13.44%	+2.48%
2	1	↓	C	13.13%	+1.50%
3	2	↓	Java	11.59%	+0.40%
4	4		C++	10.00%	+1.98%
5	5		C#	5.65%	+0.82%
6	6		Visual Basic	4.97%	+0.47%
7	7		JavaScript	1.78%	-0.93%
8	9	↑	Assembly language	1.65%	-0.76%
9	10	↑	SQL	1.64%	+0.11%
10	16	⇈	Swift	1.27%	+0.20%

图 1.1　TIOBE① 于 2022 年 7 月公布的最受欢迎编程语言排行榜

虽然在过去几十年里新的编程语言如雨后春笋般产生，但是 C 语言几乎始终占据着最受欢迎编程语言排行榜前三的位置，图 1.2 所示为 1985—2020 年最受欢迎编程语言排行的变化情况，时至今日 C 语言仍然是用来搭建软件世界的基础建筑材料。历经数十年的研究和开发，C 语言的地位依旧稳固，很少有其他语言能够在性能、裸机兼容性或通用性等方面击败它。

Programming Language	2020	2015	2010	2005	2000	1995	1990	1985
C	1	2	2	1	1	2	1	1
Java	2	1	1	2	3	29	-	-
Python	3	6	6	7	23	9	-	-
C++	4	3	3	3	2	1	2	9
C#	5	4	5	6	10	-	-	-
JavaScript	6	8	10	10	7	-	-	-
PHP	7	7	4	4	19	-	-	-
SQL	8	-	-	-	-	-	-	-
R	9	14	46	-	-	-	-	-
Swift	10	16	-	-	-	-	-	-
Lisp	30	26	15	13	8	10	6	2
Fortran	31	23	24	14	15	18	3	5
Ada	33	27	21	16	17	4	9	3
Pascal	242	15	14	17	16	3	7	6

图 1.2　最受欢迎编程语言排行的变化情况

1.2　C 语言的特征

本节首先从软件开发角度归纳出一些 C 语言的编程语言特征，以加深初学者对它的理

① TIOBE 编程社区指数是衡量编程语言流行度的指标。该指数每月更新一次，是基于谷歌、必应等 25 种搜索引擎上与编程相关的搜索查询得到的结果。TIOBE 编程社区指数旨在反映编程语言受欢迎程度的变化。

解，然后介绍结构化方法的特点以及算法的初步知识。

1.2.1　C语言的编程语言特征

为更清晰地描述C语言特征，首先回顾C语言程序的编译和链接过程，然后，从强弱类型、动静态类型两个维度对编程语言进行分类。

1. C语言的编译和链接过程

C语言是一种编译型语言，从编写C语言程序开始到最终得到运行结果，一般需要经历编辑、编译、链接和运行4个主要操作阶段，这就是我们通常说的程序“开发”，如图1.3所示，而这4个操作阶段中将分别得到3种不同类型的文件。以Windows操作系统下C语言程序开发为例，编辑阶段之后得到的文件称为源文件（即源代码文件、源程序），扩展名为.c，编译成功后得到的文件称为目标文件，扩展名为.obj，进一步链接成功后得到的文件称为可执行文件，扩展名为.exe。注意在Windows操作系统中文件名不区分大小写，这与C语言本身语法没有关系。

在C语言程序的基本操作过程中，每个操作阶段只要出现错误一般都需要回到最初源文件编辑阶段进行修改，直至得到希望的运行结果，其中修改错误环节一般称为程序的调试。

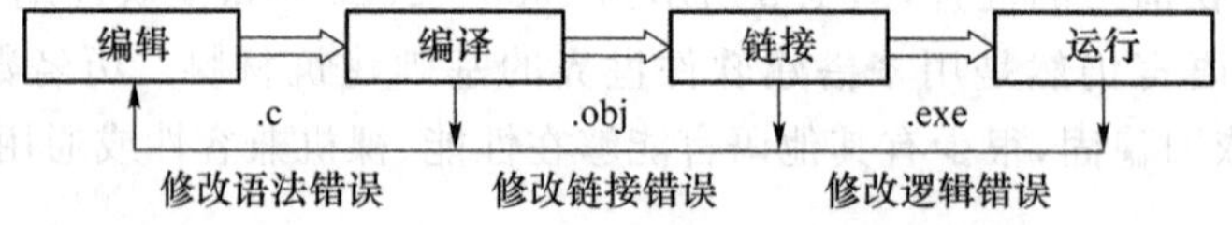

图1.3　C语言程序的基本操作过程

对C语言的初学者来说，使用最多的C语言的开发工具是微软公司的集成开发环境（IDE），如Microsoft Visual C++6.0、Microsoft Visual Studio 2010、Microsoft Visual Studio 2019等版本，它们将上面4个操作阶段集成在一个开发环境中，这种集成开发环境为程序开发带来了方便，开发者在一个环境中就可以进行代码的编辑、编译、链接和运行。但这4个操作阶段实际上也可以单独完成，例如，使用编辑器Notepad++或Notepad2进行源代码编写，使用编译和链接工具进行编译和链接操作，使用命令行在Windows控制台下运行程序等。

2. C语言的主要特征

从图1.1可以看出，编程语言的类型非常多，除了C语言之外，还有C++、C#、Java、Python、Perl、PHP等，业界将编程语言从强弱类型、动静态类型两个维度划分为4种类型，即静态类型（static）和动态类型（dynamic）、强类型（strong）和弱类型（weak）。由于各个类型的严格规定需要引入更多知识，因此本书不给出严格规定，而将重点放在C语言特征的阐述上。图1.4所示是比较公认的编程语言类型划分方式。

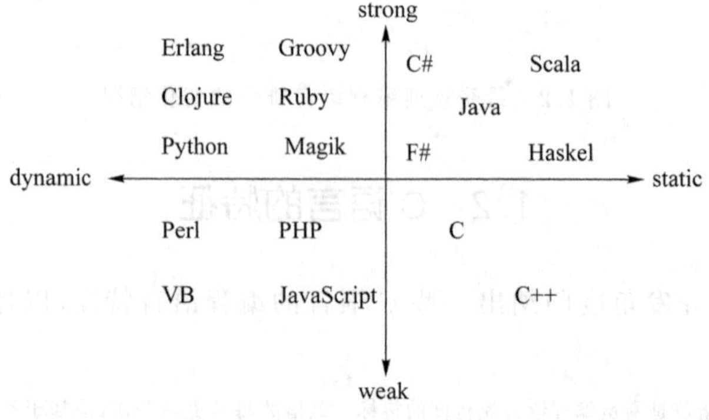

图1.4　编程语言的类型

从图 1.4 中可以看出，C 语言属于静态类型，且处于强、弱类型之间，即它是静态类型语言，并同时具备强、弱类型的特点。

① C 语言是静态类型语言。C 语言源程序在编译时需要做数据类型检查，也就是要求源程序中声明所有变量的数据类型，如 int、float、double 等，并且数据类型一旦声明之后不可改变，否则会导致编译错误。相比之下，动态类型编程语言在源代码中不必给变量指定数据类型，而在程序运行期间才做数据类型的检查，如 Python 语言。

② C 语言兼具强、弱类型特点。一般而言，强类型语言是指需要强制类型定义的语言，即一个变量数据类型确定后，如果转换数据类型，则需要在程序中显示地使用强制类型转换规则来完成转换。例如，在 C 语言中，

```
float a = 3.5;
int b = (int)a;   //将 a 强制转换成 int 类型并赋值给整型变量 b
```

弱类型语言指变量类型可以做隐式的类型转换，又称为自动类型转换。例如在 C 语言中有多种数据类型混合计算的时候，若未主动转换数据类型，则系统会自动进行类型转换。自动类型转换规则是：将存储长度较短的数据类型转换成存储长度较长的数据类型，如图 1.5 所示。

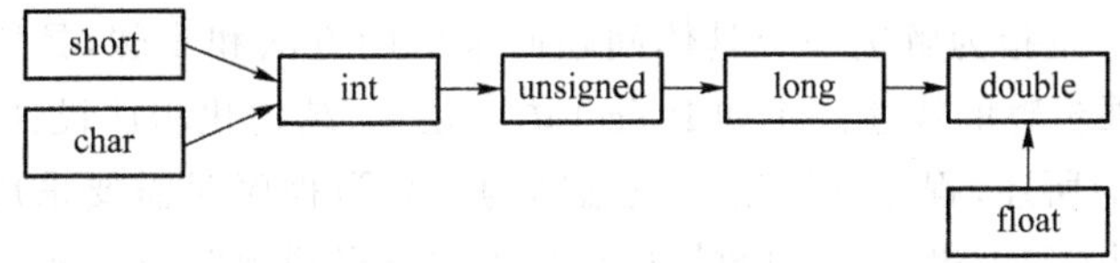

图 1.5 C 语言自动类型转换

根据以上对 C 语言特征的分析，在编写 C 语言源程序时应注意如下两个问题。

① 使用的变量类型必须声明，否则在编译时会报错。

② C 语言数据类型转换分为强制转换和自动转换，由于编译器不检测自动类型转换后的数据，所以需要编程者掌握类型自动转换规则，并判断转换后是否会产生计算错误。

1.2.2 结构化程序设计

C 语言是一门较难学习和使用的编程语言，但是学习 C 语言是学好其他编程语言的基础，也是培养和训练计算思维能力的有效途径。

C 语言是一种结构化程序设计语言，采用面向过程的程序设计（Process Oriented Programming，POP）方法。其以程序的可读性和清晰性为目标，采用结构化和模块化（函数）设计思想，易于维护和重用代码，易于通过自顶向下和逐步求精的方式解决各种复杂问题。即使在当前流行的面向对象的程序设计中，当具体到一个功能模块（方法）时，也离不开结构化程序设计的思想。

1. 3 种程序控制结构

结构化程序有 3 种基本结构，即顺序结构、选择结构和循环结构，这 3 种结构也是各种编程语言都具备的程序控制结构。

(1) 顺序结构（sequence structure）

顺序结构是最简单、最基本的程序结构。在这种结构中，程序的各块是按其书写顺序依次执行的。

(2) 选择结构(select structure)

选择结构也称为分支结构,其测试一个条件并依据条件为真或假的结果,选择执行程序的某个路径,而不严格按照语句顺序执行。

(3) 循环结构(loop structure)

循环结构允许在测试条件为真时重复执行某一组语句,以便减少源程序重复书写的工作量。循环结构用来描述被重复执行的程序段,这种结构充分发挥了计算机重复计算的特长。

【问题】 3种基本结构编写的算法程序可以解决任何复杂问题吗?

【答案】 1966年,计算机科学家C. Bohm和G. Jacopini证明了这样的事实:任何简单或复杂的算法都可以由顺序结构、选择结构和循环结构这3种基本结构组合而成。所以,这3种结构就被称为程序设计的3种基本结构,也是结构化程序设计必须采用的结构。

2. 算法

为了解决工作和生活中的具体问题,需要人们有清晰的思路和明确的操作步骤,同样,程序设计也是如此。人们使用计算机的目的是要解决现实世界中的问题,为了让计算机能够按照人们的意志去工作,需要为计算机提供一组指令,将待解决问题的步骤用指令来描述,并将指令输入计算机中,计算机才会按照指令来工作。这些指令的集合就是程序,在C语言,指令具体表现为一行行的语句。

算法(algorithm)是指为解决一个具体问题而采取的方法和步骤,具体来说,它是解决问题的确定方法和有限步骤的描述。正如Pascal语言之父、结构化程序设计的先驱尼古拉斯·沃斯(Niklaus Wirth)所述,程序＝算法＋数据结构。编写程序时需要采用适当的数据类型,然后使用适当的算法(方法和步骤)对数据进行加工才能得到预期的结果。

需要注意:算法有简有繁,而且算法未必是数学公式翻译成的代码,它可能只是顺序的执行语句。例如,前文中的"Hello World"程序也是算法,它是实现在控制台打印"Hello World"的具体步骤。

一个正确、良好的算法应该满足以下5个重要条件。

① 具有输入:0个或多个输入,其中0输入表示算法本身已给出初始条件。

② 具有输出:1个或多个输出,没有输出的算法是毫无意义的。

③ 具备有穷性:算法的执行步骤有限,且每一步骤的执行时间是可容忍的。

④ 具备确定性:算法的每一步骤具有确切的含义。

⑤ 具备可行性:算法的每一步操作都可以通过已经实现的基本运算执行有限的次数来实现。

除满足以上条件外,一个良好的算法还应该具备可读性、健壮性和普遍性。

为了便于编程者交流算法思路并进行算法的后期改进和优化,通常使用下列方法表示算法:伪代码、流程图、N-S图和PAD图等。表1.1是流程图中常使用的符号。

表1.1　流程图中常用的符号

符号	名称	功能
(圆角矩形)	起止框	表示算法的起始和结束,有时为了简化流程图也可省略
(平行四边形)	输入/输出框	表示算法的输入和输出的信息

续 表

符号	名称	功能
◇	判断框	判断条件是否成立，成立时在出口处标明“是”或“Y”；不成立时标明“否”或“N”
▭	处理框	赋值、计算。算法中处理数据需要的算式、公式等分别写在不同的用以处理数据的处理框内
→ ┐	流程线	连接程序框，带有控制方向

3. 结构化方法的特点

结构化方法(structured method)是面向过程的程序设计的方法，结构化方法有两个主要特点。

① 结构：系统内各个组成要素之间相互联系、相互作用的框架。在C语言中结构化突出表现为函数化，通过一个个函数模块以及函数调用，结合3种基本结构(顺序、选择和循环)实现整个过程控制。

② 程序流程：包含数据以及对数据的加工处理。程序设计的核心问题是数据结构设计和算法的开发和优化，从流程图符号中可以看出，输入/输出是将数据内容引入/传出程序，而3种基本结构则负责数据内容的处理。

1.3 计算思维在C语言程序中的运用

2006年3月，美国卡内基·梅隆大学(Carnegie Mellon University,CMU)计算机科学系周以真(Jeannette M. Wing)教授在美国计算机权威刊物 *Communications of the ACM* 上首次提出了计算思维的概念：计算思维是运用计算机科学的基础概念去求解问题、设计系统和理解人类的行为，它包括了涵盖计算机科学之广度的一系列思维活动。我国学者普遍认可8个类别的计算思维表达体系，即计算、抽象、自动化、设计、评估、通信、协调及记忆。

计算思维与人们的工作与生活密切相关，计算思维应当成为人类不可或缺的一种生存能力。当你早晨上学时，把当天所需要的东西放进背包，这就是“预置和缓存”；当有人丢失自己的物品时，你建议他沿着走过的路线去寻找，这就叫“回退”；对自己租房还是买房做出决策，这就是“在线算法”；在超市付费时，决定排哪个队，这就是“多服务器系统”的性能模型；在停电时你的电话还可以使用，这就是“失败无关性”和“设计冗余性”。

计算思维的理论体系还在不断发展和探索中，本书不过多介绍计算思维的理论知识，而是偏重其在C语言程序设计中的具体运用。

1.3.1 C语言编程学习中的计算思维

在C语言编程学习中，从问题分析(需求分析)、构建流程图、设计变量，到定义函数、运行测试、修改和完善等过程中，都会涉及计算思维的核心思想，下面具体说明。

① 在结构化程序设计中，将问题分解为多个模块，即采用模块设计方法，体现出计算思维中抽象和设计的思维方法，而模块的分解与重用、函数之间的参数传递体现出计算思维中协调和通信的概念。

② 在问题求解中，设计不同算法并运行，然后进行程序运行结果和效率对比，体现出计算

思维的评估方法。

③ C语言中的循环、迭代、递归设计以及一些算法(如排序法、查找法、贪心算法、分治法等),体现出计算思维中设计与自动化的基本思想方法。

④ 一些上机题目内容体现出计算思维中的思想,如文件中的数据压缩存储、内存资源调度等。

1.3.2　学习C语言的一些建议

C语言程序设计具有很强的实践性,在学习C语言过程中需要进行大量的编程训练。因此,第一,建议每个人在自己计算机上安装C语言开发环境,推荐Microsoft Visual Studio 2010或以上版本,这样不仅能在本书学习中方便地使用编程环境,而且在今后遇到需要计算的问题时可随时进行编程设计;第二,养成阅读代码和编写代码的习惯,阅读各种经典的例题和算法题,每周练习编写代码,一个学期的代码编写量累计应在2 000行以上;第三,如果有条件的话,还可以安装具有自动评价及考试系统的软件,方便对自己编写的程序进行评估。

C语言是一门难学和难掌握的编程语言,学好C语言程序设计需要长时间的训练,考级过程只是系统复习和梳理知识、快速提升能力的过程。在学习或复习过程中,应按照从学习基础知识和基本语法,到完成简单的单元练习,再到完成复杂程序设计、解决实训任务,循序渐进地提高编程能力、掌握编程技巧。这个顺序也是本书安排的章节顺序。强烈建议读者在学完第1部分后,独立地完成实训任务题目,读者既可以跟着电话号码簿管理软件实训任务的讲解过程进行学习,也可以通过选做其余10个感兴趣的实训任务进行学习,但都要按照需求分析、概要设计、详细设计等步骤循序渐进完成任务,最后完成报告的编写。从作者多年讲授实训课程的经验来看,绝大多数学生都从实训任务练习中获得了很大收获,对于以前学习中一知半解的问题或者理解不深的问题,通过实训任务练习都有了全面而深入的理解,其C语言的编程能力也因此得到很大提高。

在C语言编程学习中,不仅要重视C语言语法的学习和编程技能的提高,还要善于总结软件工程的设计思路,深刻理解计算思维中蕴含的方法,这样才能有助于解决更为复杂的问题。

总之,学习编程语言不仅是掌握编程技能的必经途径,还是学习和训练计算思维的重要途径。有了良好的计算思维能力,将有助于我们解决日常工作和生活中的问题,提升工作效率,减少错误的发生。工程师可能不是你未来唯一的选择,你还可以是音乐家、艺术家、科学家、心理学家或创业家,但学习计算思维会对你有非常大的帮助!

第 2 章　C 语言概述

C 语言是一种用途广泛、功能强大且使用灵活的过程型编程语言，可用于编写应用软件，也可用于编写系统软件。因此，C 语言在问世以后得到了迅速推广。

本章要点

① 程序的组成结构；
② C 语言的结构特点；
③ 标识符的命名规则；
④ 常量和变量。

2.1　程序的组成结构

本节通过简单例子介绍 C 语言程序的组成结构。

【例 2.1】 要求在屏幕上输出一行信息：Hello，C program.。

【解题思路】 在主函数中用 printf()函数原样输出要求输出的信息。

编写程序：

```
1. #include <stdio.h>                    //编译预处理命令
2. int main()                            //定义主函数
3. {                                     //函数开始的标志
4.     printf("Hello,C program.\n");     //输出要求的一行信息
5.     return 0;                         //函数执行完毕时返回函数值 0
6. }                                     //函数结束的标志
```

运行结果：

```
Hello,C program.
```

程序分析：

① 在程序第 2 行中，“main”是函数名称，表示“主函数”，main 前面的 int 表示此函数的类型是 int 类型，即执行主函数后得到一个 int 类型值。每一个 C 语言程序都有且仅有一个 main()函数，函数体由一对{}包含起来，即上述程序中的第 3～6 行。本例题中的函数体包括第 4～5 行的两个语句。

② 在程序第 5 行中“return 0;”的作用是在主函数执行结束前将整数 0 作为函数值返回到调用函数处。

③ 程序第 4 行是一个输出语句，其中“printf”是 C 编译系统提供的函数库中的输出函数。printf()函数中双引号内的字符串“Hello，C program.”在程序执行后会原样输出。“\n”是换行符，即在输出“Hello，C program.”之后，显示屏上的光标位置会移动到下一行的行首。

④ 除编译预处理命令以外,每个语句都以分号结束。

⑤ 程序第 4 行使用的 printf()是一个函数,这个函数属于 C 编译系统提供的函数库中的输入输出函数,即标准输入输出函数,为了使用标准输入输出函数,需要在本文件模块的开始处使用"#include <stdio.h>"语句。一般地,使用 C 语言编译器来编译系统函数库中的函数时,在程序中需要提供这些函数的信息,如对这些标准输入输出函数的声明和宏定义、全局变量的定义等。

从例 2.1 可以看到一个 C 语言程序的结构具有以下特点。

① C 语言的源程序由函数构成,每一个函数完成相对独立的功能,函数是 C 程序的基本组成部分。其中,每个 C 语言的源程序中必须有且只能有一个主函数 main()。

② C 语言程序从 main()函数开始执行。

③ 每条语句都要以分号结束,分号是语句组成中不可缺少的部分。但编译预处理命令之后不能加分号。

④ 程序中以"#"开头的语句是一种编译预处理命令。

⑤ C 语言本身不提供输入输出操作,该功能可调用库函数 scanf()和 printf()等完成。

⑥ 程序注释有两种方式:单行注释,注释部分应放在"//"之后;块注释,注释部分放在"/*"与"*/"之间,注释允许出现在程序的任何位置。

2.2 数据类型

在计算机内部数据是以二进制的形式保存和处理的,这些数据可以是数字,还可以是文字、符号、图形、音频等。如果一串二进制形式的数据没有特别说明,我们并不知道它代表的是哪种数据,因此在使用数据之前必须确定它的类型。所谓类型实际是对数据分配存储单元的安排,包括存储单元的长度(占多少字节)以及数据的存储形式,不同类型的数据会被分配不同的长度,具有不同的存储形式。

C 语言中允许使用的数据类型如图 2.1 所示。

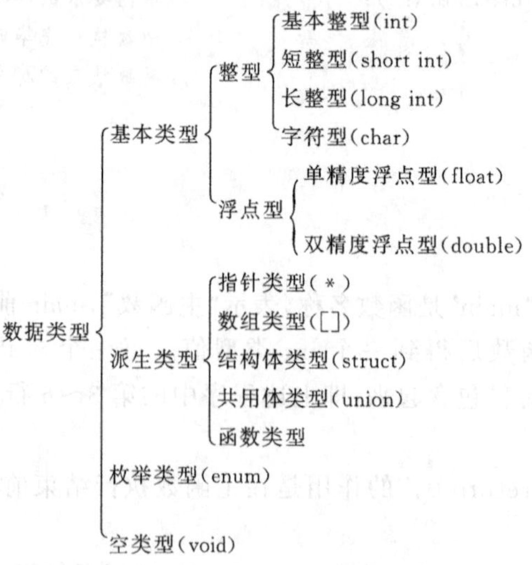

图 2.1 C 语言中允许使用的数据类型

2.3 常量、变量、标识符

2.3.1 常量和变量

在计算机高级语言中，数据有两种表现形式：常量和变量。

1. 常量

在程序运行过程中，其数值不能被改变的量称为常量，常用的常量有以下五大类。

① 整型常量。例如，5、10、2 000、−45 等都是整型常量。

② 实型常量。它又分两种表示形式。

- 小数形式：由数字和小数点组成，如 3.141 59、12.34、0.0、−4.67 等。
- 指数形式：如 12.34e3(代表 12.34×10^3)、−3.45e2(代表 -3.45×10^2)、−0.3456E−3(代表 -0.3456×10^{-3})等。

注意：由于在计算机输入或输出时，无法表示上角或下角，故规定以字母 e 或 E 代表以 10 为底的指数。e 或 E 之前必须有数字，e 或 E 之后必须为整数。例如，e2、2.3e2.5 是错误的写法。

③ 字符常量。它又分两种形式。

- 普通字符。普通字符是用单引号引起来的一个字符，如'a'、'Y'、'4'、'?'、'#'。普通字符不能写成'ab'或 12'。

注意：单引号只是界限符，字符常量只能是一个字符，不包括单引号。

- 转义字符。除了上述普通字符外，C 语言还允许用一种特殊形式的字符常量，即以字符"\"开头的字符序列。这类字符的意思是将"\"后面的字符转换成另外的意义。

常用的以"\"开头的转义字符及其作用如表 2.1 所示。

表 2.1 转义字符及其作用

转义字符	字符值	作用
\'	一个单引号(')	输出此字符
\"	一个双引号(")	输出此字符
\?	一个问号(?)	输出此字符
\\	一个反斜线(\)	输出此字符
\a	警告	产生声音或视觉信号
\b	退格	将当前位置后退一个字符
\f	换页	将当前位置移到下一页的开头
\n	换行	将当前位置移到下一行的开头
\r	回车	将当前位置移到本行的开头
\t	水平制表符	将当前位置移到下一个 tab 位置
\v	垂直制表符	将当前位置移到下一个垂直制表对齐点
\ddd	整数	输出八进制码对应的 ASCII 字符
\xhh	整数	输出十六进制码对应的 ASCII 字符

④ 字符串常量。字符串常量如"student"、"456"等，用双引号把若干字符引起来，字符串常量是双引号中的全部字符，但不包括双引号。

注意：双引号不能写成单引号，单引号内只能包含一个字符，双引号内可以包含一个字符串。

⑤ 符号常量。用＃define 指定一个符号名称来代表一个常量。例如：

```
#define PI 3.1416                              //注意行末没有分号
```

＃define 语句表示源程序中从此语句行开始的所有"PI"都代表数值"3.1416"。这种用符号名代表的常量称为符号常量。使用符号常量有以下好处：含义清楚；在需要改变程序中多处用到的同一个常量时，能做到"一改全改"。

注意：要区分符号常量和变量，不要把符号常量误认为变量。符号常量不占用内存空间，它只是一个临时符号，在预编译后这个符号就不存在了，因此不能对符号常量赋新值。为了与变量相区别，习惯上符号常量用大写字母表示，如 PI、PRICE 等。

2. 变量

变量必须先定义，后使用。在定义变量时需要为其指定一个变量名和类型。注意区分变量名和变量值两个不同的概念，变量名实际上是以一个名字代表的一个存储地址，变量值是存放在该存储地址中的数据，如图 2.2 所示。

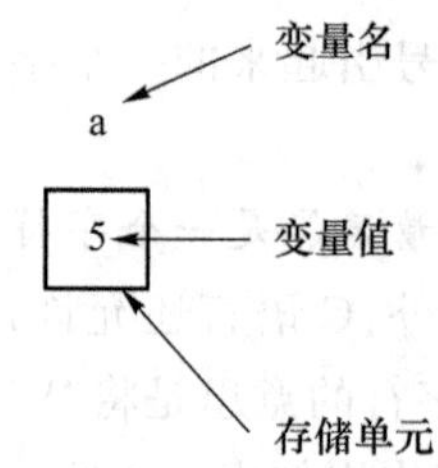

图 2.2　变量存储示意图

对于不同的数据类型，变量包括整型变量、实型变量和字符变量三大类。

2.3.2　标识符

在高级编程语言中，用于对变量、符号常量、函数、数组等命名的有效字符序列统称为标识符。简单地说，标识符就是一个对象的名字。

1. 标识符的命名规则

C 语言中标识符的命名规则如下：

① 合法的标识符只能由字母、数字或下划线组成；

② 标识符的第一个字符必须是字母或下划线，不能是数字；

③ 要区分字母的大小写，如 Class 和 class 是两个不同的变量名，一般而言，变量名用小写字母表示。

下面的标识符是合法的：sum、_class、Class、name1。

下面的标识符是不合法的：5name、a * bc、i+1、－a。

2. 标识符的分类

C 语言的标识符可以分为 3 类：

① 关键字。C 语言规定了一些专用的标识符，它们有固定的含义，不能更改，如图 2.3 所示。

auto	break	case	char	const	continue	default
double	else	enum	extern	float	for	goto
int	long	register	return	short	signed	sizeof
do	if	static	struct	switch	typedef	union
unsigned	void	volatile	while			

图 2.3　C 语言中的关键字

② 预定义标识符。这类标识符在 C 语言中和关键字一样也有特定的含义，这类标识符有库函数的名字（如 printf、scanf），还有预编译处理命令（如 define）。预定义标识符和关键字最大的区别在于，C 语言语法允许用户更改预定义标识符，但这将使这些标识符失去系统规定的原有含义，一般不建议随意修改。

③ 用户自定义标识符。用户自定义标识符是用户根据实际需要定义的标识符，一般是给变量、函数、数组或文件等命名，定义这类标识符最好做到“见名知义”，这样有利于提高程序的可读性和可维护性。

【真题】

1. 以下说法正确的是（　　）。

A. C 程序是从第一个定义的函数开始执行的

B. 在 C 程序中，要调用的函数必须在 main( )函数中定义

C. C 程序是从 main( )函数开始执行的

D. C 程序中的 main( )函数必须放在程序的开始部分

答案：C

【解析】 C 语言程序总是从程序的 main( )函数开始执行。main( )函数可以放在 C 程序的任何位置，包括最前面和最后面。C 程序中的函数可以任意地相互调用，它们之间的关系是平等的，而且被调用的函数并不要求在 main( )函数中定义。

2. 以下选项中不能作为 C 语言合法常量的是（　　）。

A. 'cd'　　　　B. 0.1e+5　　　　C. "\a"　　　　D. '\011'

答案：A

【解析】 在 C 语言程序中，用单引号把一个字符或反斜线后跟的一个特定的字符括起来表示一个字符常量。A 选项中单引号里面有 2 个字符，所以 A 选项错误。B 选项表示一个实型常量。C 选项表示一个字符串常量。D 选项表示一个字符常量。

3. 以下选项中，合法的实数是（　　）

A. 1.5E2　　　　B. E1.1　　　　C. 2.10E　　　　D. 1.9E1.4

答案：A

【解析】 实数的指数形式 E 前后的要求：e 或 E 之前必须有数字，e 或 E 之后必须为整数。

4. 若函数中有定义语句“int k;”，则（　　）。

A. 系统将自动给 k 赋初值 0

B. 系统将自动给 k 赋初值－1

C. 这时 k 中的值无意义

D. 这时 k 中无任何值

答案:C

【解析】　用 int 定义变量时,编译器仅为变量开辟存储单元,并没有在存储单元中存放任何值,此时变量中的值是不确定的,称变量值无意义。因此,本题正确答案为 C。

5. 以下选项中不合法的标识符是(　　)。

A. print　　　　B. FOR　　　　C. _00　　　　D. &a

答案:D

【解析】　合法的标识符只能由字母、数字或下划线组成。D 选项中出现了非法字符"&"。因此,本题答案为 D。

第 3 章　运算符和表达式

几乎每一个程序都需要进行运算，对数据进行各种加工处理就需要规定多种不同的运算符。C 语言的运算符范围很广，除控制语句和输入输出以外几乎所有的操作都作为运算符处理。

本章要点

① C 语言中 10 类运算符的功能；
② 运算符的结合性和优先级；
③ 运算符的运算规则；
④ 算术表达式的求值规则；
⑤ 赋值表达式的求值规则；
⑥ 类型转换的方法。

3.1　C 语言运算符

3.1.1　运算符分类

C 语言运算符涉及范围很广，按运算功能不同，将运算符分为 10 类，如表 3.1 所示。

表 3.1　C 语言运算符

运算符类型名称	运算符
算术运算符	+、-、*、/、%
位运算符	>>、<<、~、&、|、∧
关系运算符	>、<、>=、<=、==、!=
逻辑运算符	!、||、&&
条件运算符	?:
指针运算符	&、*
赋值运算符	=
逗号运算符	,
求字节数运算符	sizeof
强制类型转换运算符	(类型名)

根据参与运算的对象个数不同，将 C 语言运算符分为单目运算符(如“!”)、双目运算符(如“+”“-”)和三目运算符(如“?:”)。本章将介绍其中几种简单的运算符，而较为复杂的关系运算符、逻辑运算符和条件运算符将在后面章节中详细介绍。

3.1.2　运算符的结合性和优先级

当C语言进行运算时,如果涉及多个运算符,则需要考虑运算的顺序。为此,C语言规定了运算符的优先级和结合性,如表3.2所示。

表3.2　运算符的优先级和结合性

优先级	运算符	类型	结合方向
1	()、[]、++(后置自增)、--(后置自减)	单目	左结合
2	!、~、++(前置自增)、--(前置自减)、-(负号)、+(正号)、*(间址运算)、&、sizeof、强制类型转换	单目	右结合
3	*、/、%	双目	左结合
4	+、-	双目	左结合
5	≪、≫	双目	左结合
6	<、<=、>、>=	双目	左结合
7	==、!=	双目	左结合
8	&	双目	左结合
9	^	双目	左结合
10	|	双目	左结合
11	&&	双目	左结合
12	||	双目	左结合
13	?:	三目	右结合
14	=、+=、-=、*=、/=、<<=、>>=、&=、^=、|=	双目	右结合
15	,	双目	左结合

3.2　算术运算符和算术表达式

3.2.1　基本的算术运算符

C语言的基本算术运算符有+(加法运算符或正值运算符)、-(减法运算符或负值运算符)、*(乘)、/(除)和%(求余)。

① 当除数和被除数都是整数时,运算结果也是整数。如果不能整除,那么就直接丢掉小数部分,只保留整数部分,这与将小数赋值给整数类型相似。

② 一旦除数和被除数中有一个是小数,那么运算结果也是小数,并且是double类型的小数。

③ %的两边都必须是整数,不能出现小数,否则编译器会报错。另外,余数可以是正数也可以是负数,余数的正、负号由%左边的整数决定:如果%左边是正数,那么余数也是正数;如果%左边是负数,那么余数也是负数。

3.2.2　算术表达式的运算规则和要求

算术表达式是用算术运算符和括号将运算对象连接起来的、符合C语法规则的式子。运算对象包括常量、变量、函数等。

在C语言中，算术表达式的运算规则和要求如下。

① 在算术表达式中，可使用多层圆括号，但括号必须配对。运算时从内层圆括号开始，由内向外依次计算各表达式的值。

② 在算术表达式中，对于不同优先级的运算符，可按运算符的优先级由高到低进行运算，若表达式中运算符的优先级相同，则按运算符的结合方向进行运算。

③ 在算术表述式中，如果一个运算符两侧的运算对象类型不同，则首先利用自动转换或强制类型转换（3.2.4节有详细介绍），使两者具有相同的数据类型，然后再进行运算。

3.2.3　自增、自减运算符

自增运算符"++"和自减运算符"--"的作用分别是使运算变量的值增1和减1。这两个运算符都是单目运算符，其运算对象可以是整型或浮点型变量，但不能是常量和表达式，因为不能给常量或表达式赋值。

自增运算符"++"和自减运算符"--"可以作为前缀运算符，也可以作为后缀运算符构成一个表达式，两种方式虽然最终都会使i加或减1，但作为表达式来说有不同的作用。

① ++i、--i：在使用i之前，先使i的值加1或者减1，再使用此时的表达式的值参与运算。

② i++、i--：在使用i之后，使i的值加1或者减1，再使用此时的表达式的值参与运算。

③ 自增（减）运算符常用于循环语句中使循环变量自动加（减）1，也用于指针变量的运算中，使指针指向下一个地址。

3.2.4　算术运算中的类型转换

在程序中经常会遇到不同类型的数据之间进行算术运算的情况，如3*4.5。如果一个运算符两侧的数据类型不同，则首先需要进行自动类型转换，使两侧数据是同一种类型，然后进行运算。因此整型、浮点型、字符型数据间可以进行混合运算。双目运算中运算符两侧数据之间的自动类型转换规则如图3.1所示。

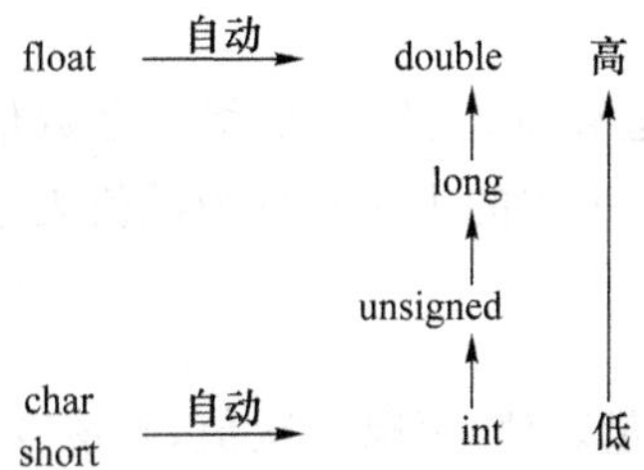

图3.1　数据之间的自动类型转换规则

由于某些运算符对参与运算的数据类型有所限制，按照自动类型转换规则不能得到所需要的运算结果，在这种情况下可以使用强制类型转换，其形式如下：

```
(类型说明符)表达式;
```

【真题】

1. 有如下程序：

```
#include <stdio.h>
main()
{
    int x = 072;
    printf(">%d<\n", x+1);
}
```

程序运行后的输出结果是(　　)。

A. >59<　　B. >73<　　C. >142<　　D. >073<

答案:A

【解析】 x=072 为八进制,其转换为十进制后为 58,x+1=59,所以选 A。

2. 假设变量已正确定义并赋值,以下正确的表达式是(　　)。

A. x=y*5=x+z　　B. int(15.8%5)

C. x=y+z+5,++y　　D. x=25%5.0

答案:C

【解析】 求余运算符"%"两边的运算对象必须是整型数据,而选项 B 和 D 中"%"两边的运算对象有浮点型数据,所以选项 B 和选项 D 是错误的表达式。在选项 A 中赋值表达式两边出现相同的变量 x,也是错误的。选项 C 是一个逗号表达式,所以正确答案为 C。

3. 现有定义"int a;""double b;""float c;""char k;",则表达式 a/b+c-k 的值的类型为(　　)。

A. int　　B. double　　C. float　　D. char

答案:B

【解析】 根据双目运算中两边运算量类型的转换规则进行判断。在 a/b 时,a、b 的类型不一致,根据类型转换规则,要把整型转换成 double 类型,之后的加、减运算类似。转换规则为 char、short→int→unsigned→long→double、float→double。

3.3　赋值运算符和赋值表达式

在 C 语言中,"="称作赋值运算符,其作用是将一个数值赋给一个变量或将一个变量的值赋给另一个变量,由赋值运算符组成的表达式称为赋值表达式。其一般形式为

```
变量名 = 表达式;
```

在程序中可以多次给一个变量赋值,每赋一次值,与该变量对应的存储单元中的数据就被更新一次,因此,内存中当前的数据就是最后一次赋值的数据。

注意:

① 赋值运算符"="和等于运算符"=="不同。

② 赋值运算符的左侧只能是变量,而不能是常量或者表达式,而其右侧可以是表达式,包括赋值表达式,例如,"a=b=1+1"是正确的,a,b 均为 2,而"a=1+1=b"是错误的,因为后者从右开始结合的第一个赋值表达式的左侧是常量。

③ C语言规定最左边变量所得到的新值就是整个赋值表达式的值。

在赋值运算符之前加上其他运算符可以构成复合赋值运算符。其中与算术运算有关的复合赋值运算符有+=、-=、*=、/=和%=等。这些复合赋值运算符的两个符号之间不可以有空格，复合赋值运算符的优先级与赋值运算符的相同。表达式"n+=1"等价于"n=n+1"，其作用是取变量n中的值增1，然后将其赋值给变量n，其他复合赋值运算符的运算规则依此类推。

【真题】

1. 若有定义语句"int a=12;"，则执行语句"a+= a-= a*a;"后a的值是(　　)

A. 264　　B. 552　　C. 144　　D. -264

答案：D

【解析】 +=、-=为右结合，所以先算a=a-a×a=12-144=-132，a+=-132可以等价为a=a+(-132)=-264，因此选择D。

2. 设有定义语句"int x=2;"，则以下表达式中，值不为6的是(　　)。

A. x*=x+1　　B. x++,2*x　　C. x*=(1+x)　　D. 2*x,x+=2

答案：D

【解析】 本题考查的是C语言逗号运算符和复合赋值运算符的运算方式。逗号运算符的作用是将若干表达式连接起来，它的优先级别在所有运算符中是最低的，结合方向为"自左向右"。选项A和选项C的结果是一样，可展开为x=x*(x+1)=2*3=6。选项B中先执行x++，因为++运算符有自加功能，逗号之前的表达式执行后x的值为3，逗号后的值就是整个表达式的值，即6。选项D逗号之前并未给x赋值，所以表达式的值就是x+=2的值，即4。所以正确答案为D。

3.4 逗号运算符和逗号表达式

用逗号运算符将几个表达式连接起来就可得到逗号表达式，如"a=b+c,b=a*a,c=a+b"。其一般形式为

```
表达式1,表达式2,表达式3,…,表达式n;
```

逗号表达式的求解过程是：首先求解表达式1，然后依次求解表达式2到表达式n的值。整个逗号表达式的值就是表达式n的值。逗号运算符是所有运算符中优先级最低的。

【真题】

1. 若有定义"int a,b,c;"，则以下程序段的输出结果是(　　)。

```
a = 11; b = 3; c = 0;
printf("%d\n",c = (a/b,a%b));
```

A. 0　　B. 1　　C. 2　　D. 3

答案：C

【解析】 a=11，b=3，ab都为整型变量，a/b=11/3=3，a%b=2，由于括号运算符里包含逗号运算符，因此逗号运算符取后边表达式的值。

2. 设变量已正确定义为整型，则表达式"n=i=2,i=n+1,i+n"的值为(　　)。

A. 2　　B. 3　　C. 4　　D. 5

答案:D

【解析】 本题考查的是C语言逗号表达式的相关知识。程序在计算逗号表达式时,从左到右计算由逗号分隔的各表达式的值,整个逗号表达式的值等于其中的最后一个表达式的值。本题中,首先i和n被赋值为2,然后i被赋值为n+1,即3,最后i+n等于2+3=5。所以正确答案为D。

3.5 位运算符和位运算

在计算机内部数据是以二进制数形式存储的,位运算就是指对存储单元中的二进制位进行的运算。

C语言提供6种位运算符,如表3.3所示。位运算中除“~”以外,均为双目运算符,即要求两侧各有一个运算对象。而且,位运算符的运算对象只能是整型或字符型数据,不能为实型数据。

表3.3 位运算符

操作符	含义	规则
&	按位与	若两个相应的二进制位都为1,则该位的结果为1,否则为0
|	按位或	若两个相应的二进制位只要有一个为1,则该位的结果为1,否则为0
∧	按位异或	若两个二进制位相同,则该位的结果为0,否则为1
~	按位求反	按位取反,即0变1,1变0
<<	左移	将一个数的二进制位全部左移若干位
>>	右移	将一个数的二进制位全部右移若干位

【真题】

变量a中的数据用二进制表示的形式是01011101,变量b中的数据用二进制表示的形式是11110000。若要求将a的高4位取反,低4位不变,所要执行的运算是(　　)。

A. a∧b　　B. a|b　　C. a&b　　D. a<<4

答案:A

【解析】 本题考查的是位运算的知识。对于任何二进制数,和1进行异或运算会让其取反,而和0进行异或运算不会发生任何变化,所以正确答案为A。

第 4 章　输入输出函数

C 语言本身不提供输入输出语句，输入和输出操作是由 C 标准函数库中的函数来实现的。C 标准函数库中提供了格式化输入输出函数 scanf()和 printf()，还提供了专门用于输入输出字符的函数 getchar()和 putchar()，以及输入输出字符串的函数 puts()和 gets()。

本章要点

① 格式化输入输出函数；

② 字符和字符串输入输出函数。

4.1　格式化输入输出函数

4.1.1　格式化输出函数

从算法概念可知，一个完整的程序必须要有 1 个以上的输出，但 C 语言没有输出语句，需要调用标准函数库中的输出函数来输出数据。printf()是 C 语言标准库函数，用于将格式化后的字符串输出到标准输出。所谓标准输出就是标准输出文件，它对应终端的屏幕。printf()函数声明于头文件 stdio.h 中，因此在使用 printf()函数时要加上"#include <stdio.h>"，其一般形式为

```
printf("格式控制字符串",输出列表);
```

例如：

```
printf("a 和 b 的值分别为：%d,%c\n",a,b);
```

printf 后面的括号内包括两部分内容：格式控制字符串和输出列表。

① 格式控制字符串是用双引号括起来的字符串，称为转换控制字符串，简称格式字符串，printf()函数至少要有一个参数。格式控制字符串包括两类信息。

a. 格式声明。格式声明由"%"和格式字符组成，如%d、%c、%f 等。其作用是将输出的数据转换为指定的格式然后输出，如上例中变量 a 为整型，系统规定用 d 作为格式字符，因此有"%d"。格式声明总是由"%"字符开始。

b. 需要原样输出的字符。通常在 printf 后面的括号里除了有格式声明与一些转义字符外，还有一些字符需要原样输出，这些字符也放在"格式控制字符串"部分，如上例中的"a 和 b 的值分别为："和"\n"。

② 输出列表是程序需要输出的一些数据，可以是常量、变量或表达式，如上例中的 a 和 b。输出列表可以是用逗号分隔开的多个表达式。

格式字符有两种：类型格式字符和附加格式字符。对不同的数据类型要指定不同的类型格式字符，printf()函数中常用的类型格式字符及其含义如表 4.1 所示。

表 4.1　printf( )函数中常用的类型格式字符及其含义

类型格式字符（以%开始）	含义	示例
%d	输出十进制有符号 32 bit 整数	printf("%d",123); 输出 123
%u	输出无符号十进制整数	printf("%u",123); 输出 123
%o	输出无符号 8 进制整数(不输出前缀 0)	printf("%o",123); 输出 173
%x 或%X	输出无符号十六进制整数，x 对应的字母为小写，X 为大写(不输出前缀 0x)	printf("%x %X",123,123); 输出 7b　7B
%f	单精度浮点数用 f，双精度浮点数用 lf(printf 可混用，但 scanf 不能混用)	printf("%.9f",0.123); 输出 0.123000000 （按指定精度输出，否则默认精度为六位）
%e 或%E	以科学记数法形式输出，使用指数表示浮点数，此处的 e 和 E 分别对应输出的 e 和 E	printf("%e%E",0.00000123,0.00000123); 输出 1.230000e−06 1.230000E−06
%g	以%f 或%e 中较短的输出宽度输出单、双精度实数，不输出无意义的 0	printf("%g",0.000000123); 输出 1.23e−07
%c	输出字符型。可以把输入的数字按照 ASCII 码相应转换为对应的字符	printf("%c\n",64) 输出 A
%s	输出字符串。输出字符串中的字符直至字符串中的空字符(字符串以空字符'\0'结尾)	printf("%s","ccbupt"); 输出 ccbupt
%p	以 16 进制形式输出指针	printf("%010p","lvlv"); 输出 0x004007e6
%%	输出字符%(百分号)本身	printf("%%"); 输出%

处理数据对齐、正负号等问题时则需要使用附加格式字符，附加格式字符插入在类型格式字符之前，%之后，其属于可选项。printf()函数中常用的附加格式字符及其含义如表 4.2 所示。

表 4.2　printf( )函数中常用的附加格式符及其含义

附加格式字符	含义
l(字母)	用于 long 型或 double 型数据，可加在 d、o、x、u、f 前面
H	用于 short 型数据，可加在 d、o、x、u 前面
m(正整数常量)	指定输出数据最小宽度(含小数点和占位符)，默认按实际字符显示
.n(正整数常量)	实数类型为输出 *n* 位小数，默认 6 位；字符串类型为截取字符数
−	左对齐，默认为右对齐
＋	显示正负号
0	设定宽度左边空位补 0
#	八进制数输出前缀 0，十六进制数输出前缀 0x

使用 printf()函数时的注意事项如下。

① 在格式控制字符串中，格式声明与输出列表从左到右在类型上必须一一对应，否则将导致数据输出错误。

② 在格式控制字符串中，格式声明与输出列表中的输出项个数要一致，若格式声明的个数多于输出项的个数，则对于多余的格式将输出不定值(或 0 值)。

③ 在格式控制字符串中，除了合法的格式声明外，还可以包含任意的合法字符(包括转义字符)，这些字符在输出时将被"原样输出"。

④ 使用多个附加格式字符时，其顺序为"%[标志符][宽度][.精度][类型长度]类型字符"。

⑤ 输出数据时，默认输出宽度按实际位数输出，设定宽度 m 后，若实际数值小于 m 则用空格补齐，若实际数值大于 m 则原样输出。

⑥ 浮点小数按四舍五入方式显示小数点后 6 位，若.n 中的 n 为 0，则将数据四舍五入到整数位显示。

【真题】

1. 有以下程序：

```
#include <stdio.h>
main()
{
    int  a = 2, c = 5;
    printf("a = %%d,b = %%d\n", a, c );
}
```

程序运行后的输出结果是(　　)。

A. a=%d,b=%d　　　　B. a=%2,b=%5

C. a=%%d,b=%%d　　　　D. a=2,b=5

答案:A

【解析】 原样输出，因为%%表示输出名本身。

2. 设有定义"double x=2.12;"，以下不能完整输出变量 x 值的语句是(　　)。

A. printf("x=%5.0f\n",x);　　　　B. printf("x=%f\n",x);

C. printf("x=%lf\n",x);　　　　D. printf("x=%0.5f\n",x);

答案:A

【解析】 小数点前限制输出宽度，小数点后限制小数位数，选项 A 中小数点后的长度为 0，所以把 x 中的小数位数舍弃，不能完整输出。选项 D 中小数点前为 0，实际长度大于 m，则原样输出。

3. 有以下程序：

```
#include <stdio.h>
main( )
{
    int x = 0x13;
    printf("INT: %d\n", x + 1);
}
```

程序运行后的输出结果是(　　)。

A. INT:20　　B. INT:13　　C. INT:12　　D. INT:14

答案:A

【解析】 0x代表十六进制,%d是十进制输出,需要进行进制转换,将十六进制13转换成十进制:$(13)_{16}=1\times16^1+3\times16^0=19$,输出 x+1=20。

4.1.2 格式化输入函数

C语言同样没有输入语句,也需调用标准库函数接收键盘输入的数据。scanf()是C语言中的格式化输入函数。与printf()函数一样,scanf()函数也被声明在头文件stdio.h中,因此在使用scanf()函数时要加上"#include <stdio.h>"。scanf()函数是格式化输入函数,即按用户指定的格式,从键盘上将数据输入到指定的变量中,其一般形式为

```
scanf("格式控制字符串",地址列表);
```

格式控制字符串部分的含义与printf()函数的格式控制字符串含义相同。地址列表是由若干个地址组成的表列,可以是变量的地址或字符串的首地址。

如果格式控制字符串中的格式字符是连着书写的,如"%d%d%d",则在输入数据时,数据之间不可以用逗号分隔,只能用空白字符〔空格、"跳格"键(Tab键)或回车键〕分隔,如输入"2 (空格)3(Tab键) 4"或"2(Tab键)3(回车键)4"等。如果格式控制字符串中的格式字符以逗号分开,如"%d,%d,%d",则在输入数据时,数据之间需要加","分开,如输入"2,3,4"。

(1) 格式字符

scanf()函数中常用的类型格式字符和附加格式字符分别如表4.3和表4.4所示,它们的用法和printf()函数中格式字符的用法相似。

表4.3 scanf()函数中常用的类型格式字符

类型格式字符	说明
%d	输入十进制整数
%u	输入无符号的十进制整数
%o	输入八进制整数
%x	输入十六进制整数(大小写作用相同)
%c	输入单个字符
%s	输入字符串,将字符串送到一个字符数组中,在输入时以非空白字符开始,以第一个空白字符结束。字符串以串结束标志'\0'作为其最后一个字符
%f	用小数形式输入实数
%e	以指数形式输入实数

表4.4 scanf()函数中常用的附加格式字符

附加格式符	说明
L	用于输入长整型数据(可用%ld、%lo、%lx、%lu)以及double型数据(用%lf或%le)
H	用于输入短整型数据(可用%hd、%ho、%hx)
M	用于指定输入数据所占宽度
*	用于表示本输入项在读入后不赋给相应的变量

(2) 使用 scanf()函数时应注意的问题

① scanf()函数中的输入项只能是地址表达式，而不能是变量名或其他内容，也就是说输入项必须是某个存储单元的地址。

② 如果在格式控制字符串中除了格式声明外还有其他字符，则在输入数据时应输入与这些字符相同的字符。

③ 在用%c 格式输入字符时，空格字符和转义字符都可作为有效字符输入。

④ 在输入数据时，若实际输入数据少于输入项个数，则 scanf()函数会等待输入，直到满足条件或遇到非法字符才结束；若实际输入数据多于输入项个数，多余的数据将留在缓冲区备用，作为下一次输入操作的数据。

⑤ 在输入数据时，若遇到空格、回车键或 Tab 键则认为输入结束，上述字符统一可称为"间隔符"。

【真题】

1. 执行以下程序时输入 1234567，程序的运行结果为(　　)。

```
#include < stdio.h>
main()
{
int x,y;
scanf("%2d%21d",&x,&y);
printf("%d\n",x+y);
}
```

A. 17　　　　B. 46　　　　C. 15　　　　D. 9

答案：B

【解析】 scanf()函数要求输入一个 int 型数据和一个 long int 型数据，在本程序中格式声明部分指定域宽都为 2，所以，虽然输入的是 1234567，但是计算机接收的数据分别为 12 和 34，后面的 567 没有被读入，即 x=12，y=34，所以，输出的结果为 46(12+34)，正确答案为 B。

2. 若有定义"int a,b;"，则用语句"scanf("%d%d",&a,&b);"输入 a、b 的值时，不能作为输入数据分隔符的是(　　)。

A. ，　　　　B. 空格　　　　C. 回车键　　　　D. Tab 键

答案：A

【解析】 使用 scanf()函数输入数值时，在两个数值之间需要插入空格(或其他分隔符)，以使系统能区分两个数值，如果在格式控制字符串中除格式声明以外还有其他字符，则在输入数据时应在对应的位置上输入与这些字符相同的字符。在题干中，因为"格式控制字符串"中是两个"%d"，没有其他字符，所以选项 A 不能作为输入数据的分隔符；又因为要输入的数据为整型数据，所以在分别输入 a 和 b 的值时，二者之间可以用空格、回车符或 Tab 键间隔。

3. 根据定义和数据的输入方式判断输入语句的正确形式是(　　)。

已有定义：

```
float f1,f2;
```

数据的输入方式：

```
4.52
3.5
```

A. scanf("%f,%f",&f1,&f2);　　　　B. scanf("%f%f",&f1,&f2);
C. scanf("%3.2f%2.1f",&f1,&f2);　　D. scanf("%3.2f,%2.1f",&f1,&f2);

答案:B

【解析】 scanf()函数的格式声明部分不存在"%m.nf"的形式,所以排除选项C和选项D。从题干中可以看出,两个数据中间没有用逗号间隔,所以排除选项A。对于选项B,在输入数值时,两个数据之间可以用空格、回车符或者Tab键间隔。

4.2 字符和字符串输入输出函数

4.2.1 字符输入、输出函数

除了可以用printf()函数和scanf()函数输出和输入字符外,C函数库还提供了一些专门用于输入和输出字符的函数。这些函数的原型说明都在stdio.h头文件中。

1. 字符输出函数 putchar()

调用系统函数库中的putchar()函数将向显示器输出一个字符,其一般形式为

```
putchar(c);
```

【例 4.1】 先后输出Y、O、U 3个字符。

【解题思路】 定义3个字符变量,分别赋以初值'Y'、'O'、'U',然后用putchar()函数输出这3个字符变量的值。

编写程序如下:

```
#include <stdio.h>
int main()
{
    char a='Y',b='O',c='U';                    //定义3个字符变量并初始化
    putchar(a);                                //向显示器输出字符Y
    putchar(b);                                //向显示器输出字符O
    putchar(c);                                //向显示器输出字符U
    putchar('\n');                             //向显示器输出一个换行符
    return 0;
}
```

运行结果:

```
YOU
```

运行结果即连续输出Y、O、U 3个字符,然后换行。

2. 字符输入函数 getchar()

调用系统函数库中的getchar()函数,实现向计算机输入一个字符,其一般形式为

```
getchar( );
```

getchar()函数没有参数，它的作用是从计算机终端(一般是键盘)输入一个字符，即计算机获得一个字符。getchar()函数的值就是从输入设备得到的字符。getchar()函数只能接收一个字符，如果想输入多个字符就要用多个 getchar()函数。

【例 4.2】 从键盘输入 Y、O、U 3 个字符，然后把它们输出到屏幕。

【解题思路】 用 3 个 getchar()函数先后从键盘输入 Y、O、U 3 个字符，然后用 putchar()函数将其输出到屏幕上。

编写程序如下：

```
#include <stdio.h>
int main()
{
    char a,b,c;                          //定义 3 个字符变量
    a = getchar( );                      //从键盘输入一个字符,送给字符变量 a
    b = getchar( );                      //从键盘输入一个字符,送给字符变量 b
    c = getchar( );                      //从键盘输入一个字符,送给字符变量 c
    putchar(a);                          //将变量 a 的值输出到屏幕
    putchar(b);                          //将变量 b 的值输出到屏幕
    putchar(c);                          //将变量 c 的值输出到屏幕
    putchar('\n');                       //向显示器输出一个换行符
    return 0;
}
```

运行结果：

```
YOU
YOU
```

在连续输入 Y、O、U 3 个字符并按 Enter 键后，字符才被送到计算机中，然后输出 Y、O、U 3 个字符。

在用键盘输入信息时，并不是在键盘上按下一个字符，该字符就会立即被送到计算机中，这些字符先暂存在键盘的缓冲器中，只有按了 Enter 键才能把这些字符一起输入计算机中，然后按先后顺序分别赋给相应的变量。

如果在运行时，在输入一个字符后马上按 Enter 键，会得到什么结果？实际运行结果如下：

```
Y
O
Y
O
```

上面的运行结果是因为计算机将按 Enter 键的操作当作一个换行符。第 1 行输入的不是一个字符 Y，而是两个字符——Y 和换行符，其中字符 Y 赋给了变量 a，换行符赋给了变量 b。第 2 行接着输入两个字符——O 和换行符，其中字符 O 赋给了变量 c，换行符没有送入任何变量。在用 putchar()函数输出变量 a、b、c 的值时，就输出了字符 Y，然后输出换行，再输出字符 O，最后执行语句“putchar('\n')”，换行。

注意：执行 getchar()函数不但可以从输入设备获得一个可显示的字符，而且可以获得在

屏幕上无法显示的字符，如控制字符。

4.2.2　字符串输入、输出函数

1. 字符串输入函数

gets()函数用于从键盘读取字符串，直到遇到回车符才结束，然后将读取到的字符串保存到指定变量中，其一般格式为：

```
gets(str);
```

参数 str 为字符数组名或指向字符数组的指针，gets()函数有缓冲区，每次按下回车键就代表当前输入结束了，gets()函数开始从缓冲区中读取内容，这一点和 scanf()函数是一样的。gets()函数和 scanf()函数的主要区别是：scanf()函数读取字符串时以空格为分隔，遇到空格就认为当前字符串结束了，所以无法读取含有空格的字符串。而 gets()函数认为空格也是字符串的一部分，只有遇到回车键时才认为字符串输入结束。所以，不管输入了多少个空格，只要不按下回车键，对 gets()函数来说就是一个完整的字符串。换句话说，gets()函数能读取含有空格的字符串，而 scanf()函数则不能。

2. 字符串输出函数

puts()函数用来将指定的字符串输出到屏幕，其一般形式为：

```
puts(str);
```

参数 str 可以是字符串常量、字符数组名或者字符指针。puts(str)函数功能与 printf("%s\n",str)相同，也就是说，puts()函数输出字符串后会自动换行。

第 5 章　选 择 结 构

一个程序如果具有了判断和选择功能，就具备了最基本的智能。选择结构就是通过对条件的判断来选择执行不同程序语句的。C 语言程序设计中通常使用双分支 if 语句或多分支 switch 语句来实现选择功能，构成选择结构。

本章要点

① 使用关系表达式和逻辑表达式构造条件；
② 使用 if 语句编写判断语句；
③ if 语句嵌套配对原则；
④ switch 语句的使用方法；
⑤ 实战案例及选择结构的具体使用。

5.1　关系运算符与关系表达式

5.1.1　关系运算符

关系运算符的功能是将两个运算操作数进行大小比较。C 语言中提供了 6 种常用的关系运算符，如表 5.1 所示。

表 5.1　关系运算符

优先级	运算符	对应的数学运算	含义
6	>	$>$	大于
	>=	$\geqslant$	大于或等于
	<	$<$	小于
	<=	$\leqslant$	小于或等于
7	==	$=$	等于
	!=	$\neq$	不等于

关系运算符实际上是比较运算，其结合性均为左结合。

5.1.2　关系表达式

关系表达式是指用关系运算符将表达式连接起来的式子，其中的关系运算实质上就是一种比较运算，其值按照比较结果分为逻辑真和逻辑假。若关系表达式成立，则该表达式的值为“真”，用整数“1”表示；否则，表达式的值为“假”，用整数“0”表示。

【例 5.1】 用关系运算符对各变量之间的关系进行比较。

```
#include<stdio.h>
void main()
{
    int x=2,y=1,z=5;
    char a='4',b='f';
    printf("x<=z:%d\n",x<=z);
    printf("x+y!=z:%d\n",x+y!=z);
    printf("a==b<1:%d\n",a==b<1);
    printf("x>y>z:%d\n",x>y>z);
}
```

程序运行结果如下：

```
x<=z:1
x+y!=z:1
a==b<1:0
x>y>z:0
```

【真题】

在下列表达式中，(　　)不满足“当 x 的值为偶数时其值为真，为奇数时其值为假”的要求。

A. x%2==0　　　　B. !x%2!=0

C. (x/2*2-x)==0　　　　D. !(x%2)

答案：B

【解析】 对于选项 A，当 x 为偶数时，x 与 2 取余数为 0，0 等于 0，成立；当 x 为奇数时，x 与2 取余数为 1，1 不等于 0，不成立，该选项是满足题目要求的。对于选项 B，首先按照运算符的优先级将表达式转换为((!x)%2)!=0，先计算!x，再判断此运算的结果是不是 0，这与 x 是不是奇数或偶数无关，因此该选项不满足题目要求。对于选项 C，首先计算 x/2*2，当 x 为偶数时，结果仍为 x 原值；当 x 为奇数时，结果不为 x 原值，因此，再将上述结果与 x 做减法，结果是不是 0 与 x 是不是奇偶数有关，该选项满足题目要求。对于选项 D，当 x 为偶数时，x%2 的结果为 0，!(x%2)的结果则为 1；当 x 为奇数时，x%2 的结果为 1，!(x%2)的结果则为 0，该选项满足题目要求。因此，答案选 B。

5.2　逻辑运算符和逻辑表达式

5.2.1　逻辑运算符

逻辑运算符的功能是对运算对象进行逻辑判断。C 语言中提供了 3 种逻辑运算符，如表 5.2所示。

表 5.2　逻辑运算符

运算符	含义
!	逻辑非
&&	逻辑与
||	逻辑或

优先级比较:逻辑或运算符高于逻辑与运算符,逻辑与运算符高于关系运算符和算术运算符,算术运算符高于逻辑非运算符。

5.2.2 逻辑表达式

逻辑表达式是指用逻辑运算符将表达式或变量连接起来的式子。逻辑表达式的值按照比较结果分为逻辑真和逻辑假,若逻辑表达式的值为“真”,则用整数“1”表示;若其值为“假”,则用整数“0”表示。在判断变量后的表达式的值是不是真时,以“非 0”表示“真”,以“0”表示“假”。

逻辑运算规则如表 5.3 所示。

表 5.3 逻辑运算规则

a	b	a&&b	a||b	!a	!b
0(假)	0(假)	0	0	1	1
0(假)	非 0(真)	0	1	1	0
非 0(真)	0(假)	0	1	0	1
非 0(真)	非 0(真)	1	1	0	0

注意以下事项。

① && 运算:当且仅当两个操作数值都为真(非 0)时,结果值才为真(1)。

② || 运算:当且仅当两个操作数值都为假(0)时,结果值才为假(0)。

③ !运算:非真即假(0);非假即真(1)。

【例 5.2】 用逻辑运算符判断表达式的值。

```
#include<stdio.h>
void main()
{
    int x=1,w=0;
    char e='3',ch='A',y='a';
    float z=3.0;
    printf("!(z-x):%d\n",!(z-x));
    printf("x<=z||y<=z:%d\n",x<=z||y<=z);
    printf("!!!!w:%d\n",!!!!w);
    printf("ch>='a'&&ch<='z':%d\n",ch>='a'&&ch<='z');
    printf("e>='0'&&e<='0':%d\n",e>='0'&&e<='0');
    printf("x<y&&z||y>3-!y:%d\n",x<y&&z||y>3-!y);
}
```

程序运行结果如下:

```
!(z-x):0
x<=z||y<=z:1
!!!!w:0
ch>='a'&&ch<='z':0
e>='0'&&e<='0':1
x<y&&z||y>3-!y:1
```

【真题】

判断 char 型变量 ch 是不是大写字母的正确表达式是(　　)。

A. 'A'<=ch<='Z'　　B. (ch>='A')&(ch<='Z')

C. ch>='A'&&ch<='Z'　　D. ('A'<=ch)AND('Z'>=ch)

答案:C

【解析】 要同时满足 ch>='A'和 ch<='Z'这两个条件,需要使用逻辑与符号"&&"进行连接。

5.2.3 逻辑运算的短路原则

在逻辑表达式求解时,并不是所有的逻辑运算符都被执行,只有在必须执行下一个逻辑运算符才能够求出表达式的解时,才执行该表达式。

对于逻辑与(&&)运算,当左边表达式值为假时,右边表达式不再求解。对于逻辑或(||)运算,当左边表达式为真时,右边表达式不再求解。

【真题】

1. 设有定义"int a=0,b=1;",以下表达式中,会产生"短路"现象,致使变量 b 的值不变的是(　　)。

A. a++||++b　　B. a++&&b++

C. ++a&&b++　　D. +a||++b

答案:B

【解析】 选项 A 中自加在后边,a=0 参与逻辑或运算,左边为假,不会造成逻辑短路。选项 B 中,a=0 参与逻辑与运算,左边为假会导致右边逻辑短路。选项 C 中自加在前边,a=1 参加逻辑与运算,左边为真,不会造成逻辑短路。

2. 已知 a=5,b=6,c=7,d=8,m=2,n=2,执行(m=a>b)&&(n=c<d)后 n 的值为(　　)。

A. -1　　B. 0　　C. 1　　D. 2

答案:D

【解析】 逻辑与前边为 m=a>b,a>b 不成立,所以 m=0 为假,逻辑与左边为假,右边表达式不计算,所以 n 的值不变,选择 D。

5.3 条件运算

条件运算符用"?:"表示,它是 C 语言中仅有的一个三目运算符,该运算需要 3 个操作数,形式如下:

```
<表达式1>?<表达式2>:<表达式3>;
```

其求解过程是:先判断表达式 1 的值是不是真,若表达式 1 为真,则求解表达式 2,表达式 2 的值就是整个条件表达式的值;若表达式 1 为假,则求解表达式 3,表达式 3 的值就是整个条件表达式的值。

【例 5.3】 写出以下条件表达式的值。

```
#include<stdio.h>
void main()
{
    int x=1,y=2,z=3,m,min;
    printf("min:%d\n",min=x<y?x:y);
    printf("!(x==1)?!!y:!y:%d\n",!(x==1)?!!y:!y);
    printf("x>y?x:y>z?y:z:%d\n",x>y?x:y>z?y:z);
}
```

程序运行结果如下：

```
min:1
!(x==1)?!!y:!y:0
x>y?x:y>z?y:z:3
```

注意：在条件表达式中，表达式 1 的类型可以与表达式 2 和表达式 3 的类型不同。条件运算符的优先级仅高于赋值运算符和逗号运算符，结合方向是从右向左。

【真题】

执行下列程序段后，变量 m 的值是(　　)。

```
int w=1, x=2, y=3, z=4, m;
m=(w<x) ? w: x;
m=(m<y) ? m: y;
m=(m<z) ? m: z;
```

A. 4　　　　B. 3　　　　C. 2　　　　D. 1

答案：D

【解析】 条件表达式中问号前面为判断条件，问号与冒号之间部分为条件成立的输出结果，冒号后面为条件不成立的输出结果。将各变量的值依次代入，第一个表达式代入后，条件为 1<2，成立，因此 m=w=1；第二个表达式代入后，条件为 1<3，成立，因此 m=m=1；第三个表达式代入后，条件为 1<4，成立，因此 m=m=1。

5.4 if 选择语句

5.4.1 if 语句的 3 种形式

if 语句有 3 种形式，分别如下。

1. if 语句

该类型语句是 if 语句的最简单形式，语法格式如下：

```
if(表达式)
    语句;
```

其中，表达式必须用()括起来，它可以是一个单纯的常量或变量，也可以是任意的关系表达式或逻辑表达式。语句可以是一条语句，也可以是多个语句，多条语句用“{}”括起来。执行过程是：先判断表达式是不是真，如果其为真，那么执行语句，如果其为假，那么跳过语句执行后面的程序。其流程图如图 5.1 所示。

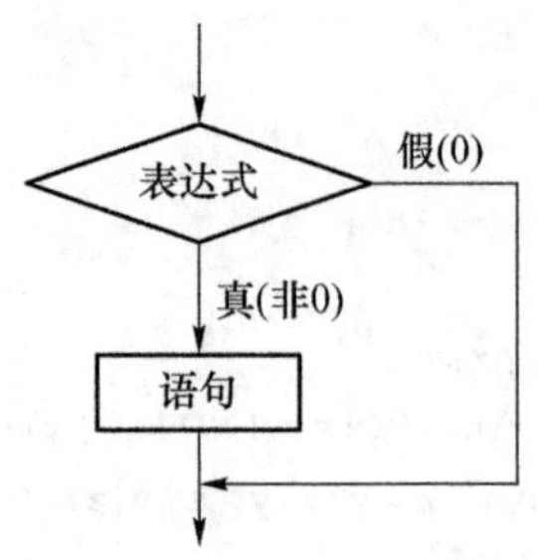

图 5.1　if 语句流程图

例如，通过 if 语句实现只有年龄大于或等于 60 岁才可以申请退休，代码如下：

```
int age;
scanf("%d",&age);
if(age>=60)
    printf("可以退休");
```

2. if-else 语句

遇到只能二选一的条件时，C 语言提供了 if-else 语句来解决类似问题，其语法形式如下：

```
if (表达式)
    语句 1;
else
    语句 2;
```

其中，表达式必须用()括起来，它可以是一个单纯的常量或变量，也可以是任意的关系表达式或逻辑表达式。语句 1 或 2 可以是一条语句，也可以是多个语句。执行过程：先判断表达式是不是真，如果其为真，那么执行语句 1，如果其为假，那么执行语句 2，语句 1 和语句 2 只能执行其中一个。这种形式的 if 语句相当于"如果……那么……"，其流程图如图 5.2 所示。

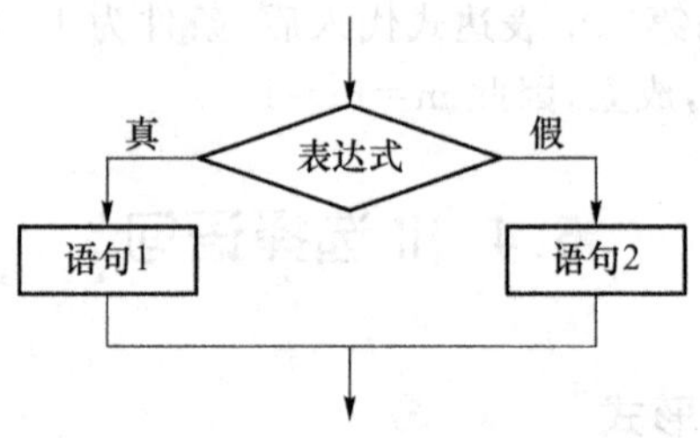

图 5.2　if-else 语句流程图

例如，使用 if-else 语句判断用户输入的分数是不是足够优秀，如果该分数大于 90，则表示优秀，输出"优秀"，否则就输出"加油!"，代码如下：

```
int score;
scanf("%d",&score);
if (score>90)
    printf("优秀!");
else
    printf("加油!");
```

3. if-else if 语句

在开发程序时，如果需要针对某一事件的多种情况进行处理，则可以使用 if-else if 语句，该语句是一个多分支选择语句，通常表现为“如果满足某种条件，则进行某种处理；如果满足另一种条件，则进行另一种处理；……”。其语法形式如下：

```
if (表达式 1)
    语句 1;
else  if (表达式 2)
  语句 2;
else  if (表达式 3)
    语句 3;
…
else  if (表达式 n)
    语句 n;
else
    语句 n+1;
```

其中，使用 if-else if 语句时，各个表达式必须用()括起来，它可以是一个单纯的常量或变量，也可以是任意的关系表达式或逻辑表达式。各个语句可以是一条语句，也可以是多个语句。执行过程：先判断表达式 1，如果表达式 1 为真，那么执行语句 1；否则判断表达式 2，如果表达式 2 为真，那么执行语句 2；……否则判断表达式 n，如果表达式 n 为真，那么执行语句 n；否则执行语句 $n+1$。语句 1，语句 2，…，语句 n 和语句 $n+1$ 只能执行其中的一个。选择结构执行完成后，执行结构后的语句。执行过程对应的流程如图 5.3 所示。

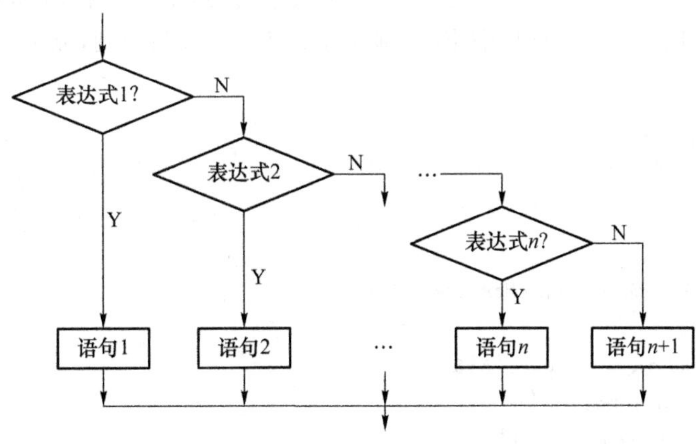

图 5.3　if-else if 语句执行流程图

注意：

① if 关键字后均为表达式(逻辑表达式、关系表达式、赋值表达式)、变量等。

② 条件表达式必须用括号括起来，在语句后必须加分号。

③ 满足条件需执行一组语句时，该组语句必须用{ }括起来。

④ if 语句嵌套时，else 总是与它最靠近的未配对的 if 匹配。

5.4.2　使用 if 语句编程

【例 5.4】　从键盘上输入 C 语言课程成绩，按分数段评定出成绩的相应等级，90 分以上为“A”,80～89 分为“B”,70～79 分为“C”,60～69 分为“D”,59 分以下为“E”。

代码如下:

```
#include<stdio.h>
void main()
{
    float score;
    scanf ( "%f " ,&score);
    if (score>=90)
        printf(" A\n ");
    else if (score>=80)
        printf(" B\n ");
    else if (score>=70)
        printf("C\n");
    else if (score>=60)
        printf("D\n");
    else
        printf(" E\n");
}
```

程序运行结果如下:

```
60
D
```

【例 5.5】 从键盘输入一个字符,当字符是英文字母时,显示字符串“letter”;当字符是数字时,显示字符串“digit”;当字符是空格时,显示字符串“space”;否则,显示字符“other”。

程序代码如下:

```
#include<stdio.h>
void main()
{
    char c;
    printf("\n Please enter a character: ");
    c=getchar();
    if(c>='a' && c<='z'||c>='A' && c<='Z')
        printf("\n letter \n");
    else if(c>='0' && c<='9')
        printf("\n digit \n");
    else if(c=='')
        printf("\n space \n");
    else
        printf("\n other \n");
}
```

程序运行结果如下:

```
Please enter a character: @
other
```

【解析】 在C语言中,字符是以ASCII码形式存储的。在ASCII码表中可见,数字字符'0'~'9'是连续编码的,编码的十进制值是48~57。若用变量c存放输入的字符,则判断c是不是数字字符的表达式为"(c>='0' && c<='9')"。其他类型的判断方法类似。

【真题】

有定义语句"int a=1, b=2, c=3, x;",则以下选项中各程序段执行后,x的值不为3的是(　　)。

A. if(c<a) x=1; else if(b<a) x=2; else x=3;

B. if(a>3) x=3; else if(a<2) x=2; else x=1;

C. if(a<3) x=1; if(a<2) x=2; if(a==1) x=3;

D. if(a<b) x=b; if(b<c) x=c; if(c<a) x=a;

答案:B

【解析】 对于选项A,首先判断第一个if语句的条件部分,即c<a,代入变量值后,即3<1,不成立,跳转到else语句,再判断第二个if语句的条件部分,即2<1,不成立,继续跳转到else语句处执行,即x=3。同理,对于选项B,x=2。选项C和选项D为单if语句,条件成立,按顺序执行即可,因此,选项C中x=3,选项D中x=3。故答案选B。

5.5 多分支switch选择语句

使用if语句的第三种形式(if-else if)可以实现多路选择结构,但在层次较多时容易降低程序的可读性,甚至引起混乱。因此C语言中提供了多分支switch选择语句,它能更加方便、直观地实现多路选择结构。

5.5.1 switch语句的形式

switch语句的一般形式为

```
switch(表达式 E)
{
    case 常量 c1: 语句 1;
                  break;
    case 常量 c2: 语句 2;
                  break;
                     …
    case 常量 cn: 语句 n;
                  break;
    default:语句 n+1;
}
```

执行过程:先计算表达式E的值,然后依次将其与每一个case中的常量表达式的值进行比较,若有相等的,则从该case开始依次往下执行,若没有相等的,则从default开始往下执行。执行过程中遇到break语句就跳出该switch语句,否则一直按顺序继续执行下去,也就是会执行其他case后面的语句,直到遇到"}"符号才停止。多分支switch选择语句的执行流程如图5.4所示。

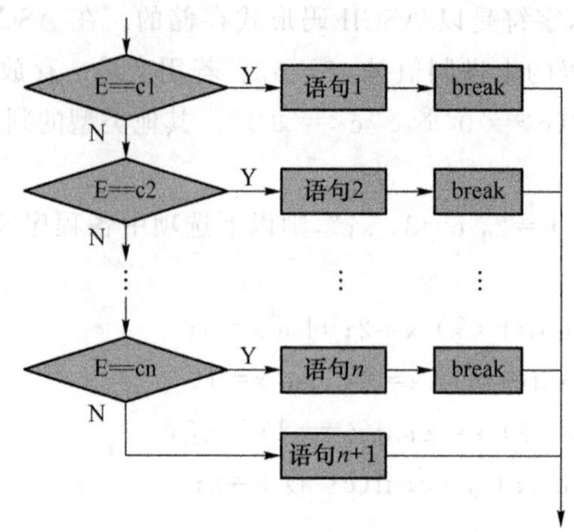

图 5.4　多分支 switch 选择语句的执行流程

注意：

① switch 后面括号内的表达式可以为任何类型，但运算结果为整型或字符型。

② case 后的常量表达式一般不可以是实型数据。

③ 当表达式 E 的值与某个 case 后面的常量表达式的值相等时，就执行此 case 后面的语句；当所有 case 中常量表达式的值都与表达式 E 的值不相等时，执行 default 后面的语句。

5.5.2　使用 switch 语句编程

【例 5.6】 从键盘上输入 C 语言课程成绩，按分数段评定出成绩的相应等级，90 分以上为“A”，80～89 分为“B”，70～79 分为“C”，60～69 分为“D”，59 分以下为“E”。

```
#include<stdio.h>
void main()
{
    float score;
    scanf ( "%f " ,&score);
    switch((int)(score/10.0))
    {
        case 10:
        case 9: printf("A\n");break;
        case 8: printf("B\n");break;
        case 7: printf("C\n");break;
        case 6: printf("D\n");break;
        case 5:                    //小于 60 分的为一个等级,没有 break 程序向下执行
        case 4:
        case 3:
        case 2:
        case 1:
        case 0: printf(" E\n"); //最后一句可不加 break,程序会自动结束
    }
}
```

程序运行结果如下：

```
60
D
```

【解析】 由于switch语句中的表达式只能是整数或者字符型，所以常用成绩的高位数字来确定其对应的分数段，而每一个分数段又对应switch中的一路选择。可以用表达式"(int)(score/10.0)"计算出成绩的高位数字，其中，"(int)"的作用是将表达式的值强制转换成整数。

【真题】

执行以下程序时，若从键盘输入一个数字字符'5'，则会输出结果(　　)。

```
#include<stdio.h>
void main()
{    char ch;
     printf("\n==============TIME================\n");
     printf("\n        1.Find square of a number ");
     printf("\n        2.Find cube of a number   ");
     printf("\n        3.Find square root of a number   ");
     printf("\n\n Enter your choice:   ");
     ch=getchar();
     switch(ch)
     {case  '1':   printf("\nGood morning!"); break;
      case  '2':   printf("\nGood afternoon!"); break;
      case  '3':   printf("\nGood night!"); break;
      default:   printf("\nSelection wrong! \n");
     }
}
```

A. Good morning!　　　　B. Good night!

C. Good afternoon!　　　　D. Selection wrong!

答案:D

【解析】 该程序段首先打印了一些提示语句，然后获取了一个字符，并将其赋给了变量ch，switch语句是根据ch的值进行处理的，因此，当ch=5时，跳转执行default语句，即打印"Selection wrong!"。因此，答案为D。

5.6 选择结构的嵌套

程序设计中常常需要做出选择和判断，在C语言中一般使用if语句或者switch语句来构成选择结构。一个选择结构中又包含另一个选择结构称为嵌套的选择结构。

前面介绍过3种形式的if语句，这3种形式的语句可以相互嵌套。例如，在if选择语句中嵌套if-else语句，形式如下：

```
if()
{
    if()
        语句 1;
    else
        语句 2;
}
```

在 if-else 语句中嵌套 if-else 语句，形式如下：

```
if()
{
    if()
        语句 1;
    else
        语句 2;
}
else
{
    if()
        语句 3;
    else
        语句 4;
}
```

注意：C 语言规定，else 总是与它上面的、距离它最近的、尚未配对的 if 配对。

下面介绍一个选择结构嵌套的实战案例。由 ASCII 码表可知，ASCII 码值小于 32 的为控制字符，在 0～9 的为数字，在 A～Z 的为大写字母，在 a～z 的为小写字母，其余的则为其他字符。

【例 5.7】 请编写程序实现如下功能：从键盘输入一个字符，输出该字符的类别。

编程思路：根据题干描述，输入字符可能属于多个类别，需要使用嵌套的 if 语句实现，满足判断条件即属于该类别。

程序代码如下：

```
#include <stdio.h>
int main()
{
    char c;
    printf("输入一个字符:\n");
    scanf("%c",&c);
    if(c<32)
        printf("%c是控制字符\n",c);
    else if(c>=48&&c<=57)
        printf("%c是数字\n",c);
    else if(c>=65&&c<=90)
```

```
        printf("%c是大写字母\n",c);
    else if(c>=97&&c<=122)
        printf("%c是小写字母\n",c);
    else  printf("%c是其他字符\n",c);
}
```

程序运行结果如下：

```
D
D是大写字母
```

第6章　循环结构

循环是指一种有规律的重复，或者说循环是指重复地做一项工作，它用于解决实际问题中广泛存在的重复操作，以简化程序，提高代码效率。

C语言中常用的for语句、while语句或do-while语句构成循环结构，同时还提供了break和continue两种流程控制语句。本章将介绍在程序设计中如何使用循环，以及如何设计和分析循环程序。

本章要点

① for语句、while语句和do-while语句；
② 循环嵌套的执行过程；
③ break语句和continue语句的区别；
④ 结构化编程的综合应用。

6.1　while　语　句

使用while语句的一般形式如下：

```
while(表达式)
    循环体语句;
```

其中，while是C语言的关键字，其后括号里的表达式是执行循环的条件，可以是C语言中任意合法的表达式。while语句的执行流程如图6.1所示。

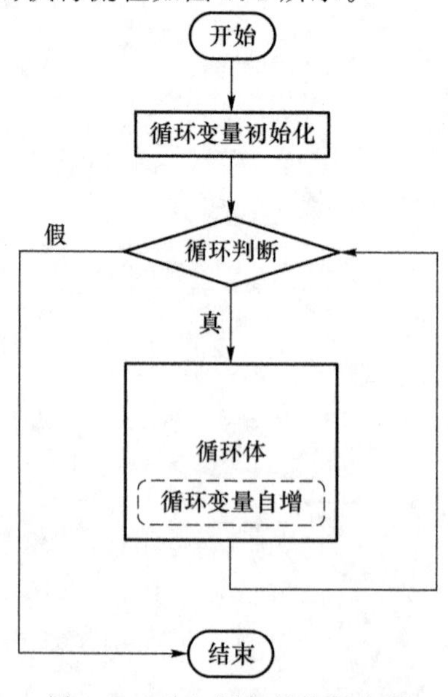

图6.1　while语句的执行流程

执行流程描述如下：

① 计算 while 后面的表达式值，如果值为真，则执行步骤②，否则跳出循环体，继续执行该结构后面的语句。

② 执行循环体语句。

③ 重复执行步骤①。

注意：如果第一次检验条件满足，那么在第一次或其后的循环过程中，必须有使得条件为假的操作，否则循环无法终止。

【例 6.1】 用 while 语句构成循环，求 1＋2＋…＋100 的和。

程序代码如下：

```
#include<stdio.h>
void main()
{
    int i=1, sum=0;
    while (i<=100)
        {sum+=i;
         i++;
        }
    printf("1+2+...+100=%d\n", sum);
}
```

程序运行结果如下：

```
1+2+...+100=5050
```

【解析】 求连续 100 个数的累加和，每次加号后面的一个数总是比前面的数增 1，因此使用整型变量 i，每循环一次使 i 增加 1，直到 i 的值超过 100，循环结束，执行后面的语句。另外，使用变量 sum 存放这 100 个数的累加和，并初始化为 0。

注意：

① 循环体可以用复合语句。

② 在 while 语句前应有为表达式中的循环控制变量赋初值的语句，以确保循环的正常开始。

③ 循环体内应有改变循环控制变量的语句，以确保循环在进行有限次后正常结束。例如，执行如下代码会陷入死循环：

```
i=1;
    while (i<=100)
        sum=sum+1;
```

④ while 循环的特点是先判断后执行，故循环有可能一次都不被执行，如：

```
i=3;
    while (i<3)
        printf("i=%d\n", i);
```

6.2 do-while 语句

在有些情况下,不论条件是否满足,循环过程必须至少执行一次,这时可以采用 do-while 语句,do-while 语句的特点是首先执行循环体,然后判断循环条件是否成立。其一般语法形式为

```
do
    循环体语句;
while(表达式);
```

其中,do、while 是 C 语言的关键字,while 后的括号里的表达式是执行循环的条件。do-while 语句的执行流程如图 6.2 所示。

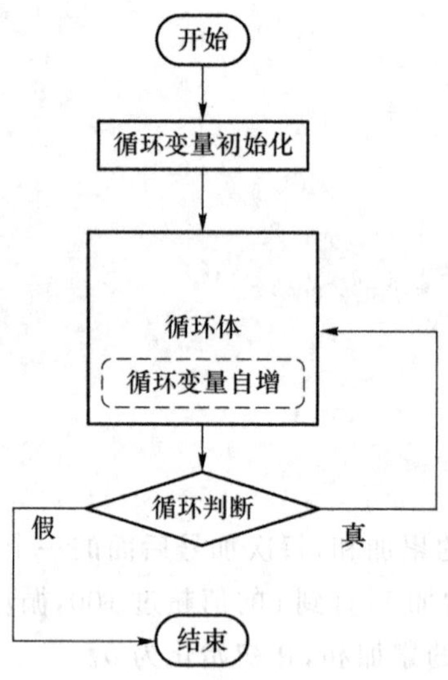

图 6.2 do-while 语句的执行流程

执行流程描述如下:

① 执行循环体语句。

② 计算 while 后面的表达式值,如果值为真,则执行步骤②,否则跳出循环体,继续执行该结构后面的语句。

③ 重复执行步骤①。

【例 6.2】 用 do-while 语句构成循环,求 1+2+…+100 的和。

程序代码如下:

```
#include< stdio.h>
void main()
{int i = 1, sum = 0;
 do
        {    sum += i;
             i++;
        }
```

```
    while (i<=100);
    printf("1+2+…+100=%d\n", sum);
}
```

程序运行结果如下：

```
1+2+…+100=5050
```

注意：

① 循环体可以用复合语句。

② 循环控制变量在执行 do 前必须赋初值，循环体内应有改变循环控制变量的语句。

③ do-while 循环的特点是先执行后判断，故循环至少被执行一次。

【真题】

1. 以下描述正确的是(　　)。

A. 由于 do-while 循环中循环体语句只能是一条可执行语句，所以循环体内不能使用循环语句

B. do-while 循环由 do 开始，用 while 结束，在 while(表达式)后面不能写分号

C. 在 do-while 循环体中，是先执行一次循环，再进行判断

D. do-while 循环中，根据情况可以省略 while

答案：C

【解析】 选项 A 错误，任何一条循环语句的循环体语句内都可以是单条或多条语句，若是多条语句，用{}括起来变成复合语句即可。选项 B 错误，do-while 语句格式规定循环由 do 开始，以 while 结束，在 while(表达式)后面以分号结束。选项 C 正确。选项 D 错误，不可以省略 while。

2. 已知

```
int t=0;
while (t=1)
{…}
```

则以下叙述正确的是(　　)。

A. 循环控制表达式的值为 0　　B. 循环控制表达式的值为 1

C. 循环控制表达式不合法　　D. 以上说法都不对

答案：B

【解析】 本题注意 while 的判断条件为将 1 赋值给 t，并不是判断 t 是否等于 1，因此选 B。

6.3 for 语句

for 语句是在编程过程中常用的一种循环语句，for 语句的使用最为灵活，不仅可以用于循环次数已经确定的情况，还可以用于循环次数不确定而只给出循环结束条件的情况。

for 语句一般按指定次数执行循环体，它在循环体中常使用一个循环变量(计数器)，每重复一次循环后，循环变量的值就会增加或者减少，向着循环条件不成立的方向递进。

for 语句的一般语法形式如下：

```
for(表达式 1;表达式 2;表达式 3)
    循环体语句;
```

其中，for 是 C 语言的关键字，其后的一对圆括号中通常含有 3 个表达式，各表达式之间用“;”分隔。这 3 个表达式可以是任意形式的表达式，通常主要用于 for 之后的循环体，在语法上要求是一条语句。若循环体需要多个语句，应该用大括号括起来组成复合语句。for 语句的执行过程如图 6.3 所示。

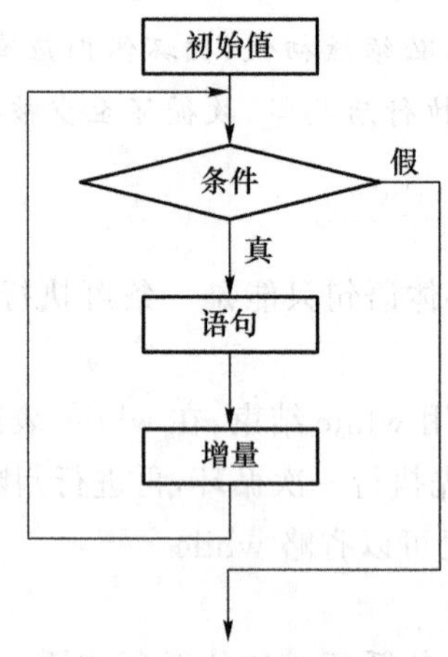

图 6.3 for 循环执行过程

执行过程描述如下。

① 计算初始值(只执行一次)。

② 判断条件，如果值为真，则执行步骤③，否则跳出循环体，继续执行该结构后面的语句。

③ 执行循环体语句。

④ 计算增量。

⑤ 重复执行步骤②。

【例 6.3】 用 for 语句构成循环，求 1＋2＋…＋100 的和。

程序代码如下：

```
#include <stdio.h>
void main()
{
    int i, sum = 0;
    for(i = 1; i <= 100; i++)
        sum += i;
    printf("1 + 2 + … + 100 = %d\n",sum);
}
```

程序运行结果如下：

```
1 + 2 + … + 100 = 5050
```

注意：

① 循环体可以是复合语句。

② for 语句中的 3 个表达式均可以是逗号表达式，故可同时对多个变量进行赋初值及修改，如

```
for(i = 0, j = 1; j < n && i < n; i++ , j++) …
```

③ for 语句中的 3 个表达式可省略。常用 for(;;)表示执行无限次循环。

注意：while 语句、do-while 语句和 for 语句的比较如下。

① 三者可以相互代替使用。

② while 语句、do-while 语句在 while 后面指定循环条件，在循环体中应包含使循环趋向于结束的语句。

③ 凡是在 while 语句中能完成的在 for 语句中也能完成。

④ 选择 3 种语句的一般原则如下：

a. 如果循环次数已知，计数控制的循环用 for 语句；

b. 如果循环次数未知，条件控制的循环用 while 语句；

c. 如果循环体至少要执行一次，则用 do-while 语句。

【真题】

有以下程序：

```
#include< stdio.h>
void main()
{
    int i, s = 1;
    for(i = 1;i < 50;i++)
    if(!(i%5)&&!(i%3))
        s += i;
    printf("%d\n",s);
}
```

程序的输出结果是(　　)。

A. 409　　B. 277　　C. 1　　D. 91

答案：D

【解析】 该程序段的核心为 for 循环，for 循环的核心为 if 语句，if 语句的判断条件由“!(i%5)”和“!(i%3)”这两个表达式组成，当它们同时成立时，即 i 是 5 和 3 的公倍数时判断条件成立，i 的范围为 0～50，可以取的值包括 15、30 和 45，满足条件后循环执行表达式“s+=i”，即“s=s+i”，又因为 s 的初始值为 1，因此答案为 D。

6.4 循环嵌套

在循环体语句中又包含另一个完整循环结构的形式，称为循环的嵌套。嵌套在循环体中的循环称为内循环，外面的循环称为外循环。如果内循环中又有嵌套的循环语句，则构成多层循环。for、while、do-while 语句既可以并列，也可以相互嵌套，但要层次清楚，不能出现交叉。3 种循环结构既可以同结构嵌套，也可以相互嵌套，如图 6.4 所示。

(1) 第一种
while( )
{ …
    while( )
    {…}
}
	(2) 第二种
	do
	{ …
	    do
	    {…}while( );
	}while( );
		(3) 第三种
		for(;;)
		{ …
		    for(;;)
		    {…}
		}

(4) 第四种
while( )
{ …
    do
    {…}while( );
}
	(5) 第五种
	for(;;)
	{ …
	    while( )
	    {…}
	}
		(6) 第六种
		while()
		{ …
		    for (;;)
		    {…}
		}

图 6.4 循环嵌套的多种形式

6.5 break 和 continue 语句

在循环结构中，循环体一般都要执行到循环条件不成立的时候才会退出循环。但是，在解决实际问题时，常遇到一些特殊的情况需要中途退出循环体，或者某次循环时不希望执行循环体中的某些语句，这时就需要使用到流程控制语句——break 和 continue 语句。

6.5.1 break 语句

在 switch 选择结构中，break 语句可以使流程跳出 switch 分支。在循环结构中，break 语句还可以用来终止循环语句，跳出循环体。

break 语句的一般形式为

```
break;
```

注意：

① break 语句不能用在除了 switch 语句和循环语句外的任何其他语句中。

② 在嵌套循环结构中，break 语句只能退出包含 break 语句的那层循环体。

【例 6.4】 输出 1 到 10 之间能被 3 整除的数。

```
#include<stdio.h>
void main()
{
    int i;
    for(i=1;i<=10;i++)
        {
        if(i%3!=0)break;
            printf("%d ", i);
        }
    printf("\n");
}
```

程序运行结果如下：

```
3
```

【解析】 本题使用 for 循环对 1～10 的数进行条件判断，从 i=1 开始，下一次循环 i 增 1，继续寻找满足条件的数，直到找到第一个能被 3 整除的数，执行 break 语句，直接跳出循环，程序结束；若 i 大于 10，则跳出循环，程序结束。

6.5.2 continue 语句

continue 语句用于循环语句中，在满足条件的情况下，跳出本次循环，即跳过本次循环体中下面尚未执行的语句，接着进行下一次的循环判断。

continue 语句的一般形式为

```
continue;
```

注意：

① continue 语句通常和 if 语句连用，只能提前结束本次循环，不能使整个循环终止。

② continue 语句只对循环起作用。

③ continue 语句在 for 语句中结束本次循环，但 for 语句中的增量仍然执行。

【例 6.5】 输入一行字符，分别统计出其中英文字母、空格、数字和其他字符的个数。

【解题思路】 统计字符的个数需要使用循环语句实现，可以选择 while 循环、do-while 循环和 for 循环，这里使用的是 for 循环。循环体内首先通过 if 语句实现对输入字符类型的判断，然后开始计数。

程序代码如下：

```
#include<stdio.h>
void main()
{
    char a;
    int m=0, n=0, x=0, y=0;
        for(scanf("%c", &a); a!='\n'; scanf("%c", &a))
        {
```

输入一个字符，循环体做出类型判断并把个数+1，执行循环体后输入下一个字符，不是换行符则继续循环。

```
            if((a>='a'&&a<='z')||(a>='A'&&a<='Z'))          //英文字母个数
                m++;
            else if(a=='')                                  //空格个数
                n++;
            else if(a>='0'&&a<='9')                         //数字个数
                x++;
            else y++;                                       //其他字符个数
        }
    printf("%d\n%d\n%d\n%d", m, n, x, y);                   //打印个数
    return 0;
}
```

运行结果如下：

```
I am 8 years old!
11
4
1
1
```

【例 6.6】 输出 1 到 10 之间所有能被 3 整除的数。

【解题思路】 本问题使用 for 循环将 1 至 10 之间所有满足能被 3 整除的数一一找出来，是一个穷举法的问题。对 1 至 10 之间的每一个数进行条件判断，若找到一个能被 3 整除的数，则将其打印出来并继续寻找下一个能满足条件的数，直到 i 大于 10，跳出循环，这样将打印出所有能被 3 整除的数。

```
#include< stdio.h >
void main()
{
    int i;
     for(i = 1;i< = 10;i ++ )
        {
        if(i % 3!= 0) continue;
            printf(" %d ", i);
        }
    printf("\n");
}
```

程序运行结果如下：

```
3 6 9
```

第 7 章　数　　组

在 C 语言中,数组可以实现多个相同类型数据的批量处理及存储。将数组与循环结合起来,可以方便、有效地处理大批量的数据。

📖 本章要点

① 一维数组的定义和引用;
② 二维数组的定义和引用;
③ 字符数组与字符串。

7.1　一维数组

一维数组是最简单的数组形式,是理解和掌握二维数组和多维数组的重要基础。本节介绍一维数组的定义、初始化和引用。

7.1.1　一维数组的定义

定义一维数组采用如下形式:

```
类型说明符 数组名[常量表达式];
```

例如:

```
int a[5];
```

它表示定义了一个整型数组,数组名为 a,定义的数组称为数组 a。数组名 a 除了表示该数组外,还表示该数组的首地址。

此时数组 a 中有 5 个元素,每个元素都是 int 型变量,而且它们在内存中的地址是连续分配的。也就是说,1 个 int 型变量占 4 字节的内存空间,那么 5 个 int 型变量就占 20 字节的内存空间,而且它们的地址是连续分配的。

在定义数组时,需要指定数组中元素的个数。方括号中的常量表达式就是用来指定元素的个数的,数组中元素的个数又称数组的长度。

数组中既然有多个元素,那么如何区分这些元素呢?区分方法是给每个元素进行编号,数组元素的编号又叫下标。

数组下标是从 0(而不是 1)开始的。使用“数组名[下标]”的方式来表示每个数组元素。

例如,“int a[5];”定义了有 5 个元素的数组 a,这 5 个元素分别为 a[0]、a[1]、a[2]、a[3]、a[4]。其中 a[0]、a[1]、a[2]、a[3]、a[4] 分别表示这 5 个元素的变量名。

7.1.2　一维数组的初始化

一维数组的初始化可以使用以下方法实现。

① 定义数组时给所有元素赋初值，这叫“完全初始化”。例如：

```
int a[5] = {1, 2, 3, 4, 5};
```

通过将数组元素的初值依次放在一对花括号中，在如此初始化之后，a[0]=1，a[1]=2，a[2]=3，a[3]=4，a[4]=5，即从左到右依次将初值赋给每个元素。需要注意的是，初始化时各元素间是用逗号隔开的，不是用分号。

② 定义数组时只给一部分元素赋值，这叫“不完全初始化”。例如：

```
int a[5] = {1, 2};
```

定义数组 a 有 5 个元素，但花括号内只提供两个初值，这表示只给前面两个元素 a[0]、a[1]初始化，而后面 3 个元素都没有被初始化。不完全初始化时，没有被初始化的元素自动为 0。

注意：“不完全初始化”和“完全不初始化”是不同的。如果“完全不初始化”，即只定义“int a[5];”而不初始化，那么各个元素的值就不是 0 了，所有元素都是垃圾值。

如果定义数组时就给数组中的所有元素赋初值，那么就可以不指定数组的长度，因为此时元素的个数已经确定了。

例如：

```
int a[5] = {1, 2, 3, 4, 5};
```

也可以写成

```
int a[] = {1, 2, 3, 4, 5};
```

上述第二种写法的花括号中有 5 个数，所以系统会自动定义数组 a 的长度为 5。但是要注意，只有在定义数组时就初始化才可以这样写。如果定义数组时不初始化，那么省略数组长度就是语法错误。

7.1.3　一维数组的引用

数组元素是组成数组的基本单元。数组元素也是一种变量，其表示方法为数组名后跟一个下标。其中下标表示了元素在数组中的顺序号。

数组元素的一般形式(引用时数组的一般形式)为

```
数组名[下标];
```

下标可以是整型常量或整形表达式。例如：

```
a[0] = a[5] + a[7] - a[2 * 3]
a[i + j]
a[i ++ ]
```

都是合法的数组元素。

注意：

① 数组元素通常也称为下标变量。必须先定义数组才能使用下标变量。在 C 语言中只能逐个地使用下标变量，而不能一次引用整个数组。例如，输出有 10 个元素的数组时必须使用循环语句逐个输出各下标变量。

```
#include<stdio.h>
void main()
{
    int i,a[10];
    for(i=0;i<10;i++)
    {
        printf("%d\n",a[i]);
    }
}
```

② 定义数组时用到的"数组名[表达式常量]"和引用数组元素时用到的"数组名[下标]"是有区别的。例如：

```
#include<stdio.h>
void main()
{
    int a[10],i;
    for(i=0;i<10;i++)
    {
        a[i]=i;
    }
    for(i=9;i>=0;i--)
    {
        printf("%d",a[i]);
    }
}
```

【例 7.1】 在此程序中，编写函数 fun()，函数的功能是查找 x 在 s 所指数组中下标的位置，并将其作为函数值返回，若 x 不存在，则返回－1。

用函数编写程序：

```
#include<stdio.h>
#include<stdlib.h>
#define  N  15
void NONO();
int  fun( int *s, int x)
{
    int i;
    for(i=0;i<N;i++)
        if(x==s[i])
            return i;
        return -1;
}
void main()
{   int a[N]={ 29,13,5,22,10,9,3,18,22,25,14,15,2,7,27},i,x,index;
    printf("a 数组中的数据 :\n");
    for(i=0; i<N; i++) printf("%4d",a[i]);
```

```
    printf("\n");
    printf("给 x 输入待查找的数 ：  ");
    scanf(" %d",&x);
    index = fun( a, x );
    printf("index = %d\n",index);
    NONO();
}
void NONO()
{/* 本函数用于打开文件,输入数据,调用函数,输出数据,关闭文件。*/
    FILE *fp, *wf ;
    int i, j, a[10], x, index;

    fp = fopen("in.dat","r") ;
    wf = fopen("out.dat","w") ;
    for(i = 0 ; i < 10 ; i++ ) {
        for(j = 0 ; j < 10 ; j++ ) {
            fscanf(fp, " %d ", &a[j]);
        }
        fscanf(fp, " %d", &x);
        index = fun(a, x);
        fprintf(wf, " %d\n", index);
    }
    fclose(fp);
    fclose(wf);
}
```

运行结果：

```
a 数组中的数据 ：
    29   13   5  22   10   9   3  18  22  25  14  15   2   7  27
给 x 输入待查找的数 ： 23
index = -1
Press any key to continue
```

【解析】 本题考查数组元素的查找。要找出数组中指定数据的下标,首先定义变量用于存放的数组下标,然后使用循环语句对数组进行遍历,依次取出一个数组元素与指定的数进行比较,若两者相等,则返回该元素的下标,否则继续判断下一个元素,直到数组结束。若数组结束时仍没有找到与指定数相等的元素,则返回-1。

【例 7.2】 在此程序中,fun()函数功能是:将 n 个无序整数从小到大排序。

用函数编写程序：

```
#include <stdio.h>
#include <stdlib.h>
void fun (int  n, int  *a )
{   int  i, j, p, t;
    for ( j = 0; j<n-1 ; j++ )
```

```
    {p = j;
    for ( i = j + 1; i < n ; i++ )
        if ( a[p] > a[i] )
            p = i;
    if ( p != j )
    { t = a[j]; a[j] = a[p]; a[p] = t; }
    }
}
void putarr( int  n,  int  *z )
{   int  i;
    for ( i = 1; i <=  n; i++ , z++ )
    { printf( "%4d", *z );
        if ( !( i%10 ) )  printf( "\n" );
    }
    printf("\n");
}
void main()
{   int  aa[20] = {9,3,0,4,1,2,5,6,8,10,7}, n = 11;
    printf( "\n\nBefore sorting %d numbers:\n", n ); putarr( n, aa );
    fun( n, aa );
    printf( "\nAfter sorting %d numbers:\n", n ); putarr( n, aa );
}
```

运行结果：

```


Before sorting 11 numbers:
   9   3   0   4   1   2   5   6   8  10
   7


After sorting 11 numbers:
   0   1   2   3   4   5   6   7   8   9
  10
Press any key to continue
```

【考点分析】 本题考查选择法排序。

【解题思路】 该程序是对 n 个无序数实现排序，先找出整数序列的最小项，将其置于数组第 1 个元素的位置；再找出次小项，将其置于第 2 个元素的位置；最后顺次处理后续元素。以下函数实现了选择排序功能：

```
void fun(int *a,int n)
{
int  i,  m, t, k;
for(i = 0; i < n;i++)
    {
    m = i;
    for(k = i + 1; k < n; k++)
        if(a[k] > a[m])
```

```
            m = k;
        t = a[i];
        a[i] = a[m];
        a[m] = t;
    }
}
```

7.2　二 维 数 组

二维数组是在一维数组的基础上增加一个长度说明，所对应的数组元素有两个下标值，会产生一个具有行和列的数据矩阵。

7.2.1　二维数组的定义

定义二维数组的一般形式如下：

```
类型说明符 数组名[常量表达式1][常量表达式2];
```

常量表达式 1 为第一维下标的长度，常量表达式 2 为第二维下标的长度。可以将二维数组看作一个 Excel 表格，其有行有列，常量表达式 1 表示行数，常量表达式 2 表示列数，要在二维数组中定位某个元素，必须同时指明行和列。例如：

```
int a[3][4];
```

上述语句定义了一个 3 行 4 列的二维数组，共有 3×4＝12 个元素，数组名为 a，即

a[0][0]，a[0][1]，a[0][2]，a[0][3]
a[1][0]，a[1][1]，a[1][2]，a[1][3]
a[2][0]，a[2][1]，a[2][2]，a[2][3]

二维数组在概念上是二维的，但在内存中是连续存放的。换句话说，二维数组的各个元素是相互挨着的，彼此之间没有缝隙。

在 C 语言中，二维数组是按行排列的。也就是先存放 a[0] 行，再存放 a[1] 行，最后存放 a[2]行，每行中的 4 个元素也是依次存放的，如图 7.1 所示。

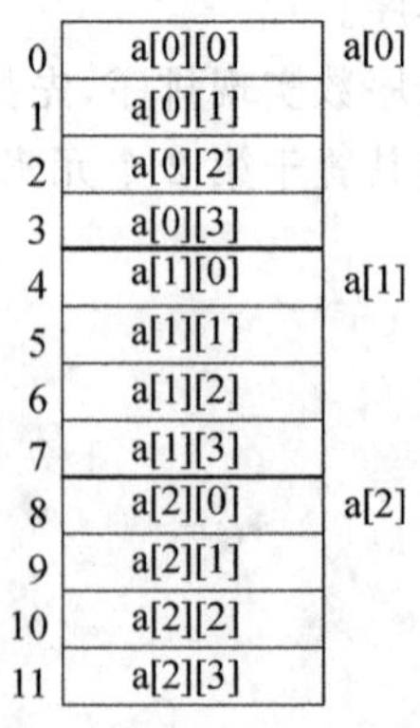

图 7.1　二维数组排列示意图

数组 a 为 int 类型,每个元素占用 4 字节,整个数组共占用 4×(3×4)=48 字节。

7.2.2 二维数组的初始化

二维数组的初始化可以按行分段赋值,也可按行连续赋值。例如,对于数组 a[5][3],按行分段赋值应该写作

```
int a[5][3] = { {80,75,92}, {61,65,71}, {59,63,70}, {85,87,90}, {76,77,85} };
```

按行连续赋值应该写作

```
int a[5][3] = {80, 75, 92, 61, 65, 71, 59, 63, 70, 85, 87, 90, 76, 77, 85};
```

上述两种赋初值的结果是完全相同的。

对于二维数组的初始化还需要注意 3 点。

注意:

① 部分初始化:可以只对部分元素赋值,未赋值的元素自动取"零"值。例如,"int a[3][3]={{1}, {2}, {3}};"是对每一行的第一列元素赋值,未赋值的元素的值为 0。赋值后各元素的值为

```
1 0 0
2 0 0
3 0 0
```

再例如,已知"int a[3][3] = {{0,1}, {0,0,2}, {3}};",赋值后各元素的值为

```
0 1 0
0 0 2
3 0 0
```

② 全部初始化:如果对全部元素赋值,那么第一维的长度可以不给出。例如:

```
int a[3][3] = {1, 2, 3, 4, 5, 6, 7, 8, 9};
```

也可以写为

```
int a[][3] = {1, 2, 3, 4, 5, 6, 7, 8, 9};
```

③ 二维数组可以看作由一维数组嵌套而成;如果一个数组的每个元素又是一个数组,那么它就是二维数组。当然,前提是各个元素的类型必须相同。根据这样的分析,一个二维数组也可以分解为多个一维数组,C 语言允许这种分解。

例如,二维数组 a[3][4]具有 12 个数组元素,如下所示,同时它又可分解为 3 个一维数组,数组名分别为 a[0]、a[1]、a[2]。

a[0][0]　a[0][1]　a[0][2]　a[0][3]
a[1][0]　a[1][1]　a[1][2]　a[1][3]
a[2][0]　a[2][1]　a[2][2]　a[2][3]

这 3 个一维数组可以直接拿来使用。这 3 个一维数组都有 4 个元素,例如,一维数组a[0]的元素为 a[0][0]、a[0][1]、a[0][2]、a[0][3]。

7.2.3 二维数组的引用

引用二维数组的基本格式为

```
数组名[行标][列标];
```

行标和列标都是从 0 开始,最大下标为行(列)标长度－1,数组元素可以出现在任意表达式中,和普通变量作用相同。

不能直接引用整个二维数组,只能引用单个数组元素,再使用数组遍历的形式引用数组的每个元素。例如:

```
/*把 a[0][0]处的元素变成原来的 2 倍*/
a[0][0] *= 2;
/*给 a[0][1]元素输入数据*/
scanf_s("%d",&a[0][1]);
/*输出数组 a 的第一行所有元素*/
for(int j=0;j<COL_LENGTH;j++){
    printf("%d",a[0][j]);
}
```

二维数组遍历:

```
for(i=0;i<ROW_NUMBER;i++){
    for(j=0;j<COL_NUMBER;j++){
        //a[i][j]表示当前第 i+1 行第 j+1 列数组元素
    }
}
```

【例 7.3】 在此程序中,编写函数 fun(),该函数的功能是:将 *M* 行 *N* 列的二维数组中的数据,按行的顺序依次放到一维数组中,一维数组中数据的个数存放在形参 n 所指的存储单元中。

例如,若二维数组中的数据为

33 33 33 33
44 44 44 44
55 55 55 55

则一维数组中的内容应该是 33 33 33 33 44 44 44 44 55 55 55 55。

用函数编写程序:

```
#include <stdio.h>
void fun (int (*s)[10], int *b, int *n, int mm, int nn)
{
    int i,j,k=0;
    for(i=0;i<mm;i++)              //将二维数组 s 中的数据按行顺序依次放到一维数组 b 中
        for(j=0;j<nn;j++)
            b[k++]=s[i][j];
        *n=k;                      //通过指针返回元素个数
}
```

```
void main()
{
    FILE * wf;
    int w[10][10] = {{33,33,33,33},{44,44,44,44},{55,55,55,55}}, i, j;
    int a[100] = {0},n = 0 ;
    printf("The matrix:\n");
    for (i = 0; i < 3; i++)
        {   for (j = 0;j < 4;j++)
            printf(" % 3d",w[i][j]);
        printf("\n");
        }
    fun(w,a,&n,3,4);
    printf("The A array:\n");
    for(i = 0; i < n; i++)
        printf(" % 3d",a[i]);
    printf("\n\n");
    wf = fopen("out.dat","w");
    for(i = 0; i < n; i++)
        fprintf(wf," % 3d",a[i]);
    fclose(wf);
}
```

运行结果：

```
The matrix:
    33 33 33 33
    44 44 44 44
    55 55 55 55
The A array:
    33 33 33 33 44 44 44 44 55 55 55 55

Press any key to continue
```

【解析】 本题考查循环的嵌套、数组的地址传递、指针的使用。本题使用两个循环，第 1 个循环用于控制行下标，第 2 个循环用于控制列下标。先遍历每一行元素并将其存入一维数组中，存完该行元素后再存下一行元素，用指针变量 n 保存元素个数。

循环嵌套时，越是内层循环，循环变量变化越快；函数返值除了使用 return 语句外，也可以用指针。

【例 7.4】 在此程序中，编写函数 fun()，其功能是实现 $\boldsymbol{B}=\boldsymbol{A}+\boldsymbol{A}'$，即将矩阵 $\boldsymbol{A}$ 加上 $\boldsymbol{A}$ 的转置，将结果存放在矩阵 $\boldsymbol{B}$ 中。在 main()函数中输出计算结果。

例如，输入下面的矩阵：

$$\begin{matrix} 1 & 2 & 3 \\ 4 & 5 & 6 \\ 7 & 8 & 9 \end{matrix}$$

其转置矩阵为

1 4 7
2 5 8
3 6 9

则程序输出：

2 6 10
6 10 14
10 14 18

用函数编写程序：

```
#include < stdio.h >
void  fun ( int a[3][3], int b[3][3])
{
    int i,j;
    for(i = 0;i < 3;i ++ )
        for(j = 0;j < 3;j ++ )
            b[i][j] = a[i][j] + a[j][i];//把矩阵 a 加上 a 的转置,将结果存放在矩阵 b 中
}
void main( )   /* 主程序 */
{   int a[3][3] = {{1, 2, 3}, {4, 5, 6}, {7, 8, 9}}, t[3][3] ;
    int i, j ;
    void NONO (  );
    fun(a, t) ;
    for (i = 0 ; i < 3 ; i ++ ) {
        for (j = 0 ; j < 3 ; j ++ )
            printf(" %7d", t[i][j]) ;
        printf("\n") ;
    }
    NONO () ;
}
void NONO ( )
{/* 本函数用于打开文件,输入测试数据,调用 fun 函数,输出数据,关闭文件。*/
    int i, j, k, a[3][3], t[3][3] ;
    FILE *rf, *wf ;
    rf = fopen("in.dat","r") ;
    wf = fopen("out.dat","w") ;
    for(k = 0 ; k < 5 ; k ++ ) {
        for(i = 0 ; i < 3 ; i ++ )
            fscanf(rf, "%d %d %d", &a[i][0], &a[i][1], &a[i][2]) ;
        fun(a, t) ;
        for(i = 0 ; i < 3 ; i ++ ) {
            for(j = 0 ; j < 3 ; j ++ ) fprintf(wf, "%7d", t[i][j]) ;
            fprintf(wf, "\n") ;
        }
    }
```

```
    fclose(rf) ;
    fclose(wf) ;
}
```

运行结果：

```
    2     6    10
    6    10    14
   10    14    18
Press any key to continue
```

【解析】 本题考查矩阵的操作，如何表示矩阵及其转置矩阵的各个元素。行列数相等的二维数组转置本质上就是行列互换，转置后的第 i 行第 j 列对应原矩阵的第 j 行第 i 列。所以需要用双层循环实现矩阵的转置，外层循环控制矩阵行下标，内层循环控制矩阵列下标。转置后将 $\boldsymbol{A}+\boldsymbol{A}'$ 的计算结果存入 $\boldsymbol{B}$ 矩阵中，再遍历输出矩阵 $\boldsymbol{B}$。

若将矩阵 **A** 转置后还存入 a 中：

```
int i,j,temp;
    for(i = 0;i < N;i ++ )
        for(j = I;j < N;j ++ )
            {temp = a[i][j];a[i][j] = a[j][i];a[j][i] = temp;}//注意第 2 个循环的初值
```

若将矩阵 **A** 转置后存入 c 中：

```
int i,j;
for(i = 0;i < N;i ++ )
    for(j = 0;j < N;j ++ )
    {c[i][j] = a[j][i];}//注意数组 c 和 a 的下标
```

7.3 字符数组和字符串

由于 C 语言没有专门用于存储字符串常量的数据类型，因此字符串常量的存储使用字符数组来完成。

7.3.1 字符数组

用来存放字符的数组称为字符数组。例如：

```
char a[10];                                          //一维字符数组
char b[5][10];                                       //二维字符数组
char c[20] = {'c',' ','p','r','o','g','r','a','m'};   //给部分数组元素赋值
char d[] = {'c',' ','p','r','o','g','r','a','m' };    //对全体元素赋值时可以省去长度
```

字符数组实际上是一系列字符的集合，也就是字符串（string）。在 C 语言中，没有专门的字符串变量，没有 string 类型，通常就用一个字符数组来存放一个字符串。

C 语言规定，可以将字符串直接赋值给字符数组，例如：

```
char str[30] = {"c.biancheng.net"};
char str[30] = "c.biancheng.net";                    //这种形式更加简洁，实际开发中常用
```

上述数组第 0 个元素为'c'，第 1 个元素为'.'，第 2 个元素为'b'，后面的元素以此类推。

为了方便，也可以不指定数组长度，从而写作

```
char str[] = {"c.biancheng.net"};
char str[] = "c.biancheng.net";  //这种形式更加简洁，实际开发中常用
```

给字符数组赋值时，通常使用这种写法，将字符串一次性地赋值(可以指明数组长度，也可以不指明)，而不是依次对每个字符赋值。

7.3.2　字符串结束标志

字符串是一系列连续的字符的组合，要想在内存中定位一个字符串，除了要知道它的开头，还要知道它的结尾。找到字符串的开头很容易，知道它的名字(字符数组名或者字符串名)就可以，然而如何找到字符串的结尾呢？在 C 语言中，字符串总是以'\0'作为结尾，所以'\0'也被称为字符串结束标志，或者字符串结束符。

C 语言在处理字符串时，会从前往后逐个扫描字符，一旦遇到'\0'就认为到达了字符串的末尾，就结束处理。由" "包围的字符串会自动在末尾添加'\0'。例如，"abc123"从表面看起来只包含了 6 个字符，其实不然，C 语言会在最后隐式地添加一个'\0'。

图 7.2 演示了"C program"在内存中的存储情形：

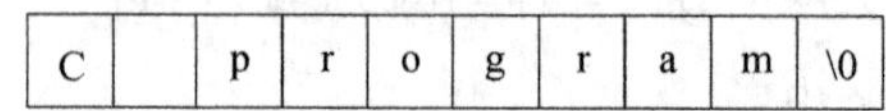

C		p	r	o	g	r	a	m	\0

图 7.2　"C program"在内存中的存储情形

需要注意的是，逐个字符地给数组赋值并不会自动添加'\0'。例如，若运行

```
char str[] = {'a', 'b', 'c'};
```

则数组 str 的长度为 3，而不是 4，因为最后没有'\0'。

注意：当用字符数组存储字符串时，要特别注意'\0'，要为'\0'留个位置；这意味着，字符数组的长度至少要比字符串的长度大 1。请看下面的例子：

```
char str[7] = "abc123";
```

"abc123"看起来只包含了 6 个字符，我们却将 str 的长度定义为 7，这样就是为了能够容纳最后的'\0'。如果将 str 的长度定义为 6，它就无法容纳'\0'了。

有些时候程序的逻辑要求我们必须逐个字符地为数组赋值，这个时候就很容易遗忘字符串结束标志'\0'。下面的代码中，我们将 26 个大写英文字符存入字符数组，并以字符串的形式输出：

```
#include <stdio.h>
int main(){
    char str[30];
    char c;
    int i;
    for(c=65,i=0; c<=90; c++,i++){
        str[i] = c;
    }
```

```
    printf("%s\n", str);
    return 0;
}
```

运行结果：

```
ABCDEFGHIJKLMNOPQRSTUVWXYZ口口口口i口口0?
```

上述“口”表示无法显示的特殊字符。

本例中的 str 数组在定义完成以后并没有立即初始化，所以它所包含的元素的值都是随机的，只有很小的概率会是“零”值。循环结束以后，str 的前 26 个元素被赋值了，剩下的 4 个元素的值依然是随机的，不知道是什么。

7.3.3 字符串的输出和输入

1. 字符串的输出

在 C 语言中，有两个函数可以在控制台(显示器)上输出字符串，它们分别如下。

puts()：输出字符串并自动换行，该函数只能输出字符串。

printf()：通过格式控制符%s 输出字符串，不能自动换行。除了字符串，printf() 还能输出其他类型的数据。例如：

```
#include <stdio.h>
int main(){
    char str[] = "http://c.biancheng.net";
    printf("%s\n", str);                        //通过字符串名字输出
    printf("%s\n", "http://c.biancheng.net");   //直接输出
    puts(str);                                  //通过字符串名字输出
    puts("http://c.biancheng.net");             //直接输出
    return 0;
}
```

运行结果：

```
http://c.biancheng.net
http://c.biancheng.net
http://c.biancheng.net
http://c.biancheng.net
```

2. 字符串的输入

在 C 语言中，有两个函数可以让用户从键盘上输入字符串，它们分别如下。

scanf()：通过格式控制符%s 输入字符串。除了字符串外，scanf() 还能输入其他类型的数据。

gets()：直接输入字符串，并且只能输入字符串。

注意：scanf() 和 gets() 区别如下：scanf() 读取字符串时以空格为分隔，遇到空格就认为当前字符串结束了，所以无法读取含有空格的字符串。gets() 认为空格也是字符串的一部分，只有遇到回车键时才认为字符串输入结束，所以，不管输入了多少个空格，只要不按下回车键，对 gets() 来说就是一个完整的字符串。换句话来说，gets()可以用来读取一整行字符串。

例如：

```
#include <stdio.h>
int main(){
    char str1[30] = {0};
    char str2[30] = {0};
    char str3[30] = {0};
    //gets() 用法
    printf("Input a string: ");
    gets(str1);
    //scanf() 用法
    printf("Input a string: ");
    scanf("%s", str2);
    scanf("%s", str3);
    printf("\nstr1: %s\n", str1);
    printf("str2: %s\n", str2);
    printf("str3: %s\n", str3);
    return 0;
}
```

运行结果：

```
Input a string: C C++ Java Python↙
Input a string: PHP JavaScript↙
str1: C C++ Java Python
str2: PHP
str3: JavaScript
```

第一次输入的字符串被 gets() 全部读取，并存入 str1 中。第二次输入的字符串的前半部分被第一个 scanf()读取并存入 str2 中，其后半部分被第二个 scanf() 读取并存入 str3 中。

7.3.4　字符串处理函数

C 语言提供了丰富的字符串处理函数，其可以对字符串进行输入、输出、合并、修改、比较、转换、复制、搜索等操作，用于输入输出的字符串函数（如 printf、puts、scanf、gets 等）在使用时要包含头文件 stdio.h，而使用其他字符串函数要包含头文件 string.h。

常用字符串函数如下。

1. 字符串连接函数 strcat()

strcat 是 string catenate 的缩写，意思是把两个字符串拼接在一起，语法格式为

```
strcat(arrayName1, arrayName2);
```

arrayName1、arrayName2 指向需要拼接的字符串。arrayName2 指向的字符串（包括"\0"）复制到 arrayName1 指向的字符串后面（删除 arrayName1 原来末尾的"\0"）。

strcat() 的返回值为 arrayName1 的地址。

2. 字符串复制函数 strcpy()

strcpy 是 string copy 的缩写，意思是字符串复制，即将字符串从一个地方复制到另外一个地方，语法格式为

```
strcpy(arrayName1, arrayName2);
```

strcpy() 会把 arrayName2 中的字符串拷贝到 arrayName1 中,字符串结束标志'\0'也一同拷贝。

3. 字符串比较函数 strcmp()

strcmp 是 string compare 的缩写,意思是字符串比较,语法格式为

```
strcmp(arrayName1, arrayName2);
```

arrayName1 和 arrayName2 指向需要比较的两个字符串。

字符本身没有大小之分,strcmp() 以各个字符对应的 ASCII 码值进行比较。strcmp() 从两个字符串的第 0 个字符开始比较,如果它们相等,就继续比较下一个字符,直到遇见不同的字符或者到字符串的末尾。

strcmp()的返回值:若 arrayName1 和 arrayName2 相同,则返回 0;若 arrayName1 大于 arrayName2,则返回大于 0 的值;若 arrayName1 小于 arrayName2,则返回小于 0 的值。

【例 7.5】 在此程序中,函数 fun()的功能是对形参 ss 所指字符串数组中的 M 个字符串按长度由短到长进行排序。ss 所指的字符串数组中共有 M 个字符串,且串长小于 N。

用函数编写程序:

```
#include <stdio.h>
#include <string.h>
#define    M    5
#define    N    20
void fun(char  (*ss)[N])
{   int  i, j, k, n[M];       char  t[N];
    for(i=0; i<M; i++)  n[i]=strlen(ss[i]);
    for(i=0; i<M-1; i++)
    {   k=i;
        for(j=i+1; j<M; j++)
            if(n[k]>n[j])  k=j;
        if(k!=i)
        {   strcpy(t,ss[i]);
            strcpy(ss[i],ss[k]);
            strcpy(ss[k],t);
            n[k]=n[i];
        }
    }
}
void main()
{
    char  ss[M][N]={"shanghai","guangzhou","beijing","tianjing","cchongqing"};
    int  i;
    printf("\nThe original strings are :\n");
    for(i=0; i<M; i++)  printf("%s\n",ss[i]);
    printf("\n");
    fun(ss);
```

```
    printf("\nThe result :\n");
    for(i = 0; i<M; i++)  printf("%s\n",ss[i]);
}
```

运行结果：

```
The original strings are :
shanghai
guangzhou
beijing
tianjing
cchongqing


The result :
beijing
shanghai
tianjing
guangzhou
cchongqing
Press any key to continue
```

【解析】 本题考查运用选择排序将多个字符串根据其长度从短到长排序以及 strcpy()函数。本题首先通过一个 for 循环将多个字符串的长度存入一个一维数组中，然后运用选择排序，将长度最小的字符串运用 strcpy()函数移动到第一位，再在除第一个字符串剩下的全部字符串中找长度最小的移动到剩下全部字符串的第一位，以此类推，即可将多个字符串从短到长进行排序。

选择排序思路：如果有 N 个数，则把第一个到倒数的第二个数逐个向后移，每移动一个数总是对其后面的所有数进行搜索，并找出最大（或最小）数，然后将其与该数进行比较。若其大于（或小于）该数则进行交换，交换后再移动到下一个数，依次交换到结束。

【例 7.6】 在此程序中，函数 fun()的功能是求出形参 s 所指字符串数组中最长字符串的长度，其余字符串左边用字符"*"补齐，使其与最长的字符串等长。字符串数组中共有 N 个字符串，且串长小于 N。

用函数编写程序：

```
#include <stdio.h>
#include <string.h>
#define   M   5
#define   N   20
void fun(char  (*ss)[N])
{   int  i, j, k = 0, n, m, len;
    for(i = 0; i<M; i++)
    {   len = strlen(ss[i]);
        if(i == 0) n = len;
        if(len>n) {
            n = len;  k = i;
```

```
        }
    }
    for(i = 0; i < M; i++)
    if (i != k)
    {   m = n;
        len = strlen(ss[i]);
        for(j = len; j >= 0; j--)
            ss[i][m--] = ss[i][j];
        for(j = 0; j < n - len; j++)
            ss[i][j] = '*';
    }
}
void main()
{
    char  ss[M][N] = {"shanghai","guangzhou","beijing","tianjing","cchongqing"};
    int  i;
    printf("\nThe original strings are :\n");
    for(i = 0; i < M; i++)  printf("%s\n",ss[i]);
    printf("\n");
    fun(ss);
    printf("\nThe result:\n");
    for(i = 0; i < M; i++)  printf("%s\n",ss[i]);
}
```

运行结果如下：

```
The original strings are :
shanghai
guangzhou
beijing
tianjing
cchongqing


The result:
 **shanghai
 *guangzhou
 ***beijing
 **tianjing
  cchongqing
Press any key to continue
```

【解析】 本题考查在多个字符串中寻找到长度最长的字符串以及赋值语句。本题分为两步：第一步，运用 for 循环寻找长度最长的字符串，并将其下标存于变量 k 中；第二步，运用 for 循环将剩下其他的字符串都右移至最右边存放，长度为 len，然后用一个 for 循环在每个字符串的最前面补 $n-$len 个“*”即可。

本题要求在最前面添加“*”，所以一定要在最前面留出要补充的空位，这要求我们必须通过多个变量来存储一些值。

第8章　函　　数

C语言是模块化程序设计语言，模块化程序设计的核心思想是将复杂问题分解为若干个模块，每个模块用一个函数进行描述，因此函数是C语言实现模块化程序设计的基础。本章的难点是函数的递归调用。

本章重点

① 函数的定义；

② 函数的参数及函数的返回值；

③ 函数调用的一般形式和调用方式。

8.1　函数定义和说明

C语言中函数定义的一般形式：

```
函数返回值类型 函数名(类型名 形参1,类型名 形参2,…)
   {
       函数体
   }
```

说明：

① 函数名和形参名都符合标识符命名规则，在同一程序中，函数名必须唯一。在同一函数中，形参名必须唯一，由于形参作用域为该函数，所以形参只在同一函数内不重名即可。

② 函数名前函数返回值类型可以省略，默认为int类型。

③ 紧跟在函数名之后的圆括号中的内容是形参列表，每个形参之前都要有类型名，各形参之间用逗号隔开。

④ 如果函数没有形参，函数名后边的括号不能省略。函数体中没有任何代码语句也是可以的，代表空函数。

⑤ 形参列表中，形参名可以省略，但不能省略形参数据类型。

⑥ 在函数体中，除形参以外所有变量必须被定义，且变量名不能与形参名相同。只有在函数被调用时，系统才为变量分配内存空间，当函数调用结束时，内存释放。

⑦ 函数内部不能再嵌套函数，每个函数都是独立的。

【真题】

有以下函数：

```
int fun(int x, int y)
{ return x - y; }
```

则以下对应上述函数的说明语句错误的是(　　)

A. int fun(int x, y);　　B. int fun(int , int);

C. int fun(int a, int b);　　D. int i, fun(int x, int y);

答案:A

【解析】 函数定义语句为

```
函数返回值类型 函数名(类型名 形参1,类型名 形参2,…)
    {函数体}
```

可以省略函数返回值类型,默认为int类型,也可以省略形参名,但不能省略形参类型。

8.2　函数的参数与返回值

8.2.1　函数的参数

C语言函数的参数会出现在两个地方,分别是函数定义处和函数调用处,这两个地方的参数是有区别的。

形式参数:在函数定义中出现的参数可以仅仅看作一个名字,它没有数据,只能等到函数被调用时接收传递进来的数据,所以称为形式参数,简称形参。

实际参数:函数被调用时给出的参数包含了具体的数据,会被函数内部的代码使用,所以称为实际参数,简称实参。

形参和实参的功能是传递数据,发生函数调用时,实参的值会传递给形参。

注意:形参和实参的区别和联系如下。

① 形参变量只有在函数被调用时才会分配内存,调用结束后,立刻释放内存,所以形参变量只有在函数内部有效,不能在函数外部使用。

② 实参可以是常量、变量、表达式、函数等,无论实参是何种类型的数据,在进行函数调用时,它们都必须有确定的值,以便把这些值传送给形参,所以应该提前用赋值、输入等办法使实参获得确定值。

③ 实参和形参在数量、类型、顺序上必须严格一致,否则会发生"类型不匹配"的错误。当然,如果能够进行自动类型转换,或者进行了强制类型转换,那么实参类型也可以不同于形参类型。

④ 函数调用中发生的数据传递是单向的,只能把实参的值传递给形参,而不能把形参的值反向地传递给实参。换句话来说,一旦完成数据的传递,实参和形参就再也没有关系了,所以,在函数调用过程中,形参的值发生改变并不会影响实参。

⑤ 虽然形参和实参可以同名,但它们之间是相互独立的,互不影响,因为实参在函数外部有效,而形参在函数内部有效。

8.2.2　函数的返回值

函数的返回值是指函数被调用之后,执行函数体中的代码所得到的结果,这个结果通过return语句返回。

return语句的一般形式为

```
return 表达式;
```

return 语句也可以是下面两种形式之一：

```
return (表达式);
```

```
return ;
```

说明：

① void 类型没有函数返回值。

② return 语句可以有多个，可以在函数体的任意位置，但是每次调用函数只能有一个 return 语句被执行，所以只有一个返回值。

③ 函数一旦遇到 return 语句就立即返回，后面的所有语句都不会被执行。

【真题】

1. 函数调用语句“fun((exp1,exp2), (exp1,exp2,exp3));”中含有的实参个数是(　　)

A. 1　　B. 4　　C. 5　　D. 2

答案：D

【解析】 在调用函数时，实参可以是常量、变量、表达式、函数等，各实参之间用逗号隔开，(exp1,exp2)和(exp1,exp2,exp3)是两个用括号括起来的逗号表达式，所以包含两个参数。

2. 若函数 fun()的定义如下：

```
fun(void)
{
double d;
long t = rand();
d = t * 0.618; return d;
}
```

则函数返回值的类型是(　　)。

A. void　　B. double　　C. int　　D. long

答案：C

【解析】 返回值类型与函数名前的数据类型一致，函数名前的返回值数据类型省略，默认为 int 类型。

8.3 函数调用

函数调用就是使用之前已经定义好的函数，函数调用的一般形式为

```
函数名(实参列表);
```

说明：

① 函数的调用包括有参函数调用和无参函数调用。如果是无参函数调用，则不用实参列表，但括号不能省略；如果是有参函数调用，则实参可以是常数、变量、表达式等，多个实参之间用逗号分隔。

② 实参与形参要求类型一致，数量一致。

函数调用方式如下。

① 函数调用作为表达式的一部分出现，如 s=findmax(x,y) * 5。

② 函数调用加上分号直接构成函数语句，如“findmax(x,y);”。

③ 函数调用作为另一个函数调用的实参出现，如 printf("%d",findmax(x,y))。

函数调用数据传递过程如下。

① 实参将数据传递给形参，如果为值传递，则只能单向传递；如果为地址传递，则为双向的，实参和形参相互传递。

② 通过 return 语句把函数值返回到主调函数中。

【真题】

1. 有如下程序：

```
#include <stdio.h>
int sub(double a, double b)
{
    return (int)(a - b);
}
main()
{
    printf("%d\n", sub(3.8, 2.1));
}
```

程序运行后的输出结果是(　　)。

A. 2　　B. 1.7　　C. 1　　D. 2.0

答案:C

【解析】 主函数调用 sub()函数，将 3.8 传参给 a，2.1 传参给 b，执行 return 语句返回“(int)(a-b)=1”，将 return 语句的值返回到主函数调用语句位置，所以输出值为 1。

2. 有如下程序：

```
#include <stdio.h>
int sum(int a, int b)
{
    return a + b - 2;
}
main()
{
    int i;
    for (i = 0; i<5; i++)
        printf("%d", sum(i, 3));
    printf("\n");
}
```

程序运行后的输出结果是(　　)。

A. 01234　　B. 12345　　C. 45678　　D. 54321

答案:B

【解析】　程序从主函数入口,for 循环语句的每次循环结果如图 8.1 所示。

i	i<5	sum(i,3)	return a+b−2
0	成立	a=0,b=3	0+3−2=1
1	成立	a=1,b=3	1+3−2=2
2	成立	a=2,b=3	2+3−2=3
3	成立	a=3,b=3	3+3−2=4
4	成立	a=4,b=3	4+3−2=5
5	不成立		

图 8.1　for 循环语句的每次循环结果

8.4　递归调用

一个函数在它的函数体内调用它自身称为递归调用,这种函数称为递归函数。执行递归函数将反复调用其自身,每调用一次就进入新的一层,当最内层的函数执行完毕后,再一层一层地由里到外退出。

注意:采用递归函数解决问题的条件如下。

① 可以把要解决的问题转换为一个新的问题,而新问题的解决方法与原问题的解决方法相同,但所处理的对象呈规律变化。

② 必须有明确的结束递归条件。

③ 递归条件出口有明确值。

④ 结束递归,程序逐层返回。

【真题】

1. 有如下程序:

```
#include < stdio.h >
void convert(char ch)
{
    if (ch<'D') convert(ch+1);
    printf("%c", ch);
}
main()
{
    convert('A'); printf("\n");
}
```

程序运行后的输出结果是(　　)。

A. ABCD　　　B. DCBA　　　C. A　　　D. ABCDDCBA

答案:B

【解析】　程序从主函数入口,调用函数 convert(),将字符 A 传参给 ch,ch=A,if 判断“ch<'D'”成立,执行“convert(ch+1)”语句;ch+1=B,将字符 B 传参给 ch,调用 convert()函数,ch=B,if 判断“ch<'D'”成立,执行“convert(ch+1)”语句;ch+1=C,将字符 C 传参给 ch,

调用 convert()函数，ch=C，if 判断“ch<'D'”成立，执行“convert(ch+1)”语句；ch+1=D，将字符 D 传参给 ch，调用 convert()函数，ch=D，if 判断“ch<'D'”不成立，输出 ch 值为字符 D。然后递归程序逐层返回，依次输出字符 CBA，最终输出字符 DCBA。故答案为 B。

2. 有以下程序：

```
#include <stdio.h>
void fun( int n )
{
    if(n/2) fun(n/2);
    printf("%d",n%2);
}
main()
{ fun(10); printf("\n"); }
```

程序运行后的输出结果是(　　)。

A. 1010　　B. 1000　　C. 1100　　D. 0101

答案：A

【解析】 程序从主函数入口，调用函数 fun(10)，而 fun(10)又调用 fun(5)，fun(5)又调用 fun(2)，fun(2)进一步调用 fun(1)，最终结果的顺序是 f(1)输出 1，f(2)输出 0，f(5)输出 1，f(10)输出 0。程序执行流程如图 8.2 所示。

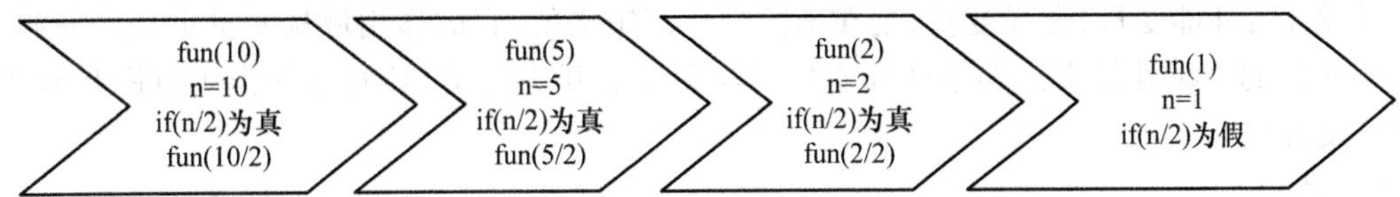

图 8.2　程序执行流程

n=1 时，if 判断为假后输出 n%2，为 1，之后返回到上一级，输出 n%2，为 0，再返回上一级，输出 n%2，为 1，最后返回到最初始，输出 n%2，为 0，所以选 A。

8.5　全局变量和局部变量

8.5.1　变量的作用域类别

定义在函数内部的变量称为局部变量，它的作用域仅限于函数内部，离开该函数后就是无效的，再使用就会报错。

定义在所有函数外部的变量称为全局变量，它的作用域默认是整个程序。

所谓作用域，就是变量的有效范围，即变量可以在哪个范围内使用。局部变量的作用域仅限于定义函数的内部，全局变量的作用域是整个程序。

说明：

① 在 main()函数中定义的变量也是局部变量，只能在 main()函数中使用；同时，main()函数中也不能使用其他函数中定义的变量。main()函数也是一个函数，与其他函数地位平等。

② 形参变量、在函数体内定义的变量都是局部变量。实参给形参传值的过程也就是给局部变量赋值的过程。

③ 可以在不同的函数中使用相同的变量名，它们表示不同的数据，系统给它们分配了不同的内存，它们互不干扰，也不会发生混淆。

④ 在语句块中也可定义变量，它的作用域只限于当前语句块。

⑤ 全局变量的默认作用域是整个程序，也就是所有的代码文件，包括源文件(.c 文件)和头文件(.h 文件)。如果给全局变量加上 static 关键字，它的作用域就变成了当前文件，它在其他文件中将无效。

8.5.2　变量的存储类别

存储类别指的是数据在内存中的存储方式，主要分为两类——静态存储类和动态存储类，具体包括自动(auto)、静态(static)、寄存器(register)和外部(extern)。如果定义变量时没有指定存储类别，默认为 auto。

① 自动：函数中的形参和在函数中定义的变量(包括在复合语句中定义的变量)都属此类，在调用该函数时系统会给它们分配存储空间，在函数调用结束时会自动释放这些存储空间，这类局部变量称为自动变量。

② 静态：函数中局部变量的值在函数调用结束后不消失而保留原值，这类局部变量称为静态局部变量。

③ 寄存器：为了提高效率，C 语言允许将局部变量的值放在 CPU 中的寄存器中，这种变量叫寄存器变量。

④ 外部：外部变量(全局变量)是在函数的外部定义的，它的作用域从变量定义处开始，到本程序文件的末尾处结束。如果外部变量不在文件的开头定义，其有效的作用范围只限于定义处到文件最后。

【真题】

以下有关全局变量的叙述中错误的是(　　)。

A. 全局变量没被引用时，不占用内存空间

B. 所有在函数体外定义的变量都是全局变量

C. 全局变量可以和局部变量同名称

D. 全局变量的生命周期一直持续到程序结束

答案：A

【解析】　全局变量的默认作用域是整个程序，也就是所有的代码文件，包括源文件(.c 文件)和头文件(.h 文件)。局部变量可以与全局变量同名，在函数内引用这个变量时，会用到同名的局部变量，而不会用到全局变量。

【例 8.1】　通过函数实现两个数的交换，其中输入的两个数为：调用前 a ＝ 110，b＝20；调用后 a＝20，b＝110。

编程思路：编写子函数，实现将两个变量值进行交换。但主函数调用子函数的过程，是将实参值传递给形参，单向传递，子函数的值不会回传到主函数，所以要想输出交换后的值需要在子函数中输出。

编写程序如下：

```
#include <stdio.h>
void swap(int a,int b){
    int c;
```

```
    c = a;
    a = b;
    b = c;
    printf(" %d  %d",a,b);
}
void main()
{
    int a,b;
    scanf(" %d%d",&a,&b);
    swap(a,b);
}
```

运行结果：

```
110    20
20     110
```

【例 8.2】 计算 $S=1+2+3+4+\cdots+n$。要求：设计子函数 fun(int n)实现此功能；主函数调用子函数，从主函数输入，从主函数输出结果，例如，$n=100$，$S=5\,050$。

编程思路：子函数实现 1 到 n 的累加和，主函数将 n 的值传递给子函数，子函数通过 for 循环实现 1 到 n 的累加，最后将累加和作为函数返回值返回到主函数输出。

编写程序如下：

```
#include <stdio.h>
int fun(int n)
{
    int S;
    for(n;n>=1;n--)
    S+=n;//计算 S 的值
    return S;
}
int main()
{
    int n,S;
    scanf(" %d",&n);//键盘输入 n 的值
    printf("S= %d\n",fun(n));//输出 S 的值
    return 0;
}
```

运行结果：

```
100
S=5050
```

第9章 指　　针

数据在内存中的地址也称为指针，在C语言中，允许使用一个变量来存放指针，这种变量称为指针变量。指针变量的值就是某份数据的地址，这样的一份数据可以是数组、字符串、函数，也可以是另外的一个普通变量或指针变量。

本章要点

① 指针变量的定义和引用；

② 作为函数参数的指针变量；

③ 指针移动；

④ 指向数组的指针；

⑤ 字符串及字符指针；

⑥ 指向函数的指针。

9.1 指针变量

9.1.1 指针变量的定义

定义指针变量与定义普通变量非常类似，要在变量名前面加*，其一般格式为

```
类型名 *指针变量名；
```

或者

```
类型名 *指针变量名 = 值；
```

其中，"*"表示这是一个指针变量。

例如：

```
//定义普通变量
float a = 99.5, b = 10.6;
char c = '@', d = '#';
//定义指针变量
float *p1 = &a;
char *p2 = &c;
//修改指针变量的值
p1 = &b;
p2 = &d;
```

"*"是一个特殊符号，表明一个变量是指针变量，定义p1、p2时必须带"*"。而给p1、p2

赋值时,因为已经知道了它们是指针变量,就没必要再带上"*",后边可以像使用普通变量一样来使用指针变量。也就是说,定义指针变量时必须带"*",给指针变量赋值时不能带"*"。

假设变量 a、b、c、d 的地址分别为 0X1000、0X1004、0X2000、0X2004,图 9.1 很好地反映了 p1、p2 指向的变化。

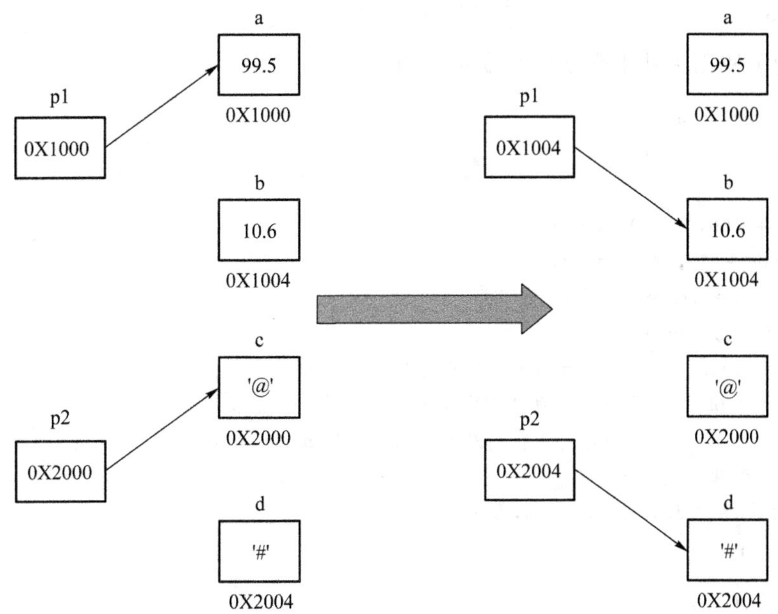

图 9.1 p1、p2 指向的变化

需要强调的是,p1、p2 的类型分别是 float * 和 char *,而不是 float 和 char,它们是完全不同的数据类型。

例如:

```
#include <stdio.h>
int main()
{
    int a = 15;
    int *p = &a;
    printf("%d, %d\n", a, *p);  //两种方式都可以输出 a 的值
    return 0;
}
```

运行结果:

```
15, 15
```

这里的"*"称为指针运算符,用来取得某个地址上的数据,"*"在不同的场景下有不同的作用:"*"可以用在指针变量的定义中,表明这是一个指针变量,以将其同普通变量区分开;使用指针变量时在前面加"*"表示获取指针指向的数据,或者说"*"表示的是指针指向的数据本身。

9.1.2 指针变量的引用

指针变量可以出现在普通变量能出现的任何表达式中,例如:

```
int x, y, * px = &x, * py = &y;
y = * px + 5;              //表示把 px 的内容加 5 并赋给 y, * px + 5 相当于( * px) + 5
y = ++* px;                //px 的内容加上 1 之后赋给 y, ++* px 相当于 ++ ( * px)
y = * px++ ;               //相当于 y = * (px++ )
py = px;                   //把一个指针的值赋给另一个指针
```

下面的例子使用指针来交换两个变量的值。

```
#include <stdio.h>
int main()
{
    int a = 100, b = 999, temp;
    int * pa = &a, * pb = &b;
    printf("a= %d, b= %d\n", a, b);
/***** 开始交换 *****/
    temp = * pa;        //将 a 的值先保存起来
    * pa = * pb;        //将 b 的值交给 a
    * pb = temp;        //再将保存起来的 a 的值交给 b
    /***** 结束交换 *****/
    printf("a= %d, b= %d\n", a, b);
    return 0;
}
```

运行结果：

```
a=100, b=999
a=999, b=100
```

从运行结果可以看出，a、b 的值已经发生了交换。需要注意的是临时变量 temp 的作用特别重要，因为执行“* pa = * pb;”语句后 a 的值会被 b 的值覆盖，如果不先将 a 的值保存起来，那么以后就找不到它了。

假设有一个 int 类型的变量 a，pa 是指向它的指针，那么 * &a 和 & * pa 分别是什么意思呢？

① * &a 可以理解为 * (&a)，&a 表示取变量 a 的地址(等价于 pa)，* (&a)表示取这个地址上的数据(等价于 * pa)，绕来绕去，又回到了原点，* &a 仍然等价于 a。

② & * pa 可以理解为 &(* pa)，* pa 表示取得 pa 指向的数据(等价于 a)，&(* pa)表示数据的地址(等价于 &a)，所以 & * pa 等价于 pa。

【例 9.1】 在此程序中，函数 fun()的功能是：将函数中两个变量的值进行交换。例如，若 a 中的值为 8，b 中的值为 3，则程序运行后，a 中的值为 3，b 中的值为 8。

用函数编写程序如下：

```
#include <stdio.h>
void fun(int * x,int * y)
{
    int t;
    t= * x; * x= * y; * y=t;
}
```

```
void main()
{
    int a,b;
    a = 8;
    b = 3;
    fun(&a, &b);
    printf(" %d  %d\n ", a,b);
}
```

运行结果：

```
3  8
Press any key to continue
```

【考点分析】 本题考查指针变量作为函数参数，以及两个变量值交换的算法。

【解析】 一般变量作为参数时，不能改变实参的值，采用指针变量作为参数则能改变实参的值。主函数中 fun()函数的调用方式表明 fun()函数的参数应当为指针类型。在该前提下，要通过中间变量 t 实现 x、y 值的交换，需在 x、y 前加上取值符“ * ”。

交换两个变量的值，需要掌握以下语句：

```
t = a; a = b; b = t;
```

并根据实际 a、b 的参数类型，加取值符“ * ”。

9.2　指针与数组

数组是一系列相同类型数据的集合，每一份数据叫作一个数组元素。数组中的所有元素在内存中是连续排列的，整个数组占用的是一块内存。定义数组时，要给出数组名和数组长度，数组名可以认为是一个指针，它指向数组的第 0 个元素。在 C 语言中，我们将第 0 个元素的地址称为数组的首地址。

数组名的本意是表示整个数组，也就是表示多个数据的集合，但在使用过程中经常会转换为表示指向数组第 0 个元素的指针，所以上文使用了“认为”一词，表示数组名和数组首地址并不总是等价。

下面的例子演示了如何以指针的方式遍历数组元素：

```
#include <stdio.h>
int main()
{
    int arr[] = { 99, 15, 100, 888, 252 };
    int len = sizeof(arr) / sizeof(int);     //求数组长度
    int i;
    for(i = 0; i < len; i ++ ){
        printf(" %d  ", *(arr + i) );       //*(arr + i)等价于 arr[i]
    }
    printf("\n");
    return 0;
}
```

运行结果：

```
99  15  100  888  252
```

sizeof(arr) 会获得整个数组所占用的字节数，sizeof(int) 会获得一个数组元素所占用的字节数，它们相除的结果就是数组包含的元素个数，也即数组长度。

对于 *(arr+i)这个表达式，arr 是数组名，指向数组的第 0 个元素，表示数组的首地址，arr+i 指向数组的第 *i* 个元素，*(arr+i) 表示取第 *i* 个元素的数据，它等价于 arr[i]。

arr 是 int * 类型的指针，每次加 1 时它自身的值会增加 sizeof(int)，每次加 *i* 时自身的值会增加 sizeof(int) * *i*，它也可以定义一个指向数组的指针，例如：

```
int arr[] = { 99, 15, 100, 888, 252 };
int *p = arr;
```

arr 本身就是一个指针，可以直接赋值给指针变量 p。arr 是数组第 0 个元素的地址，所以"int *p = arr;"也可以写作"int *p = &arr[0];"。也就是说，arr、p、&arr[0] 这三种写法都是等价的，它们都指向数组第 0 个元素，或者说指向数组的开头。

如果一个指针指向了数组，我们就称它为数组指针。

数组指针指向的是数组中的一个具体元素，而不是整个数组，所以数组指针的类型和数组元素的类型有关，上面的例子中，p 指向的数组元素是 int 类型，所以 p 的类型必须也是 int *。

反过来想，p 并不知道它指向的是一个数组，p 只知道它指向的是一个整数，究竟如何使用 p 取决于程序员的编码。

更改前文的代码，使用数组指针来遍历数组元素：

```
#include <stdio.h>
int main()
{
    int arr[] = { 99, 15, 100, 888, 252 };
    int i, *p = arr, len = sizeof(arr) / sizeof(int);
    for(i = 0; i < len; i++){
        printf("%d  ", *(p + i) );
    }
    printf("\n");
    return 0;
}
```

数组在内存中只是数组元素的简单排列，没有开始和结束标志，在求数组的长度时不能使用 sizeof(p)/sizeof(int)，因为 p 只是一个指向 int 类型的指针，编译器并不知道它指向的到底是一个整数还是一系列整数(数组)，所以 sizeof(p) 求得的是 p 这个指针变量本身所占用的字节数，而不是整个数组占用的字节数。

也就是说，根据数组指针不能逆推出整个数组元素的个数，以及数组从哪里开始、到哪里结束等信息。不像字符串，数组本身也没有特定的结束标志，如果不知道数组的长度，那么就无法遍历整个数组。

前文讲到，对指针变量进行加法和减法运算时，我们是根据数据类型的长度来计算的。如果一个指针变量 p 指向了数组的开头，那么 p+i 就指向数组的第 i 个元素；如果 p 指向了数组

的第 n 个元素，那么 p+i 就是指向第 n+i 个元素。而不管 p 指向了数组的第几个元素，p+1 总是指向下一个元素，p−1 也总是指向上一个元素。

引入数组指针后，我们就有两种方案来访问数组元素了：一种是使用下标；另一种是使用指针。

(1) 使用下标

使用下标也就是采用 arr[i]的形式访问数组元素。如果 p 是指向数组 arr 的指针，那么也可以使用 p[i] 来访问数组元素，它等价于 arr[i]。

(2) 使用指针

使用指针也就是使用 *(p+i) 的形式访问数组元素。另外数组名本身也是指针，也可以使用 *(arr+i) 来访问数组元素，它等价于 *(p+i)。

不管是数组名还是数组指针，都可以使用上面的两种方式来访问数组元素。其不同的是，数组名是常量，它的值不能改变，而数组指针是变量(除非特别指明它是常量)，它的值可以任意改变。也就是说，数组名只能指向数组的开头，而数组指针可以先指向数组开头，再指向其他元素。

更改前文的代码，借助于自增运算符来遍历数组元素，如下所示：

```
#include <stdio.h>
int main()
{
    int arr[] = { 99, 15, 100, 888, 252 };
    int i, *p = arr, len = sizeof(arr) / sizeof(int);
    for(i = 0; i < len; i++){
        printf("%d  ", *p++ );
    }
    printf("\n");
    return 0;
}
```

运行结果：

```
99  15  100  888  252
```

假设 p 是指向数组 arr 中第 n 个元素的指针，那么 *p++、*++p、(*p)++分别是什么意思呢？

① *p++等价于 *(p++)，表示先取得第 n 个元素的值，再将 p 指向下一个元素，上面已经进行了详细讲解。

② *++p 等价于 *(++p)，会先进行 ++p 运算，使得 p 的值增加，指向下一个元素，整体上相当于 *(p+1)，所以会获得第 n+1 个数组元素的值。

③ (*p)++ 就非常简单了，会先取得第 n 个元素的值，再对该元素的值加 1。假设 p 指向第 0 个元素，并且第 0 个元素的值为 99，则执行完该语句后，第 0 个元素的值就会变为 100。

【例 9.2】 在此程序中，函数 fun()的功能是：计算形参 x 所指数组中 N 个数的平均值(规定所有数均为正数)，将所指数组中大于平均值的数据移至数组的前部，小于或等于平均值的数据移至 x 所指数组的后部，平均值作为函数值返回，在主函数中输出平均值和移动后的数据。

例如，有 10 个正数——46、30、32、40、6、17、45、15、48、26，它们的平均值为 30.500 000，移动后的输出为 46、32、40、45、48、30、6、17、15、26。

用函数编写程序：

```
#include < stdlib.h >
#include < stdio.h >
#define   N   10
double fun(double   * x)
{   int   i, j; double s, av, y[N];
    s = 0;
    for(i = 0; i < N; i ++ )   s = s + x[i];
    av = s/N;
    for(i = j = 0; i < N; i ++ )
        if( x[i]> av )
        {
            y[j ++ ] = x[i];
            x[i] = - 1;
        }
    for(i = 0; i < N; i ++ )
        if( x[i]!=  - 1)
            y[j ++ ] = x[i];
    for(i = 0; i < N; i ++ )
        x[i]  =  y[i];
    return   av;
}
void main()
{
    int   i;     double   x[N];
    for(i = 0; i < N; i ++ )
    {
        x[i] = rand() % 50;
        printf(" % 4.0f ",x[i]);
    }
    printf("\n");
    printf("\nThe average is: % f\n",fun(x));
    printf("\nThe result :\n",fun(x));
    for(i = 0; i < N; i ++ )   printf(" % 5.0f ",x[i]);
    printf("\n");
}
```

运行结果：

```
    41   17   34    0   19   24   28    8   12   14

The average is: 19.700000
```

```
The result :
    41    34    24    28    17     0    19     8    12    14
Press any key to continue
```

【解析】 本题考查如何通过数组计算数据的平均值以及数组元素的移动。本题通过遍历所有数组,将数据的总和存放到 s 中,然后将总和除以数据总个数,就得到了这组数据的平均值。接着通过比较,找到大于平均值的数组元素,将其存入数组 y 的前端,并将尚未存入数组 y 的数据存入数组中,最后返回平均值。

在计算平均分时,需要掌握下面语句:

```
for(i=0;i<n;i++)          //求分数的总和
    av = av+a[i];
return(av/n);             //返回平均值
```

数组元素的移动则使用如下语句完成:

```
for(i=j=0; i<N; i++)
    if( x[i]>av )
    { //找到比 av 大的数
        y[j++]=x[i];
}
```

【例 9.3】 在此程序中,编写函数 fun(),其功能是:找出一维整型数组元素中最大的值及其所在的下标,并通过形参传回。数组元素中的值已在主函数中赋予。

主函数中 x 是数组名,n 是 x 中的数据个数,max 存放最大值,index 存放最大值所在元素的下标。

用函数编写程序:

```
#include<stdlib.h>
#include<stdio.h>
#include<time.h>
void fun(int a[],int n, int *max, int *d)
{
    int i;
    *max=a[0];
    *d=0;
/*将最大的元素放入指针 max 所指的单元,最大元素的下标放入指针 d 所指的单元*/
    for(i=0;i<n;i++)
        if(*max<a[i])
        { *max=a[i];
          *d=i;
        }
}
void main()
{
```

```
    FILE * wf;
    int i, x[20], max,  index, n = 10;
    int y[20] = {4,2,6,8,11,5};
    srand((unsigned)time(NULL));
    for(i = 0;i < n;i ++ )
    {
        x[i] = rand() % 50;
        printf(" % 4d",x[i]);    /* 输出一个随机数组 */
    }
    printf("\n");
    fun(x,n,&max,&index);
    printf("Max = % 5d,Index = % 4d\n",max,index);
    wf = fopen("out.dat","w");
    fun(y,6,&max,&index);
    fprintf(wf,"Max = % 5d,Index = % 4d",max,index);
    fclose(wf);
}
```

运行结果截图：

```
    29  46  3  10  28  25  0  25  49  10
Max =    49,Index =    8
Press any key to continue
```

【解析】 本题考查的是，如何查找一维数组中的最大值及其下标，并使用循环判断结构实现，以及指针变量的应用。

为了查找最大值及其下标，需要定义两个变量，该程序直接使用形参 max 和 d，由于它们都是指针变量，所以在引用它们所指向的变量时要对它们进行指针运算。循环语句用来遍历数组元素，条件语句用来判断该数组元素是否最大。

该程序考查求最大值的方法，需要掌握以下语句：

```
for(i = 0;i < n;i ++ )
if( * max < a[i])
    { * max = a[i]; * d = i;}
```

9.3 指针与字符串

字符串的两种表示形式如下。

① 字符数组形式：

```
char string[] = "hello world";
```

② 字符指针形式：

```
char * str = "hello world";
```

数组形式与字符指针形式都是字符串的表示形式，但是这两种表示形式大不相同。下面说明上述例子的差别。

1. 储存方式

① 字符数组由若干元素组成,每个元素存放一个字符。

② 字符指针只存放字符串的首地址,不是整个字符串。

2. 存储位置

① 字符数组是在内存中开辟了一段空间存放字符串。

② 字符指针是在文字常量区开辟了一段空间存放字符串,将字符串的首地址赋给指针变量 str。

3. 赋值方式

对于字符数组,下面的赋值方式是错误的:

```
char str[10];
str = "hello";
```

应将一个字符数组的起始地址赋值指针变量。

```
char *p;
char str[] = "hello";
p = s;
```

字符串"hello"存储在字符数组 str 中,数组 str 的起始地址赋值给指针变量 p,则指针 p 就指向字符串"hello"。

而对于字符指针,则可以采用下面方法赋值:

```
char *a;
a = "hello";
```

将一个字符串常量赋值给指针变量,字符串常量"hello"赋值给指针 a 的结果是将存储字符串常量的起始地址赋给指针 a,指针 a 就指向了字符串常量。

4. 可否被修改

① 字符指针指向的字符串内容不能被修改,但字符指针的值(存放的地址或者指向)是可以被修改的。

例一:字符指针指向的字符串内容不能被修改。

```
char *p = "hello";      //字符指针指向字符串常量
*p = 'a';               //错误,常量不能被修改,即指针变量指向的字符串内容不能被修改
```

说明:上述程序先定义了一个字符指针指向字符串常量“hello”,然后修改了指针变量指向的字符串内容,即让 *p = 'a',这会发生错误,因为指针变量指向字符串常量,而常量字符串存在文字常量区,这段空间中的内容为只读内容,不能被修改,即字符指针指向的字符串内容不能被修改。

例二:字符指针的值可以被修改。

```
char *p = "hello";          //字符指针指向字符串常量
char ch = 'a';
p = &ch;                    //字符指针指向可以改变
```

说明：上述程序定义了一个字符指针指向字符串常量“hello”，同时定义了一个字符变量ch，然后改变指针变量的指向，即让 p 指向字符变量 ch，这样是可以的，即指针变量的指向是可以改变的。

② 字符串数组内容可以被修改，但字符串数组名所代表的字符串首地址不能被修改。

例如，定义了一个字符数组 buf，编译器在编译时为它分配内存单元，有确定的地址，假设编译器为 buf 分配的地址是 0X0034FDCC，给 buf 赋不同的值，字符串数组名所代表的字符串首地址没有改变，一直为 0X0034FDCC。

5. 初始化

若定义了一个字符数组，则在编译时为它分配内存单元，它便有确定的地址；而在定义一个字符指针时，最好将其初始化，否则字符指针的值会指向一个不确定的内存段，将会破坏程序。以下方式是被允许的：

```
char str[10];
scanf("%s", str);            //或使用字符串拷贝函数进行拷贝赋值
```

以下方式不推荐，是很危险的：

```
char *p;                     //字符指针未初始化,指向一个不确定的内存段
scanf("%s", p);
```

以下方式是推荐使用的：

```
char *p = NULL;
p = (char *)malloc(10);
scanf("%s", p);              //或使用字符串拷贝函数进行拷贝赋值
```

最后我们来总结一下，C 语言有两种表示字符串的方法：一种是用字符数组表示；另一种是用字符指针表示。它们在内存中的存储位置不同，使得字符数组可以读取和修改，而字符指针只能读取不能修改。

【例 9.4】 在此程序中，fun()函数的功能是：分别统计字符串中大写字母和小写字母的个数。

例如，给字符串 s 输入 AAaaBBbb123CCcccd，则应输出 upper=6，lower= 8。

用函数编写程序：

```
#include <stdio.h>
void fun ( char *s, int *a, int *b )
{
    while ( *s )
    {   if ( *s >= 'A' && *s <= 'Z')
            *a= *a+1;
        if ( *s >= 'a' && *s <= 'z')
            *b= *b+1;
        s++;
    }
}
void main( )
```

```
{
    char  s[100];  int  upper = 0, lower = 0 ;
    printf( "\nPlease a string :  " );  gets ( s );
    fun ( s,  & upper, &lower );
    printf( "\n upper =  %d  lower =  %d\n", upper, lower );
}
```

运行结果：

```
Please a string :  AAaaBBbb123CCcccd

    upper = 6  lower = 8
Press any key to continue
```

【解析】 本题考查使用 if 语句判断字母大小写，以及数组首地址和指针作为参数时的传递。

本题将数组以指针的形式传入子函数，然后通过遍历数组中所有元素，将每个元素的 ASCII 码值与大写和小写字母的 ASCII 码值范围进行比较，在对应范围内则相应字母个数＋1，最后输出大写字母和小写字母个数。

建议记忆判断大小写字母的 if 语句条件表达式。

掌握以下语句：

```
Void fun(char *s,int *a,int *b)  //fun 函数的形参是字符串首地址和两个指针
*a= *a+1;                        //对 *a 累加 1
*b= *b+1;                        //对 *b 累加 1
```

【例 9.5】 在此程序中，函数 fun()的功能是：将 s 所指字符串中的字母转换为按字母序列的后续字母(如'Z'转化为'A','z'转化为'a')，其他字符不变。

用函数编写程序：

```
#include <stdlib.h>
#include <stdio.h>
#include <ctype.h>
#include <conio.h>
void fun(char *s)
{
    while( *s)
        { if( *s>='A'&& *s<='Z'|| *s>='a'&& *s<='z')
            {   if( *s=='Z')   *s='A';
                else if( *s=='z')   *s='a';
                else   *s+=1;
            }
        *s++;
        }
}
```

```
void main()
{
    char s[80];
    system("CLS");
    printf("\n Enter a string with length<80:\n\n");
    gets (s);
    printf("\n The string:\n\n");
    puts(s);
    fun(s);
    printf("\n\n The Cords :\n\n");
    puts(s);
}
```

运行结果：

```
    Enter a string with length<80:

abcDEfg

    The string:

abcDEfg


    The Cords :

bcdEFgh
Press any key to continue
```

【解析】 本题考查 while 循环语句以及指针的使用。定义合适长度的字符串，输入后将字符串首地址传入 fun()函数中。通过 while 语句对字符串所有字符进行遍历，若当前字符不是字符串结尾则对其进行相应操作，如把'z'和'Z'分别转化为'a'和'A'，最后输出转化后的字符串。

理解指针如何移动，应掌握以下语句：

```
while(*s)或 while(*s!='\0')  //while 语句的循环条件是对当前字符进行判断
s++;                     //因为通过指针 s 的移动遍历字符串，所以每次循环要使指针向后移动一位
```

9.4　指向函数的指针

一个函数总是占用一段连续的内存区域，函数名在表达式中有时也会被转换为该函数所在内存区域的首地址，这和数组名非常类似。我们可以把函数的这个首地址（或称入口地址）赋予一个指针变量，使指针变量指向函数所在的内存区域，然后通过指针变量就可以找到并调用该函数。这种指针就是函数指针。

函数指针的定义形式为

```
数据类型 (*指针变量名)(参数列表);
```

参数列表中可以同时给出参数的类型和名称,也可以只给出参数的类型,省略参数的名称,这一点和函数原型非常类似。

【例 9.6】 用指针来实现对函数的调用。

```
#include <stdio.h>
//返回两个数中较大的一个
int max(int a, int b)
{
    return a>b ? a : b;
}
int main()
{
    int x, y, maxval;
    //定义函数指针
    int (*pmax)(int, int) = max;  //也可以写作 int (*pmax)(int a, int b)
    printf("Input two numbers:");
    scanf("%d %d", &x, &y);
    maxval = (*pmax)(x, y);
    printf("Max value: %d\n", maxval);
    return 0;
}
```

运行结果:

```
Input two numbers:10 50↙
Max value: 50
```

"maxval = (*pmax)(x, y);"语句是函数调用语句。pmax 是一个函数指针,在前面加"*"就表示对它指向的函数进行调用。注意"( )"的优先级高于"*",上述语句中的第一个括号不能省略。

【真题】

1. 设有以下语句:

```
int (*fp)(int *);
```

则下面叙述正确的是(　　)。

A. fp 是一个指向函数的指针变量

B. 这是一条函数声明语句

C. fp 是一个函数名

D. (*fp)是强制类型转换符

答案:A

【解析】 "int (*fp)(int *);"表示 fp 是一个函数指针,指向一个函数,该函数的特征是:返回值是 int,参数是 int*,故选项 A 正确,本题答案为 A。

2. 若有以下说明和定义:

```
int fun(int *c){…}
main()
{
    int(*a)(int*)=fun,*b(),x[10],c;
    …
}
```

则对函数 fun()正确调用的语句是(　　)。

A. (*a)(&c);　　B. a=a(x);　　C. b=*b(x);　　D. fun(b);

答案:A

【解析】 本题考查指向函数的指针。题意中函数 fun()接收一个整型指针参数,返回值为 int 类型,main()函数首先定义一个函数指针 a,将函数 fun()的地址赋给 a,所以 a 是指向函数 fun()的指针,可以通过 a 调用函数 fun()。选项 A 中,通过 a 调用函数 fun(),可以使用(*a),接收的参数是整型变量 c 的地址,A 正确;选项 B 中,参数 x 是一个数组,B 错误;选项 C 中,调用函数 b(),由于程序没有给出函数的定义,所以这里调用函数 b()是错误的,而且函数 b()是没有参数的,这里调用函数 b()的时候传入了参数,所以 C 错误;选项 D 中,由于 b 是一个函数,不能作为整型指针变量传给 fun()函数,所以 D 错误。故本题答案为 A。

第 10 章　编译预处理和内存管理

编译预处理是编译 C 语言源程序之前，对源程序中各种预处理命令进行处理并得到预处理结果的过程。C 语言源程序中的编译预处理命令是在编译器中规定并要求的，不属于 C 语言语法本身的范畴。在预处理之后才能将预处理结果与源程序一起编译、连接，并生成目标代码。

C 语言内存管理是比较深入的知识，涉及变量的存储方式以及动态内存分配等问题。

本章要点

① 宏定义命令；

② 文件包含命令；

③ 条件编译命令；

④ 动态内存分配和释放的方法。

10.1　编译预处理

C 语言中的编译预处理命令主要有 3 类：宏定义、文件包含和条件编译。

10.1.1　宏定义命令

宏定义命令分为两种，即无参宏定义命令和有参宏定义命令。宏定义命令用于定义程序中的符号常量、类型别名、运算式替换和语句替换等。

注意：

① 宏定义的常量不同于 C 语言中 const 定义的常量，宏定义规定了一个可以被替换的“宏名”，在编译预处理过程时，将程序中从宏定义开始到源文件结束处，所有出现的宏名都用宏定义中的字符串去代换，称为“宏替换”或“宏展开”。

② 宏定义是编译器规定和要求的，不属于 C 语言语法本身的范畴，因此宏定义命令末尾没有分号。

1. 无参宏定义

无参数宏定义的一般格式如下：

```
#define 宏名   字符串
```

其中，# 表示一条预处理命令，define 表示该命令是宏定义命令。

宏名是一个标识符，其命名需要符合 C 语言标识符的规定，通常使用大写字母标记宏名。字符串可以是常量或常量表达式。

例如：

```
#define    PI   3.1415926
#define    MAX    100
#define    STARS    "**********"
```

【解析】 在执行编译前,编译器首先会将这3个语句之后的PI、MAX和STARS分别用常数3.1415926、100以及字符串"**********"替换,之后才进行编译。

【例10.1】 分析下面程序代码的运行结果:

```
#include <stdio.h>
#define FORMAT_INT "%d\n"
#define FORMAT_FLOAT "%f\n"
void main()
{
    int a = 1;
    float b = 3.14;
    printf(FORMAT_INT,a);
    printf(FORMAT_FLOAT,b);
}
```

【解析】 这是一个无参宏定义,定义了两个字符串,分别表示一个int型和float型的变量的打印格式字符串,当其被宏替换后,"printf(FORMAT_INT,a);"变成了"printf("%d\n",a);""printf(FORMAT_FLOAT,b);"变成了"printf("%f\n",b);"。

运行结果为

```
1
3.14
```

2. 带参宏定义

带参宏定义的一般形式为

```
#define 宏名(形参表) 字符串
```

注意:带参宏定义的"字符串"中应包含参数表中的指定参数,带参数的宏类似于函数,但绝非函数,带参数的宏定义的展开替换过程为:按#define语句中指定的字符串从左到右进行替换,如果串中包含宏中的形参,则用程序语句中相应的实参代替形参。

带参宏定义与函数调用在参数替换上的差别如下:

① 在函数调用中,不仅要宏展开,还要用实参去代换形参。

② 对于带参的宏定义,宏名与参数的括号间一定不能有空格,否则会被编译器当作无参的宏。

例如:

```
#define MAX(a,b)   ((a)>(b) ? (a) : (b))
```

其功能是,如果a的值大于b,则得到a,否则得到b。

【例10.2】 分析下面程序代码的运行结果:

```
#include <stdio.h>
#define MA(x) x*(x-1)
```

```
void main()
{
    int a=1,b=2;
    printf("%d\n",MA(1+a+b));
}
```

【解析】 按照带参宏定义替换规则,MA(1+a+b) 被替换为 1+a+b×(1+a+b−1)=1+1+2×(1+1+2−1)=2+2×3=8,运算结果为 8。

10.1.2 文件包含命令

文件包含是指一个源文件可以将另外一个指定的源文件包括进来。其一般形式为

```
#include "包括文件名"
```

或者

```
#include <包括文件名>
```

其中编译系统对包含文件的搜索方式为:对于上述中" "形式的命令,编译系统先在当前源程序所在的目录内查找指定的包含文件,如果找不到,再按照系统指定的标准方式到有关目录中寻找;对于上述中< >形式的命令,编译系统直接按照指定的标准方式到有关目录中寻找。

包含文件既可以是.h 头文件,也可以是.c 源文件。

例如:

```
#include "stdio.h"
#include <math.h>
#include "file1.c"
```

10.1.3 条件编译命令

条件编译命令有多种格式,本节只介绍最常用的两种格式:#ifdef 和#ifndef。

1. #ifdef

#ifdef 命令的使用格式如下:

```
#ifdef 标识符
    程序段 1
#else
    程序段 2
#endif
```

其意义是,如果#ifdef 后面的标识符已被宏定义过,则对程序段 1 进行编译;否则,则对程序段 2 进行编译。

【例 10.3】 分析下面程序代码的运行结果:

```
#define WINDOWS
int main()
{
    #ifdef WINDOWS
```

```
        printf("这是 WINDOWS 操作系统\n");
    #else
        printf("这是其他操作系统\n");
    #endif
}
```

【解析】 程序中使用语句#define WINDOWS语句定义了标识符WINDOWS，所以编辑器编译#ifdef下面的程序段1，即“printf("这是WINDOWS操作系统\n");”语句的执行结果是在屏幕上打印“这是WINDOWS操作系统”。

2. #ifndef

ifndef的功能与#ifdef相反，如果#ifndef后面的标识符没有被定义过，则对程序段1进行编译；否则对程序段2进行编译。其格式如下：

```
#ifndef 标识符
    程序段 1
#else
    程序段 2
#endif
```

10.2　内存管理

C语言源程序编译成可执行文件之后需要调到内存中才能执行。计算机内存资源是非常有限的，尤其是嵌入式系统，在掌握C语言程序设计的基础知识之后，为了使开发的程序更有效地利用内存，学习C语言如何使用和管理内存是非常有必要的。

10.2.1　变量的存储方式

1. 变量的类别和存储

C语言的变量有不同的作用域，据此可以将变量存储方式分为静态存储方式和动态存储方式。

静态存储是由系统分配固定的存储空间，C语言中的全局变量就保存在静态存储区。动态存储是由系统根据需要进行动态分配的存储空间，C语言中，在动态存储区保存以下数据：函数形式参数、自动变量(未加static声明)、函数调用时的现场数据和返回地址。

2. 内存中的存储区

一个C语言程序在调入用户内存后，用户内存被分为4个区来保存程序的代码和数据，其中用户区是指操作系统为该程序分配的内存区域，不同程序会有不同的用户区，如图10.1所示。其中，

① 程序代码区：存放程序中各函数二进制代码，以及定义的常数的区域。

② 静态存储区/全局区(static)：存放全局变量和静态变量的区域。

③ 动态存储区——堆区(heap)：程序员申请分配的区域。

④ 动态存储区——栈区(stack)：由编译器自动分配的区域，用于存放函数的参数值以及局部变量的值等。

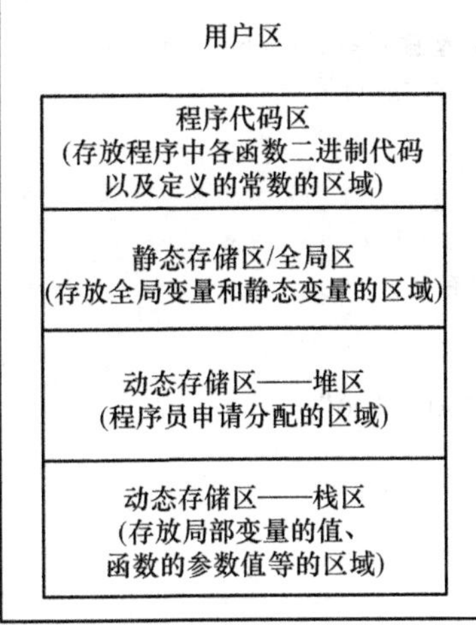

图 10.1 C 语言程序在内存中使用的存储区

10.2.2 动态内存分配

动态内存分配是指可以由程序员在程序中申请和释放的存储区,即堆区。动态内存分配通常用于使用数组和结构体变量的场合。

依据 C 语言规定,定义数组时必须指定数组大小,而在编译时,给所有元素分配的内存是地址连续的。但在实际问题中,经常是在程序运行起来之后才会知道需要多大的存储空间,为了应对这种情况,编写程序时常常需要定义一个足够大的数组,这就造成了内存空间的浪费。为此,C 语言函数库提供了两个动态内存管理函数 malloc()和 free(),它们分别用于执行动态内存申请以及释放,用于维护一片可用的内存池。

malloc()和 free()函数原型为

```
void *malloc( size_t size );
void free(void *pointer);
```

malloc()函数向操作系统申请指定大小为 size 的内存空间,在设计程序时,如果调用 malloc()函数,就需要计算出所需存储空间的大小并传给 malloc()函数,如果 malloc()函数申请动态内存成功了,就会返回这片内存的指针,并且是一个 void * 指针;如果申请动态内存失败,则操作系统返回的指针为 NULL,所以每次调用 malloc()函数申请动态内存后,都需要判别其返回指针是不是 NULL。

free()函数则是将不再使用的由 malloc()函数申请的内存释放掉,即将其还给内存池或者操作系统,其参数是一个指针,但是必须是 malloc()函数申请内存的函数的返回值。

下面是一个 malloc()和 free()函数使用的例子,malloc()函数返回一个内存地址,需要强制转换(int *),然后给这个地址开始位置赋值 200,执行打印输出后,用 free()函数释放内存。

```
#include<stdlib.h>
main()
{
```

```
    int *p;
    /*malloc返回内存地址,类型强制转换(int *)*/
    p=(int *)malloc(2*sizeof(int));
    *p=200;
    *(p+1)=400;
    printf("%d-%d",*p,*(p+1));
    free(p);  //释放申请的内存p
}
```

运行结果为在屏幕上打印“200－400”。

第 11 章　用户定义类型、结构体和共用体

C 语言结构体从本质上讲是一种自定义的数据类型，只不过这种数据类型比较复杂，是由 int、char、float 等基本类型组成的，可以认为是一种聚合类型。本章难点是结构体指针。

本章重点

① 用户定义类型 typedef；

② 结构体的定义和使用。

11.1　用户定义类型 typedef

用户可以使用 typedef 关键字定义一种新类型名，其一般形式为

```
typedef 类型名 标识符;
```

其中，类型名一定是此语句之前已经定义的类型标识符，标识符是用户定义标识符，用来标识新的类型名。typedef 语句的作用是用标识符代替已经存在的类型名，并没有产生新的数据类型，原类型名依然有效。在实际使用中，typedef 的应用主要有如下 4 种。

① 为基本数据类型定义新的类型名。

② 为自定义数据类型(结构体、共用体和枚举类型)定义简洁的类型名称。

③ 为数组定义简洁的类型名称。

④ 为指针定义简洁的名称。

【真题】

设有定义：

```
typedef struct data1{int x, y;} data2;
typedef struct {float x, y;} data3;
```

则以下选项不能作为类型名使用的是(　　)。

A. data3　　B. data2　　C. data1　　D. struct data1

答案:C

【解析】 struct data1 是结构体类型，data2 和 data3 是 typedef 定义的新类型，可以作为类型名使用。

11.2　结构体的定义和使用

在 C 语言中，可以使用结构体来存放一组不同类型的数据。结构体的定义形式为

```
struct  结构体名称
{
    数据类型    成员名 1;
    数据类型    成员名 2;
            …
    数据类型    成员 n;
};
```

struct 是结构体类型定义的关键字，后面跟着由用户自己定义的结构体的名字；每一项称为结构体的一个成员，成员的数据类型可以是已有的任意类型，包括用户自定义类型在内；定义完后要加分号。

结构体也是一种数据类型，它由程序员自己定义，可以包含多个其他类型的数据。既然结构体是一种数据类型，那么就可以用它来定义变量。结构体变量定义有 3 种方式。

① 先定义结构体，再用该结构体定义变量。

```
struct  Book
{
    char  ISBN[20];
    char  bookname[20];
    char  author[20];
    float  price;
    int       number;
};
struct  Book    book1, book2;
```

② 在定义结构体类型的同时定义结构体变量。

```
struct  Book
{
    char  ISBN[20];
    char  bookname[20];
    char  author[20];
    float  price;
    int       number;
}book1, book2;
```

③ 在定义结构体类型的同时定义结构体变量，不给出结构体的名字。

```
struct
{
    char  ISBN[20];
    char  bookname[20];
    char  author[20];
    float  price;
    int       number;
} book1, book2;
```

结构体和数组类似,也是一组数据的集合,整体使用没有太大的意义。数组使用下标“[ ]”获取单个元素,结构体使用“.”获取单个成员。获取结构体成员的一般格式为:

```
结构体变量名.成员名;
```

通过这种方式可以获取成员的值,也可以给成员赋值:

```
#include <stdio.h>
int main(){
    struct{
        char *name;        //姓名
        int num;           //学号
        int age;           //年龄
    } stu1;
      //给结构体成员赋值
      stu1.name = "Tom";
      stu1.num = 12;
      stu1.age = 18;
      //读取结构体成员的值
      printf("%s的学号是%d,年龄是%d\n", stu1.name, stu1.num, stu1.age);
      return 0;
}
```

除了可以对成员进行逐一赋值外,还可以在定义时整体赋值,例如:

```
struct{
    char *name;     //姓名
    int num;        //学号
    int age;        //年龄
    char group;     //所在小组
    float score;    //成绩
} stu1, stu2 = { "Tom", 12, 18 };
```

不过整体赋值仅限于定义结构体变量的情况,在使用过程中只能对成员逐一赋值,这和数组的赋值非常类似。需要注意的是,结构体是一种自定义的数据类型,是创建变量的模板,不占用内存空间;结构体变量才包含了实实在在的数据,需要用内存空间来存储。

【真题】

有以下定义:

```
struct person { char name[10]; int age; };
struct person class[10] = { "Johu",17, "Paul",19, "Mary",18, "Adam",16, };
```

能输出字母 M 的语句是(   )。

A. printf("%c \n", class[2].name[0]);

B. printf("%c \n", class[3].name[0]);

C. printf("%c \n", class[3].name[1]);

D. printf("%c \n", class[2].name[1]);

答案:A

【解析】 输出的字母 M 是输出 Mary 的首字母，Mary 是 person 结构体中第三个元素值，应该为 class[2]，而 M 是 Mary 的首字母，所以是 name 数组的第一个元素，本题选 A。

11.3 结构体指针

当一个指针变量指向结构体时，我们就称它为结构体指针。C 语言中结构体指针定义的一般形式为

```
struct 结构体名 *变量名;
```

```
//结构体
struct stu{
    char *name;     //姓名
    int num;        //学号
    int age;        //年龄
} stu1 = { "Tom", 12, 18 };
//结构体指针
struct stu *pstu = &stu1;
```

注意：结构体变量名和数组名不同，数组名在表达式中会被转换为数组指针，而结构体变量名不会，无论在任何表达式中它表示的都是整个集合本身，要想取得结构体变量的地址，必须在前面加“&”，所以给 pstu 赋值只能写作：

```
struct stu *pstu = &stu1;(不能省略取址符 &)
```

通过结构体指针可以获取结构体成员，其一般形式为

```
(*p).name
```

或者

```
p->name
```

(*p).name 中“.”的优先级高于“*”，所以(*p)外的括号不能省略。可用 p->name 来代替(*p).name，其中，“->”称为指向运算符。

【真题】

有如下程序：

```
#include <stdio.h>
struct person
{ char name[6];
  int age;
};
main()
{ struct person room[4] = {{"Zhang", 21}, {"Li", 19}, {"Wang", 18}, {"Zha o", 22}};
  printf("%s:%d", (room+1)->name, room->age);
}
```

程序运行后的输出结果是(　　)。

A. Li:20　　B. Wang:18　　C. Li:21　　D. Zhang:22

答案:C

【解析】 room 作为结构体数组名,代表首地址,(room+1)->name 指向 room[1]的 name 为 Li,room->age 指向 room[0]的 age 为 21。故答案为 C。

11.4 共用体

共用体的类型说明和变量定义方式与结构体的完全相同。不同的是,结构体中的成员各自占有自己的存储空间,而共用体的变量中所有成员占用同一个存储空间。共用体定义的一般格式为

```
union 共用体名{
    类型名 1 共用体成员名 1;
    类型名 2 共用体成员名 2;
    …
    类型名 n 共用体成员名 n;
};
```

共用体有时也被称为联合或者联合体,这也是 union 这个单词的本意。

结构体占用的内存大于或等于所有成员占用内存的总和(成员之间可能会存在缝隙),共用体占用的内存等于最长的成员占用的内存。共用体使用了内存覆盖技术,同一时刻只能保存一个成员的值,对新的成员赋值就会把原来成员的值覆盖掉。

共用体也是一种自定义类型,可以通过它来创建变量,例如:

```
union data{
    int n;
    char ch;
    double f;
};
union data a, b, c;
```

上面是先定义共用体,再创建变量,也可以在定义共用体的同时创建变量:

```
union data{
    int n;
    char ch;
    double f;
} a, b, c;
```

如果不再定义新的变量,也可以将共用体的名字省略:

```
union{
    int n;
    char ch;
    double f;
} a, b, c;
```

共用体变量中每个成员的引用方式与结构体中成员的引用方式完全相同，可以使用以下任何一种形式。

① 第 1 种：

```
共用体变量名.成员名;
```

② 第 2 种：

```
指针变量名->成员名;
```

③ 第 3 种：

```
(*指针变量名).成员名;
```

第12章 文　　件

文件是指一组相关数据的有序集合。文件操作主要包括文件的打开、读写、关闭以及定位,文件的读写根据数据流不同使用不同函数进行操作。

本章重点

① 文件的读写;

② 文件的定位。

12.1 文件的概念

所谓“文件”是指一组相关数据的有序集合,这个数据集的名字称为文件名。实际上,在前面章节中已经多次使用了文件,例如程序文件、目标文件、可执行文件、头文件等。文件是保存在磁盘中的,在使用时才调入内存中,

文件可以按照两个维度分类:从文件编码方式来看,文件可以分为 ASCII 码文件和二进制文件;从编程者角度来看,文件分为普通文件和设备文件。在操作系统中,为了统一各种硬件的操作,简化接口,不同的硬件设备也都被看成一个文件。对这些文件的操作,等同于对磁盘上普通文件的操作。例如:

① 通常把显示器称为标准输出文件,printf 就是向这个文件输出数据。

② 通常把键盘称为标准输入文件,scanf 就是从这个文件读取数据。

常见硬件设备所对应的文件如表 12.1 所示。

表 12.1　常见硬件设备所对应的文件

文件	硬件设备
stdin	标准输入文件,一般指键盘;scanf()、getchar()等函数默认从 stdin 获取输入数据
stdout	标准输出文件,一般指显示器;printf()、putchar()等函数默认向 stdout 输出数据
stderr	标准错误文件,一般指显示器;perror()等函数默认向 stderr 输出数据(后续会讲到)
stdprn	标准打印文件,一般指打印机

操作文件的正确流程为:打开文件→读写文件→关闭文件。在进行文件读写操作之前要先打开,使用完毕后要关闭。

所谓打开文件,就是获取文件的有关信息,例如文件名、文件状态、当前读写位置等,这些信息会被保存到一个 FILE 类型的结构体变量中。关闭文件就是断开与文件之间的联系,释放结构体变量,同时禁止再对该文件进行操作。

在 C 语言中,文件有多种读写方式,可以一个字符一个字符地读取,也可以读取一整行,还可以读取若干个字节。文件的读写位置也非常灵活,可以从文件开头读取,也可以从中间位置读取。

12.2　文件的打开与关闭

12.2.1　文件的打开

在C语言中，操作文件之前必须先打开文件；打开文件是让程序和文件建立连接的过程。打开文件之后，程序可以得到文件的相关信息，例如大小、类型、权限、创建者、更新时间等。在后续读写文件的过程中，程序还可以记录当前读写到了哪个位置，下次可以在此基础上继续操作。标准输入文件stdin(表示键盘)、标准输出文件stdout(表示显示器)、标准错误文件stderr(表示显示器)是由系统打开的，可直接使用。

使用<stdio.h>头文件中的fopen()函数即可打开文件，它的用法为

```
FILE * fopen(char * filename, char * mode);
```

其中filename为文件名(包括文件路径)，mode为打开方式，它们都是字符串。

1. fopen()为函数的返回值

fopen()会获取文件信息，包括文件名、文件状态、当前读写位置等，并将这些信息保存到一个FILE类型的结构体变量中，然后将该变量的地址返回。FILE是<stdio.h>头文件中的一个结构体，它专门用来保存文件信息。一般不需要关心FILE的具体结构，只需要知道它的用法就行。如果希望接收fopen()的返回值，就需要定义一个FILE类型的指针。例如：

```
FILE * fp = fopen("demo.txt", "r");
```

该语句表示以“只读”方式打开当前目录下的demo.txt文件，并使fp指向该文件，这样就可以通过fp来操作demo.txt了。fp通常被称为文件指针。再来看一个例子：

```
FILE * fp = fopen("D:\\demo.txt","rb+");
```

该语句表示以二进制方式打开D盘下的demo.txt文件，允许读和写。

2. 判断文件是否打开成功

打开文件出错时，fopen()将返回一个空指针，也就是NULL，可以利用这一点来判断文件是否打开成功，如下面的代码：

```
FILE * fp;
if( (fp=fopen("D:\\demo.txt","rb")) == NULL ){
    printf("Fail to open file!\n");
    exit(0); //退出程序(结束程序)
}
```

通过判断fopen()的返回值是否和NULL相等来判断打开是否失败：如果fopen()的返回值为NULL，那么fp的值也为NULL，此时if的判断条件成立，表示文件打开失败。

3. fopen()函数的打开方式

不同的操作需要不同的文件权限。另外，文件也有不同的类型，按照数据的存储方式可以分为二进制文件和文本文件，它们的操作细节是不同的。在调用fopen()函数时，这些信息都必须提供，称为“文件打开方式”。最基本的文件打开方式有以下几种，如表12.2和表12.3所示。

表 12.2　控制文件读写权限的字符串

打开方式	说明
"r"	以"只读"方式打开文件。只允许读取,不允许写入。文件必须存在,否则打开失败
"w"	以"写入"方式打开文件。如果文件不存在,那么创建一个新文件;如果文件存在,那么清空文件内容(相当于删除原文件,再创建一个新文件)
"a"	以"追加"方式打开文件。如果文件不存在,那么创建一个新文件;如果文件存在,那么将写入的数据追加到文件的末尾(文件原有的内容保留)
"r+"	以"读写"方式打开文件。既可以读取也可以写入,也就是随意更新文件。文件必须存在,否则打开失败
"w+"	以"写入/更新"方式打开文件,相当于 w 和 r+叠加的效果。既可以读取也可以写入,也就是随意更新文件。如果文件不存在,那么创建一个新文件;如果文件存在,那么清空文件内容(相当于删除原文件,再创建一个新文件)
"a+"	以"追加/更新"方式打开文件,相当于 a 和 r+叠加的效果。既可以读取也可以写入,也就是随意更新文件。如果文件不存在,那么创建一个新文件;如果文件存在,那么将写入的数据追加到文件的末尾(文件原有的内容保留)

表 12.3　控制文件读写方式的字符串(可以不写)

打开方式	说明
"t"	文本文件。如果不写,默认为"t"
"b"	二进制文件

调用 fopen()函数时必须指明读写权限,但是可以不指明读写方式(此时默认为"t")。

注意:读写权限和读写方式可以组合使用,但是必须将读写方式放在读写权限的中间或者尾部,换句话说,不能将读写方式放在读写权限的开头。例如:

① 将读写方式放在读写权限的末尾,如"rb"、"wt"、"ab"、"r+b"、"w+t"、"a+t";

② 将读写方式放在读写权限的中间,如"rb+"、"wt+"、"ab+"。

就整体而言,文件打开方式由 r、w、a、t、b、+ 6 个字符拼成,各字符的含义如下。

① r(read):表示读。

② w(write):表示写。

③ a(append):表示追加。

④ t(text):表示文本文件。

⑤ b(binary):表示二进制文件。

⑥ +:表示可以进行读和写。

12.2.2　文件的关闭

文件一旦使用完毕,应该用 fclose() 函数把文件关闭,以释放相关资源,避免数据丢失。fclose() 的用法为

```
int fclose(FILE * fp);
```

fp 为文件指针。例如:

```
fclose(fp);
```

文件正常关闭时,fclose()的返回值为 0,如果返回非零值则表示有错误发生。

【真题】

有以下程序段:

```
FILE *fp;
if( (fp=fopen("test.txt","w")) == NULL)
    { printf("不能打开文件!"); exit(0);}
else
    printf("成功打开文件!");
```

若指定文件 test.txt 不存在,且无其他异常,则以下叙述错误的是(　　)。

A. 输出"不能打开文件!"

B. 输出"成功打开文件!"

C. 系统将按指定文件名新建文件

D. 系统将为写而建立文本文件

答案:A

【解析】 fopen()函数以 w 写的方式打开指定文件,返回一个指向文件的文件指针,如果不能实现打开文件,则返回一个空指针 NULL。以 w 方式打开文件时,如果文件不存在,那么创建一个新文件;如果文件存在,那么清空文件内容。本题 test.txt 不存在,于是会新建文件并且打开它,所以会打开成功。所以叙述错误的选 A。

12.3　文件的读写

12.3.1　以字符形式读写文件

以字符形式读写文件时,每次可以从文件中读取一个字符,或者向文件中写入一个字符,主要使用两个函数:fgetc() 和 fputc()。

1. 字符读取函数 fgetc()

fgetc(file get char 的缩写)意思是从指定的文件中读取一个字符。fgetc()的用法为

```
int fgetc (FILE *fp);
```

fp 为文件指针。fgetc()读取成功时返回读取到的字符,读取到文件末尾或读取失败时返回 EOF(end of file 的缩写)。EOF 的意思是文件末尾,它是在 stdio.h 中定义的宏,常用负数 −1 来表示。fgetc()的返回值类型定义为 int 型,就是为了能表示这个负数(char 不能是负数)。fgetc()的用法举例:

```
char ch;
FILE *fp = fopen("D:\\demo.txt", "r+");
ch = fgetc(fp);
```

上述语句表示从 D:\\demo.txt 文件中读取一个字符,并保存到变量 ch 中。

在文件内部有一个位置指针，用来指向当前读写到的位置，也就是读写到第几个字节。在文件打开时，该指针总是指向文件的第一个字节。使用 fgetc()函数后，该指针会向后移动一个字节，所以可以连续多次使用 fgetc()读取多个字符。

注意：文件内部的位置指针与 C 语言中的指针不是一回事。位置指针仅仅是一个标志，表示文件读写到的位置，也就是读写到第几个字节，它不表示地址。文件每读写一次，位置指针就会移动一次，它不需要你在程序中定义和赋值，而是由系统自动设置的，对用户是隐藏的。

2. 字符写入函数 fputc()

fputc (file output char 的缩写)意思是向指定的文件中写入一个字符。fputc()的用法为

```
int fputc ( int ch, FILE * fp );
```

ch 为要写入的字符，fp 为文件指针。fputc()写入成功时返回写入的字符，失败时返回 EOF，返回值类型为 int 也是为了容纳这个负数。

注意：

① 被写入的文件可以以写、读写、追加方式打开，以写或读写方式打开一个已存在的文件时将清除原有的文件内容，并将写入的字符放在文件开头。如需保留原有文件内容，并把写入的字符放在文件末尾，就必须以追加方式打开文件。不管以何种方式打开，被写入的文件若不存在时则新创建该文件。

② 每写入一个字符，文件内部位置指针就向后移动一个字节。

12.3.2 以字符串形式读写文件

fgetc()和 fputc()函数每次只能读写一个字符，速度较慢，而实际开发中往往是每次读写一个字符串或者一个数据块，这样能明显提高效率。

1. 读字符串函数 fgets()

fgets()函数用来从指定的文件中读取一个字符串，并将其保存到字符数组中，它的用法为

```
char * fgets ( char * str, int n, FILE * fp );
```

其中，str 为字符数组，n 为要读取的字符数目，fp 为文件指针。返回值：读取成功时返回字符数组首地址，也即 str；读取失败时返回 NULL。如果开始读取时文件内部指针已经指向了文件末尾，那么将读取不到任何字符，也返回 NULL。注意，读取到的字符串会在末尾自动添加 '\0'，n 个字符也包括 '\0'。也就是说，实际只读取到了 $n-1$ 个字符，如果希望读取 100 个字符，n 的值应该为 101。

fgets()遇到换行时，会将换行符一并读取到当前字符串，而 gets()则不同，它会忽略换行符。

2. 写字符串函数 fputs()

fputs()函数用来向指定的文件写入一个字符串，它的用法为

```
int fputs( char * str, FILE * fp );
```

其中，str 为要写入的字符串，fp 为文件指针。写入成功则返回非负数，写入失败则返回 EOF。

12.3.3 以数据块形式读写文件

fgets()有局限性,每次最多只能从文件中读取一行内容,因为 fgets()遇到换行符就结束读取。如果希望读取多行内容,则需要使用 fread()函数,相应地,写入函数为 fwrite()。fread()函数用来从指定文件中读取块数据。所谓块数据,是指若干个字节的数据,它可以是一个字符、一个字符串,还可以是多行数据,并没有什么限制。fread()的语法为

```
size_t fread ( void * ptr, size_t size, size_t count, FILE * fp );
```

fwrite() 函数用来向文件中写入块数据,其语法为

```
size_t fwrite ( void * ptr, size_t size, size_t count, FILE * fp );
```

参数说明:

① ptr 为内存区块的指针,它可以是数组、变量、结构体等。fread()中的 ptr 用来存放读取到的数据,fwrite()中的 ptr 用来存放要写入的数据。

② size 表示每个数据块的字节数。

③ count 表示要读写的数据块的块数。

④ fp 表示文件指针。

⑤ 理论上,每次读写 size * count 个字节的数据。

size_t 是在 stdio. h 和 stdlib. h 头文件中使用 typedef 定义的数据类型,表示无符号整数,也即非负数,常用来表示数量。

返回值:返回成功读写的块数,也即 count。如果返回值小于 count,则对于 fwrite()来说,肯定发生了写入错误,可以用 ferror()函数检测;对于 fread()来说,可能读到了文件末尾,并可能发生了错误,可以用 ferror()或 feof()检测。

12.3.4 格式化读写文件

fscanf()和 fprintf()函数的功能与前面使用的 scanf()和 printf()函数的功能相似,都是格式化读写函数,两者的区别在于 fscanf()和 fprintf()的读写对象不是键盘和显示器,而是磁盘文件。fscanf()和 fprintf()函数的语法分别为

```
int fscanf ( FILE * fp, char * format,参数列表 );
int fprintf ( FILE * fp, char * format,参数列表);
```

其中,fp 为文件指针,format 为格式控制字符串。与 scanf()和 printf()相比,fscanf()和 fprintf()仅仅多了一个 fp 参数。fprintf()返回成功写入的字符个数,失败则返回负数。fscanf()返回参数列表中被成功赋值的参数个数。

【真题】

有以下程序:

```
#include < stdio.h > main( )
{
    int i; FILE * fp;
    for (i = 0; i < 3; i++)
    {
```

```
        fp = fopen("res.txt", "w"); fputc('K' + i, fp); fclose(fp);
    }
}
```

程序运行后,在当前目录下会生成一个名为 res. txt 的文件,其内容是(   )。

A. M　　　　B. EOF　　　　C. KLM　　　　D. L

答案:A

【解析】 fopen()函数以 w 写的方式打开指定文件,如果文件不存在,那么创建一个新文件;如果文件存在,那么清空文件内容。for 循环通过 fputs()函数用来向指定的文件写入一个字符串,首先 i=0,写入 K;i=1,写入'K'+1;i=2,写入'K'+2=M,每次遍历都清空文件内容重新写入,所以最后只保留 M。故答案为 A。

12.4 文件的定位

前面介绍的文件读写函数都是顺序读写,即读写文件只能从头开始,依次读写各个数据。但在实际开发中经常需要读写文件的中间部分,要解决这个问题,就得先移动文件内部的位置指针,再进行读写,这种读写方式称为随机读写,也就是说从文件的任意位置开始读写。实现随机读写的关键是要按要求移动位置指针,这称为文件定位,文件定位常用两个函数:rewind()和 fseek()。

rewind()用来将位置指针移动到文件开头,它的语法为

```
void rewind ( FILE * fp );
```

fseek() 用来将位置指针移动到任意位置,它的语法为

```
int fseek ( FILE * fp, long offset, int origin );
```

参数说明:

① fp 为文件指针,也就是被移动的文件。

② offset 为偏移量,也就是要移动的字节数。之所以 offset 为 long 类型,是因为希望移动的范围更大,能处理的文件更大。offset 为正时,向后移动;offset 为负时,向前移动。

③ origin 为起始位置,也就是从何处开始计算偏移量。C 语言规定的起始位置有 3 种,分别为文件开头、当前位置和文件末尾,每个位置都用对应的常量来表示,如表 12.4 所示。

表 12.4 origin 的 3 种起始位置

起始点	常量名	常量值
文件开头	SEEK_SET	0
当前位置	SEEK_CUR	1
文件末尾	SEEK_END	2

【真题】

有以下程序:

```
#include < stdio.h > main( )
{
```

```
    FILE * fp;
    int i, a[6] = {1,2,3,4,5,6}, k;
    fp = fopen("data.dat", "w+");
    fprintf(fp, "%d\n", a[0]);
    for (i = 1; i<6; i++)
    {   rewind(fp);
        fprintf(fp, "%d\n", a[i]);
    }
    rewind(fp);
    fscanf(fp, "%d", &k);
    fclose(fp);
    printf("%d\n", k);
}
```

程序运行后的输出结果是(　　)。

A. 6　　B. 21　　C. 123456　　D. 654321

答案:A

【解析】 定义文件指针变量 fp 和数组 a[],再打开一个文件,随后给文件写入数据 a[0],由于 rewind()函数是将文件指针从当前位置重新指向文件开始位置,所以 for 循环依次将数组 a 中的数据写入文件开始位置,退出循环后,文件中的数据顺序为 654321,重新使指针指向文件开始位置,将此时 fp 指向的数据写入变量 k,之后关闭文件,输出 k 值。

第 13 章　上 机 操 作

全国计算机等级考试(二级 C 语言)中程序设计(上机操作)分值占有较大比例。本章将近年真题考点进行分析和归纳,总结出 6 大类 35 小类共 93 道题目,每个题目从考点分析、解题思路分析以及解题宝典 3 个方面进行详细讲解。

本章重点

① 数据的运算;
② 一维数组和二维数组的操作;
③ 字符串相关操作;
④ 结构体成员的访问及操作;
⑤ 链表的操作。

13.1　有关数的运算

13.1.1　数据交换

【例 13.1】 在此程序中,编写函数 fun(),它的功能是:将函数中两个变量的值进行交换。例如,若变量 a 中的值为 8,b 中的值为 3,则程序运行后,a 中的值为 3,b 中的值为 8。

用函数编写程序:

```
#include <stdio.h>
void fun(int *x,int *y)
{    int t;
     t=*x; *x=*y; *y=t;}
void main()
{    int a,b;
     a=8;
     b=3;
     fun(&a, &b);
     printf("%d %d\n", a,b);}
```

【考点分析】 本题考查将指针变量作为函数参数,以及交换两个变量值的算法。

【解题思路】 采用一般变量作为参数不能改变实参的值,采用指针变量作为参数则能改变实参的值。主函数中 fun()函数的调用方式表明 fun()函数的参数应当为指针变量类型。在该前提下,要通过中间变量 t 实现 x、y 值的交换,需在 x、y 前加上取值符 * 。

【解题宝典】 对于交换两个变量值的问题,应掌握以下语句:

```
t = a; a = b; b = t;
```

并根据实际 a、b 的参数类型，加取值符“ * ”。

13.1.2　数据整除

【例 13.2】　在此程序中，编写函数 void fun (int x, int pp[]; int * n)，它的功能是：求出能整除 x 且不是偶数的各整数，并按从小到大的顺序将其放在 pp 所指的数组中，这些除数的个数通过形参 n 返回。例如，若 x 中的值为 30，则有 4 个数符合要求，它们是 1、3、5、15。

用函数编写程序：

```
#include <conio.h>
#include <stdio.h>
#include <stdlib.h>
void fun (int x, int pp[], int * n)
{    int i,j = 0;
     for(i = 1;i <= x;i = i + 2)       //i 的初值为 1,步长为 2,确保 i 为奇数
         if(x % i == 0)                //将能整除 x 的数存入数组 pp 中
             pp[j ++ ] = i;
         * n = j;                      //传回满足条件的数的个数
}
void main ()
{    FILE * wf;
     int  x,aa[1000], n, i ;
     system("CLS");
     printf("\nPlease enter an integer number : \n ") ;
     scanf (" %d", &x) ;
     fun (x, aa, &n) ;
     for (i = 0 ; i < n ; i ++ )
         printf (" %d ", aa [i]);
     printf ("\n ") ;
     wf = fopen("out.dat","w");
     fun (30, aa, &n) ;
     for (i = 0 ; i < n ; i ++ )
         fprintf (wf," %d ", aa [i]);
     fclose(wf);}
```

【考点分析】　本题考查偶数的判定方法，以及整除的实现方法。

【解题思路】　本例题干信息是：能整除 x 且不是偶数的所有整数。使循环语句中变量 i 从 1 开始增加且每次增加 2，这样就可以确保 i 始终是奇数，而能整除 x 即 x 对 i 取余等于 0。根据以上条件，函数设计使用 for 循环内嵌套 if 语句即可实现。

【解题宝典】　该题目考查判断整除和循环嵌套判断语句结构，需掌握以下语句：

```
for(i = 1;i <= x;i = i + 2)     //免去了 if(i % 2!= 0)
    if(x % i == 0)              //判断 i 是否能整除 x
        pp[j ++ ] = i;          //即 pp[j] = i;j = j + 1;
```

【例 13.3】　在此程序中，编写函数 fun()，它的功能是：计算并输出 k 以内最大的 10 个能

被 13 或 17 整除的自然数之和。k 的值由主函数传入,例如,若 k 的值为 500,则函数的值为 4622。

用函数编写程序:

```
#include <stdio.h>
#include <conio.h>
#include <stdlib.h>
int fun(int k)
{    int m = 0,mc = 0, j;
     while((k >= 2)&&(mc < 10)){
          if((k % 13 == 0)||(k % 17 == 0))
               { m = m + k;mc ++ ;}
          k -- ;}
     return m;}
void main()
{    system("CLS");
     printf(" %d\n ",fun(500));}
```

【考点分析】 本题考查整除的判断方法,以及算术运算的算法。

【解题思路】 要求得 k 以内最大的 10 个符合条件的自然数之和,应当通过循环语句从 k 的最大取值(当前值)向下进行遍历,并在遍历过程中判断 k 能否被 13 或 17 整除,k 能被整除即 k 对 13 与对 17 取余都等于 0。由于题目要求总和且符合条件的 k 有数量限制,所以需预先定义变量 m、mc 分别用于存放符合条件 k 的总和、统计计数。根据以上条件,函数设计使用循环内嵌套 if 语句即可实现。

【解题宝典】 该题目考查判断整除和循环嵌套判断语句结构,需掌握以下语句:

```
while((k >= 2)&&(mc < 10))  //判断是否满足结束遍历条件
{if((k % 13 == 0)||(k % 17 == 0))
    { m = m + k;mc ++ ;}        //找到符合条件的k,将其值累加到m,计数变量+1
 k -- ;}
```

【例 13.4】 在此程序中,编写函数 fun(),它的功能是:求小于形参 n 同时能被 3 与 7 整除的所有自然数之和的平方根,并将其作为函数值返回。例如,若 n 为 1000 时,程序输出应为 s= 153.909064.

用函数编写程序:

```
#include <math.h>
#include <stdio.h>
double fun(int n){
     double sum = 0.0;
     int i;
     for(i = 21;i <= n;i ++ )
          if((i % 3 == 0)&&(i % 7 == 0))
               sum + = i;
          return sqrt(sum);}
void main()   /* 主函数 */
```

```
{   void NONO ();
    printf("s = %f\n", fun ( 1000) );
    NONO();}
void NONO ()
{/* 本函数用于打开文件,输入数据,调用函数,输出数据,关闭文件。*/
    FILE *fp, *wf ;
    int i, n ;
    double s;
    fp = fopen("in.dat","r") ;
    wf = fopen("out.dat","w") ;
    for(i = 0 ; i < 10 ; i++) {
        fscanf(fp, "%d", &n) ;
        s = fun(n) ;
        fprintf(wf, "%f\n", s) ; }
    fclose(fp) ;
    fclose(wf) ;}
```

【考点分析】 本题考查整除的判断,以及算数运算的算法。

【解题思路】 首先利用一个 for 循环判断小于 n 且能同时被 3 和 7 整除的整数,并将满足条件的整数累加到 sum,之后调用 sqrt()函数计算 sum 的平方根,并将其作为函数的返回值。

【解题宝典】 该题目考查整除判断和循环嵌套判断语句结构,需掌握以下语句:

```
for(i=21;i<=n;i++)
    if((i%3==0)&&(i%7==0))
        sum+=i;
    return sqrt(sum);
```

13.1.3 素数

【例 13.5】 在此程序中,编写函数 int fun(int lim, int aa[MAX]),其功能是求出小于或等于 lim 的所有素数并将其放在 aa 数组中,同时返回所求出的素数个数。

用函数编写程序:

```
#include<conio.h>
#include<stdio.h>
#include<stdlib.h>
#define MAX 100
int fun(int lim, int aa[MAX]){
    int i,j,k=0;
    for(i=2;i<=lim;i++)            //求出小于或等于 lim 的全部素数
    {for(j=2;j<i;j++)
    if(i%j==0) break;
    if(j>=i)
        aa[k++]=i;}                //将求出的素数放入数组 aa 中
    return k;                      //返回所求出的素数的个数}
```

```
void main()
{FILE * wf;
    int limit,i,sum;
    int aa[MAX];
    system("CLS");
    printf("输入一个整数:");
    scanf(" %d",&limit);
    sum = fun(limit,aa);
    for(i = 0;i < sum;i ++ ) {
        if(i % 10 == 0&&i!= 0)              /* 每行输出 10 个数 */
            printf("\n ");
        printf(" %5d ",aa[i]);}
    wf = fopen("out.dat","w");
    sum = fun(15,aa);
    for(i = 0;i < sum;i ++ ){
        if(i % 10 == 0&&i!= 0)              /* 每行输出 10 个数 */
            fprintf(wf,"\n");
        fprintf(wf," %5d ",aa[i]);}
    fclose(wf);}
```

【考点分析】 本题考查判断素数的方法。

【解题思路】 素数是指在大于 1 的自然数中,除了 1 和它本身以外,不能被其他自然数整除的数。针对本题,我们可以设计两层 for 循环,外层遍历 2 到 lim 的所有自然数,内层循环筛选除数以判断 i 是不是素数并存放所有符合条件的数,这样即可实现要求。

【解题宝典】 本题需重点掌握素数的判定方法:

```
for(i = 2;i <= lim;i ++ )                //外层循环依次遍历 2 到 lim 的所有自然数
    {   for(j = 2;j < i;j ++ )
        if(i % j == 0) break;            //找到可整除 i 的自然数 j,结束循环
    if(j >= i)                           //循环结束后,判断除数和被除数是否相等
        aa[k ++ ] = i;}                  //将求出的素数放入数组 aa 中
```

【例 13.6】 在此程序中,编写函数 fun(),它的功能是:找出一个大于给定整数 m 且紧随 m 的素数,并将其作为函数值返回。

用函数编写程序:

```
int fun( int m)
{   int i,k;
    for (i = m + 1; ;i ++ )
        {   for (k = 2;k < i;k ++ )
                if (i % k == 0)
                break;
            if (k == i)
            return(i);}}
void main()
{   int n;
```

```
    system("CLS");
    printf("\nPlease enter n: ");
    scanf("%d",&n);
    printf ("%d\n",fun(n));}
```

【考点分析】 本题考查判断素数的方法。

【解题思路】 判断当前数是不是素数的方法:对从 2 到自身的自然数进行循环判断,若存在一个数(除 1 和自身)能整除当前数,则跳出本次内层循环,所以 if 条件应为 i%k==0,如果 i 是素数,则循环结束时 k==i,并将该值返回。

【解题宝典】 本题需重点掌握素数的判定方法:

```
for(k=2;k<i;k++)
if(i%k==0) break;   //找到可整除 i 的自然数 k,结束循环
if(k==i)            //循环结束后,判断除数和被除数是否相等
return(i);
```

【例 13.7】 在此程序中,编写函数 fun(),它的功能是:为一个偶数寻找两个素数,这两个素数之和等于该偶数,并将这两个素数通过形参指针传回主函数。

用函数编写程序:

```
#include <stdio.h>
#include <math.h>
void fun(int a, int *b, int *c)
{   int i,j,d,y;
    for (i=3;i<=a/2;i=i+2){
        y=1;
            for (j=2;j<=sqrt((double)i );j++)
                if (i%j==0)  y=0;
            if (y==1){
                d=a-i;
                for (j=2;j<=sqrt((double)d );j++)
                    if (d%j==0)  y=0;
                if (y==1)
                {*b=i;  *c=d;}}}}
void main()
{   int a,b,c;
    do
        { printf("\nInput  a: ");
    scanf("%d",&a);}
    while(a%2);
    fun(a,&b,&c);
    printf("\n\n%d=%d+%d\n",a,b,c);}
```

【考点分析】 本题考查判断素数的方法。

【解题思路】 这道题是历年的经典考题,也是验证哥德巴赫猜想的变体。原来的思路是:任意一个大于或等于 6 的偶数都可以分解为两个素数之和,n 为大于或等于 6 的任一偶数,可分解为 n1 和 n2 两个数,分别检查 n1 和 n2 是不是素数,如果两者都是,则为一组解;如果 n1

不是素数,就不必再检查 n2 是不是素数。先从 n1= 3 开始,检验 n1 和 n2(n2=n − n1)是不是素数,然后使 n1+2 再检验 n1 和 n2 是不是素数,……直到 n1 = n/2 为止。

【解题宝典】 理解下面语句:

```
if(i%j==0)  y=0;/*如余数为0,证明 i 不是素数,本次循环不再检查 d 是不是素数*/
```

本题通常为程序填空题或程序修改题,充分理解题意和素数的判断方法即可顺利解决。

13.1.4 阶乘

【例 13.8】 在此程序中,编写函数 fun(),其功能是:根据以下公式求 P 的值,结果由函数值带回。m 与 n 为两个正整数且要求 $m>n$。

$$P=m!/n!(m-n)!$$

例如:$m=12$, $n=8$ 时,运行结果为 495.00000。

用函数编写程序:

```
#include <stdio.h>
float fun(int m, int n){
    float p1=1,p2=1,p3=1;
    int i;
    for(i=1;i<=m;i++)
        p1*=i;
    for(i=1;i<=n;i++)
        p2*=i;
    for(i=1;i<=(m-n);i++)
        p3*=i;
    return p1/(p2*p3);}
void main()   /* 主函数 */
{   void NONO ();
    printf("P=%f\n", fun (12,8));
    NONO();}
void NONO ()
{/* 本函数用于打开文件,输入数据,调用函数,输出数据,关闭文件。*/
    FILE *fp, *wf ;
    int i, m, n ;
    float s;
    fp = fopen("in.dat","r") ;
    wf = fopen("out.dat","w") ;
    for(i = 0 ; i<10 ; i++) {
        fscanf(fp, "%d,%d", &m, &n) ;
        s = fun(m, n) ;
        fprintf(wf, "%f\n", s) ;}
    fclose(fp) ;
    fclose(wf) ;}
```

【考点分析】 本题考查求阶乘的算法。

【解题思路】 根据题目要求,通过 3 个 for 循环分别计算阶乘,其中 p1=$m!$,p2=$n!$,

p3=(m−n)!。最后将使用 p1、p2、p3 代换的公式作为函数值返回。

【解题宝典】 掌握以下求阶乘的语句：

```
for(i=1;i<=n;i++)
    p*=i;
```

解题时要注意函数返回值的类型，定义符合运算需求的变量类型。

13.1.5　计算公式的值

【例 13.9】 在此程序中，编写函数 fun()，它的功能是：传入一个整数 m，计算如下公式的值。

$$t=\frac{1}{2}-\frac{1}{3}-\cdots-\frac{1}{m}$$

例如，若输入 5，则应输出−0.23333。

用函数编写程序：

```
#include <stdlib.h>
#include <conio.h>
#include <stdio.h>
double fun(int m)
{
    double t=1.0;
    int i;
    for(i=2;i<=m;i++)
        t-=1.0/i;
        return t;
}
void main()
{   int m;
    system("CLS");
    printf("\nPlease enter 1 integer numbers:\n");
    scanf("%d",&m);
    printf("\n\nThe result is %1f\n",
    fun(m));}
```

【考点分析】 本题考查复合赋值运算。

【解题思路】 变量 t 存放公式的和，通过循环语句进行复合运算，循环至 i=m 后时停止，最后将公式结果 t 作为函数值返回。

【解题宝典】 在定义变量和复合运算语句时，注意函数返回值类型和运算中应进行的变量类型转换。

【例 13.10】 在此程序中，编写函数 fun()，它实现的功能是计算 $f(x)=1+x-\frac{x^2}{2!}+\frac{x^3}{3!}-\frac{x^4}{4!}+\cdots+(-1)^{n-2}\frac{x^{n-1}}{(n-1)!}+(-1)^{n-1}\frac{x^n}{n!}$ 的前 n 项和。

若 $x=2.5$，$n=15$ 时，则函数值为 1.917914。

用函数编写程序：

```
#include <stdio.h>
#include <math.h>
double fun(double x, int n)
{   double f, t;        int i;
    f = 1.0;
    t = -1;
    for (i=1; i<n; i++)
    {
        t *= -1 * x/i;
        f += t;
    }
    return f;}
void main()
{   double x, y;
    x=2.5;
    y = fun(x, 15);
    printf("\nThe result is :\n");
    printf("x= %-12.6f     y= %-12.6f\n", x, y);}
```

【考点分析】 本题考查复合赋值运算、变量赋初值。

【解题思路】 观察题目计算表达式每项的变化规律,发现每项都等于在前一项的数据上乘−1 * x/i,于是分别定义 double 型变量 t,f 用以存放当前运算项数据和公式累加和,根据表达式前 2 项确定其初值,根据以上信息即可设计出完整的函数结构,最后将累加和 f 返回给主函数。

【例 13.11】 在此程序中,编写函数 fun(),其功能是计算并输出下列多项式的值:

$$S=\frac{1}{1\times 2}+\frac{1}{2\times 3}+\cdots+\frac{1}{n\times(n+1)}$$

例如,当 $n=10$ 时,函数值为 0.909091。

用函数编写程序:

```
#include<conio.h>
#include<stdio.h>
#include<stdlib.h>
double fun(int n)
{
    int i;
    double s=0.0;
    for(i=1;i<=n;i++)
        s=s+1.0/(i*(i+1));  //求级数的和
    return s;
}
void main()
{   FILE *wf;
    system("CLS");
    printf("%f\n",fun(10));
```

```
    wf = fopen("out.dat","w");
    fprintf(wf,"%f",fun(10));
    fclose(wf);}
```

【考点分析】 本题考查复合赋值运算。

【解题思路】 本题要求级数的和，由多项式的形式可知，应使用循环语句实现，循环的通项为 $1/n(n+1)$。本程序首先定义了和变量及循环变量，然后运用 for 循环语句进行复合运算求出级数的和，最后将和变量 s 返回。

【解题宝典】 定义变量和复合运算语句时，注意函数返回值类型和运算中应进行的变量类型转换。

【例 13.12】 在此程序中，编写函数 fun()，其功能是：计算并输出当 $x<0.97$ 时如下多项式的值，直到 $|S_n-S_{n-1}|<0.00001$ 为止。

$$S_n=1+0.5x+\frac{0.5(0.5-1)}{2!}x^2+\frac{0.5(0.5-1)(0.5-2)}{3!}x^3+\cdots+\frac{0.5(0.5-1)(0.5-2)\cdot\cdots\cdot(0.5-n+1)}{n!}x^n$$

例如，若主函数从键盘给 x 输入 0.21 后，则输出为 $S=100\ 000$。

用函数编写程序：

```
#include <math.h>
#include <stdio.h>
double fun(double x)
{
    double s1 = 1.0,p = 1.0,sum = 0.0,s0,t = 1.0;
    int n = 1;
    do
    {s0 = s1;
     sum += s0;
     t *= n;
     p *= (0.5 - n + 1) * x;
     s1 = p/t;
     n++;}
     while(fabs(s1 - s0)>= 1e-6);
     return sum;
}
void main()
{   int i;
    double x,s;
    FILE *out;
    printf("Input x: ");
    scanf("%lf",&x);
    s = fun(x);
    printf("s = %f\n ",s);
    /*这里包含输出文件程序*/
    out = fopen("out.dat","w");
    for(i = 20;i< 30;i++)
        fprintf(out,"%f\n",fun(i/100.0));
    fclose(out);}
```

【考点分析】 本题考查多项式的计算、变量数据类型及初始化、do-while 循环语句、注意循环条件、多项式的求和、通项的确定。

【解题思路】 本题要求计算并输出当 $x<0.97$ 时多项式的值。解答这类题，首先应该分析多项式的特点，由于从第二项开始的所有项都能把分子与分母用两个表达式进行迭代，所以可利用一个 do-while 循环语句完成操作，循环条件为 fabs(s1－s0)>=1e－6(即|s1－ s0|>=0.000001)。每轮循环的开始，都将符合条件的前一项累加到和变量 sum，直到循环结束，将 sum 返回到主函数。

【例 13.13】 在此程序中，编写函数 fun()，其功能是计算并输出下列多项式的值。

$$S=1+\frac{1}{1\times2}+\frac{1}{1\times2\times3}+\cdots+\frac{1}{1\times2\times3\times\cdots\times n}$$

例如，在主函数中从键盘输入 $n=50$ 后，输出为 $S=1.718282$。

注意，要求 n 的值大于 1 但不大于 100。

用函数编写程序：

```
#include <stdio.h>
double fun(int n)
{
    double sum = 0,tmp = 1;
    int i;
    for(i = 1;i <= n;i ++ )
    {tmp = tmp * i;
     sum += 1.0/tmp;}
    return sum;
}
void main()
{   int n;    double s;
    void NONO( );
    printf("\nInput n:  ");  scanf(" %d",&n);
    s = fun(n);
    printf("\n\ns = %f\n\n",s);
    NONO();}
void NONO()
{/* 请在此函数内打开文件,输入测试数据,调用 fun 函数,输出数据,关闭文件。 */
    FILE *rf, *wf ; int n, i ; double s ;
    rf = fopen("in.dat","r") ;
    wf = fopen("out.dat","w") ;
    for(i = 0 ; i < 10 ; i++ ) {
        fscanf(rf, " %d", &n) ;
        s = fun(n) ;
        fprintf(wf, " %lf\n", s) ;}
    fclose(rf) ; fclose(wf) ;}
```

【考点分析】 本题考查 for 循环、复合赋值运算。

【解题思路】 在程序中输入 n 后，以前 n 项的阶乘作为分母递加，由于 tmp 是浮点型数据，所以写为复合赋值语句“sum+=1.0/tmp;”。for 循环的作用是在每一次循环时将 1.0/tmp

与 sum 相加,并将值存入 sum 中,最后将 sum 作为函数值返回到主函数。

13.1.6 数的分解与合并

【例 13.14】 在此程序中,编写 fun()函数,它的功能是:删除 b 所指数组中小于 10 的数据。主函数中输出删除后数组中余下的数据。

用函数编写程序:

```
#include <stdio.h>
#include <stdlib.h>
#define N 20
int fun( int *b )
{
    int t[N] ,i, num = 0;
    for(i = 0; i<N; i++)
        if(b[i]>= 10)
            t[num++] = b[i];
        for(i = 0; i<num; i++)
            b[i] = t[i];
        return( num );
}
void main()
{   int a[N],i,num;
    printf("a 数组中的数据 :\n");
    for(i = 0;i<N ;i++) {a[i] = rand() % 21; printf(" % 4d",a[i]);}
    printf("\n");
    num = fun(a);
    for(i = 0;i<num ;i++) printf(" % 4d",a[i]);
    printf("\n");}
```

【考点分析】 本题考查通过数组删除符合条件的数据。

【解题思路】 本题通过函数 rand()随机数生成器导入数组数据,将数据存放到数组 a 中,然后调用 fun()函数。再通过条件语句,找到大于或等于 10 的值且将其保存在由下标 num 控制的数组 t 中,最后将 num 作为返回值返回,这样就得到了这组数据大于 10 的数据。

【解题宝典】 删除指定数组数据方法:

```
int t[N] ,i, num = 0;           //num 记录大于 10 的数据个数
for(i = 0; i<N; i++)
    if(b[i]>= 10)               //利用选择语句得出大于或等于 10 的值
        t[num++] = b[i];        //t[num++]保存,达到删除 b 所指数组中小于 10 的数据的作用
    for(i = 0; i<num; i++)
    b[i] = t[i];                //将 t[]中的数据传入 b[]中,地址传递至主函数
    return( num );              //返回 num
```

【例 13.15】 在此程序中,编写函数 fun(),它的功能是:将 a、b 中的两个正整数合并形成一个新的整数放在 c 中。合并的方式是:将 a 中的十位和个位数依次放在变量 c 的十位和千位上,将 b 中的十位和个位数依次放在变量 c 的个位和百位上。

例如,若 $a=45$,$b=12$,则调用该函数后,$c=5241$。

用函数编写程序:

```
#include <stdio.h>
void fun(int  a, int  b, long  *c)
{
    *c = (a%10)*1000 + (b%10)*100 + (a/10)*10 + (b/10);
}
void main()
{   int a,b; long c;void NONO ();
    printf("Input a, b:");
    scanf("%d%d", &a, &b);
    fun(a, b, &c);
    printf("The result is: %ld\n", c);
    NONO();}
void NONO ()
{/* 本函数用于打开文件,输入数据,调用函数,输出数据,关闭文件。*/
    FILE *rf, *wf ;
    int i, a,b ; long c ;
    rf = fopen("in.dat","r") ;
    wf = fopen("out.dat","w") ;
    for(i = 0 ; i < 10 ; i++) {
        fscanf(rf, "%d, %d", &a, &b) ;
        fun(a, b, &c) ;
        fprintf(wf, "a=%d,b=%d,c=%ld\n", a, b, c) ;}
    fclose(rf) ;
    fclose(wf) ;}
```

【考点分析】 本题考查利用函数调用取余取整将两个两位数按特定的方法合并生成一个四位数。

【解题思路】 本题通过输入两个两位数并将其代入函数 fun(),通过/(取整)和%(取余)得到十位和个位上的数字,再通过乘以 10 的 n 次方将数字放置指定位置。返回生成的四位数。

【解题宝典】 求得合并数值的方法:

```
*c = (a%10)*1000 + (b%10)*100 + (a/10)*10 + (b/10);//两位数/10 得十位上的数字,%10 得个位上的数字,通过乘以 10 的 n 次方调动数字位置。
```

【例 13.16】 在此程序中,编写函数 fun(),它的功能是:将形参 n 中各位上为偶数的数字取出,并按原来从高位到低位相反的顺序组成一个新数,作为函数值返回。

例如,输入一个整数 27638496,函数返回值为 64862。

用函数编写程序:

```
#include <stdio.h>
unsigned long fun(unsigned long n)
{   unsigned long x = 0;    int t;
    while(n)
    { t = n%10;
```

```
        if(t%2==0)
            x=10*x+t;
        n=n/10;
    }
    return x;
}
void main()
{   unsigned long n=-1;
    while(n>99999999||n<0)
    { printf("Please input(0<n<100000000): ");   scanf("%ld",&n);   }
    printf("\nThe result is: %ld\n",fun(n));}
```

【考点分析】 本题考查利用函数调用取余取整求得提出数字按指定顺序组成新数。

【解题思路】 本题通过设置数字范围，输入数字，调用函数 fun()，通过'%10'取余得到数字的个位数，使用 if 语句判断其是不是偶数，是则存入 x 中，否则通过'/10'取整进入下一次循环。直至循环结束返回 x。

【解题宝典】 求得提取偶数数字从原数高位到低位相反的顺序新数组成的方法：

```
t=n%10;              //'%10'取余得到数字的个位数
    if(t%2==0)       //判断是不是偶数
        x=10*x+t;    //'10*x'用于将是偶数的数从原数高位到低位相反的顺序组成一个新数
    n=n/10;          //'/10'取整得到数字除个位数外的其他数
```

【例 13.17】 在此程序中，编写函数 fun()，其功能是：w 是一个大于 10 的无符号整数，若 w 是 n(n2) 位的整数，则求出 w 的后 $n-1$ 位的数并将其作为函数值返回。

例如，w 值为 5923，则函数返回 923；若 w 值为 923，则函数返回 23。

用函数编写程序：

```
#include<conio.h>
#include<stdio.h>
#include<stdlib.h>
unsigned fun(unsigned w)
{
    int n=1,j,s=1;
    unsigned t;
    t=w;                    //首先确定 w 的位数，用变量 n 保存
    while(t>=10)
    {t=t/10;                //每次循环使 s 的位数减 1，同时 n 加 1
    n++;}
    for(j=1;j<n;j++)
        s=s*10;             //求 10 的 n-1 次方
    return w%s;             //用 w 对 10 的 n-1 次方求余即可得到所求
}
void main()
{   FILE *wf;
    unsigned x;
```

```
    system("CLS");
    printf("Enter a unsigned integer number: ");
    scanf (" % u",&x);
    printf("The original data is: % u\n",x);
    if(x<10)
        printf("Data error! ");
    else
        printf ("The result : % u\n", fun(x));
    wf = fopen("out.dat","w");
    fprintf(wf," % u",fun(5923));
    fclose(wf);}
```

【考点分析】 本题考查函数的调用、取余取整求得除最高位外的其他数字。

【解题思路】 本题通过调用函数 fun(),先得到数字的位数,再利用循环得到 10 的 n－1 次方,最后用 w 对 10 的 n－1 次方求余得到所求值,返回所求值。

【解题宝典】 保留除最高位的多位数方法:

```
X = t % 10;//取余
```

【例 13.18】 在此程序中,编写函数 m(),它的功能是:统计长整数的各位上出现数字 1、2 3 的次数,并用外部变量(全局度量用 c1、c2、c3 表示,主函数则直接打印这些变量结果)。

例如,当 n＝123114350 时, 结果应该为: c1＝3,c2＝1,c3＝2。

用函数编写程序:

```
#include <stdio.h>
int c1,c2,c3;
void fun(long n)
{
    c1 = c2 = c3 = 0;
    while(n)
    {
        switch(n % 10)
        {
        case 1:
            c1 ++ ;break;
        case 2:
            c2 ++ ;break;
        case 3:
            c3 ++ ;
        }
        n/ = 10;
    }}
    void main()
    {   long n = 123114350L;
        fun(n);
        printf("\nThe result: \n");
        printf("n = % ld c1 = % d c2 = % d c3 = % d\n",n,c1,c2,c3); }
```

【考点分析】 本题考查全局变量的利用、函数调用、取余取整、使用 break 统计长整数的各位上出现特定数字的次数。

【解题思路】 本题通过调用函数 fun(),利用循环与选择的嵌套统计长整数的各位上出现特定数字的次数,全局变量记录次数,循环结束,由主函数输出结果。

【解题宝典】 统计特定数字出现次数的方法:

```
switch(n % 10)//取余
    {    case 1://符合条件
         c1 ++ ;break;//计数}
```

【例 13.19】 在此程序中,编写函数 fun(),它的功能是:统计一个无符号整数中各位数字值为 0 的个数,通过形参传回主函数,并把该整数中各位上最大的数字值作为函数值返回。

例如,若输入无符号整数 30800,则数字值为 0 的位的个数为 3,各位上数字值最大的是 8。

用函数编写程序:

```
#include <stdio.h>
int fun(unsigned n,int * zero)
{
    int count = 0,max = 0,t;
    do
    {
    t = n % 10;
    if(t == 0)
        count ++ ;
    if(max < t)
        max = t;
    n = n/10;
    }while(n);
    * zero = count;
    return max;}
void main()
{   unsigned n;
    int zero,max;
    printf("\nInput n(unsigned): ");
    scanf(" % d",&n);
    max = fun(n,&zero);
    printf("\nThe result: max = % d\n zero = % d\n",max,zero);}
```

【考点分析】 本题考查数的分解、统计数字出现次数。

【解题思路】 本题调用 fun(),通过'%10 '取余求当前整数个位上的数字,用一个 if 语句判断其是不是 0,若是则 count 计数,并用一个 if 语句判断其是不是最大值,若是则取代之前的 max 数,当前整数右移一位,直到循环结束,count 计数由地址传递返回给主函数,max 数由 return 返回。

【解题宝典】 统计数字出现次数的方法:

① 循环控制位数,灵活使用取余取整;

② 选择语句控制条件,符合数字值为 0 的条件进行计数操作;

③ 灵活选择返回方式,区分地址传递和值传递。

13.2 一维数组类型

13.2.1 一维数组的平均值

【例 13.20】 在此程序中,编写函数 fun(),它的功能是:计算 x 所指数组中 N 个数的平均值(规定所有数均为正数),平均值通过形参返回给主函数,将小于平均值且最接近平均值的数作为函数值返回,并在主函数中输出。

例如,若有 10 个正数——46、30、32、40、6、17、45、15、48、26,则它们的平均值为 30.000 00。

用函数编写程序:

```
#include <stdlib.h>
#include <stdio.h>
#define N 10
double fun(double x[],double *av)
{   int i,j;
    double d,s;
    s = 0;
    for(i = 0; i<N; i++)  s = s +x[i];
    *av = s/N;
    d = 32767;
    for(i = 0; i<N; i++)
        if(x[i]< *av && *av - x[i]<= d){
            d= *av - x[i];
        j = i;}
    return  x[j];}
void main()
{   int  i;    double  x[N],av,m;
    for(i = 0; i<N; i++){ x[i] = rand() % 50; printf(" % 4.0f ",x[i]);}
    printf("\n");
    m = fun(x,&av);
    printf("\nThe average is: % f\n",av);
    printf("m = % 5.1f ",m);
    printf("\n");}
```

【考点分析】 本题考查通过数组计算数据的平均值。

【解题思路】 本题通过遍历所有数组,将数据的总和存放到 s 中,然后将总和除以数据总个数,就得到了这组数据的平均值。最后通过比较,找到小于平均值且最接近平均值的数对应的下标,将其作为返回值返回。

【解题宝典】 对于计算平均分的方法,应掌握以下语句:

```
for(i = 0;i<n;i++)  //求分数的总和
av = av + a[i];
return(av/n);         //返回平均值
```

【例 13.21】 在此程序中,编写函数 fun(),它的功能是:计算形参 x 所指数组中 N 个数的平均值(规定所有数均为正数),将所指数组中大于平均值的数据移至数组的前部,小于或等于平均值的数据移至 x 所指数组的后部,平均值作为函数值返回,在主函数中输出平均值和移动后的数据。

例如,有 10 个正数——46、30、32、40、6、17、45、15、48、26,平均值为 30.500000。移动后的输出为 46、32、40、45、48、30、6、17、15、26。

用函数编写程序:

```
#include <stdlib.h>
#include <stdio.h>
#define  N  10
double fun(double  *x)
{   int  i, j;    double  s, av, y[N];
    s = 0;
    for(i = 0; i < N; i++)   s = s + x[i];
    av = s/N;
    for(i = j = 0; i < N; i++)
        if( x[i]> av ){
            y[j++] = x[i];
        x[i] = -1;}
    for(i = 0; i < N; i++)
        if( x[i]!=  -1) y[j++] = x[i];
    for(i = 0; i < N; i++)x[i]  =  y[i];
    return  av;}
void main()
{   int  i;    double  x[N];
    for(i = 0; i < N; i++){ x[i] = rand() % 50; printf(" %4.0f ",x[i]);}
    printf("\n");
    printf("\nThe average is: %f\n",fun(x));
    printf("\nThe result :\n",fun(x));
    for(i = 0; i < N; i++)   printf(" %5.0f ",x[i]);
    printf("\n");}
```

【考点分析】 本题考查通过数组计算数据平均值的方法以及数组元素的移动。

【解题思路】 本题通过遍历所有数组,将数据的总和存放到 s 中,然后将总和除以数据总个数,这样就得到了这组数据的平均值。再通过比较,找到大于平均值的数组元素,将其存入数组 y 的前端。最后将还没有存入数组 y 的数据存入,返回平均值。

【解题宝典】 对于计算平均分的方法,应掌握以下语句:

```
for(i = 0;i < n;i++)  //求分数的总和
av  =  av + a[i];
return(av/n);          //返回平均值
```

数组元素的移动方法:

```
for(i = j = 0; i < N; i++)
if( x[i]> av ){          //找到比 av 大的数
y[j++] = x[i];}
```

若题目要求小于平均值的数据并将其移至数组的前部,同时要求将大于或等于平均值的数据移至 x 所指数组的后部,则只需将 if(x[i]> av)变为 if(x[i]< av)。

【例 13.22】 在此程序中,编写函数 fun(),它的功能是:计算形参 x 所指数组中 *N* 个数的平均值(规定所有数均为正数),将其作为函数值返回,并将大于平均值的数放在形参 y 所指数组中,在主函数中输出。

例如,若有 10 个正数——46、30、32、40、6、17、45、15、48、26,则其平均值为 30.500 000。主函数中输出 46、32、40、45、48。

用函数编写程序:

```
#include <stdlib.h>
#include <stdio.h>
#define   N   10
double fun(double  x[],double   * y)
{   int  i,j;    double  av;
    av = 0.0;
    for(i = 0; i < N; i ++ )
        av = av + x[i]/N;
    for(i = j = 0; i < N; i ++ )
        if(x[i]> av)  y[j ++ ] = x[i];
    y[j] = - 1;
    return  av;}
void main()
{   int  i;    double  x[N],y[N];
    for(i = 0; i < N; i ++ ){ x[i] = rand() % 50; printf(" % 4.0f ",x[i]);}
    printf("\n");
    printf("\nThe average is: % f\n",fun(x,y));
    for(i = 0; y[i]> = 0; i ++ )  printf(" % 5.1f ",y[i]);
    printf("\n");}
```

【考点分析】 本题考查通过数组计算数据平均值的方法以及数组元素的移动。

【解题思路】 本题通过遍历所有数组,计算这组数据的平均值。再通过比较,找到大于平均值的数组元素,将其存入数组 y。最后返回平均值。

【解题宝典】 对于计算平均值的方法,应掌握以下语句:

```
for(i = 0;i < n;i ++ )//求分数的总和
av  =  av + a[i];
return(av/n);//返回平均值
```

数组元素的移动方法:

```
for(i = j = 0; i < N; i ++ )
if( x[i]> av ){//找到比 av 大的数
y[j ++ ] = x[i];}
```

实际应用:*m* 个人的成绩存放在 score 数组中,请编写函数 fun(),它的功能是:将低于平均分的人数作为函数值返回,将高于平均分的分数放在 below 所指的数组中。

【例 13.23】 在此程序中,编写函数 fun(),其功能是:计算 *n* 门课程的平均分,将结果作为函数值返回。

例如，若有5门课程的成绩是90.5、72、80、61.5、55，则函数值为71.80。

用函数编写程序：

```
#include <stdio.h>
float  fun ( float  *a ,  int  n )
{
    int i;
    float av = 0.0;
    for(i = 0;i < n;i ++ )
        av = av + a[i];  //求分数的总和
    return(av/n);        //返回平均值
}
void main()
{   float score[30] = {90.5, 72, 80, 61.5, 55}, aver;
    void NONO (  );
    aver = fun( score, 5 );
    printf( "\nAverage score  is: %5.2f\n", aver);
    NONO ( );}
void NONO ( )
{/* 本函数用于打开文件,输入数据,调用函数,输出数据,关闭文件。*/
    FILE *fp, *wf ;
    int i, j ;
    float aver, score[5] ;
    fp = fopen("in.dat","r") ;
    wf = fopen("out.dat","w") ;
    for(i = 0 ; i < 10 ; i ++ ) {
        for(j = 0 ; j < 5 ; j ++ ) fscanf(fp,"%f,",&score[j]) ;
        aver = fun(score, 5) ;
        fprintf(wf, "%5.2f\n", aver) ; }
    fclose(fp) ;
    fclose(wf) ;}
```

【考点分析】 本题考查如何通过指针来实现计算平均分。

【解题思路】 本题较简单，只需用一个循环语句就可完成数组元素的求和，再将和除以课程数即可。需要注意的是本题对指针的操作，当指针变量指向一个数组时，用该指针变量引用数组元素的引用方式与数组的引用方式相同。例如，本题中a指向了score，所以通过a引用score中的元素时可以用下标法，也可以用指针运算法，a[i]和*(a+i)具有相同的作用。下标运算实际上是从当前地址开始往后取出地址中的第几个元素，当前地址下标为0。例如，若有“int cc[10]，*p=cc+5;”，即p指向了cc的第5个元素，则p[0]的作用与cc[5]相同；p[3]的作用是取出从当前地址(p所指地址)开始往后的第3个元素，它与cc[8]相同；p[-2]的作用是取出从当前地址开始往前的第2个元素，它与cc[3]相同，但不提倡使用“负”的下标。

【解题宝典】 对于计算平均分方法，应掌握以下语句：

```
for(i = 0;i < n;i ++ )      //求分数的总和
av  =  av + a[i];
return(av/n);               //返回平均值
```

13.2.2 一维数组的最大值和最小值

【例 13.24】 在此程序中，编写函数 fun()，其功能是：找出一维整型数组元素中最大的值及其所在的下标，并通过形参传回。数组元素中的值已在主函数中赋予。

主函数中 x 是数组名，n 是 x 中的数据个数，max 存放最大值，index 存放最大值所在元素的下标。

用函数编写程序：

```
#include< stdlib.h>
#include< stdio.h>
#include< time.h>
void fun(int a[],int n, int * max, int * d)
{
    int i;
    * max = a[0];
    * d = 0;
    for(i = 0;i < n;i ++ )//将最大值的元素放入指针 max 所指的单元，最大值元素的下标放入指针 d
所指的单元
    if( * max < a[i])
    { * max = a[i];
      * d = i;
    }}
void main()
{   FILE * wf;
    int i, x[20], max,  index, n = 10;
    int y[20] = {4,2,6,8,11,5};
    srand((unsigned)time(NULL));
    for(i = 0;i < n;i ++ ) {
        x[i] = rand() % 50;
        printf(" % 4d",x[i]); }
    /* 输出一个随机数组 */
    printf("\n");
    fun(x,n,&max,&index);
    printf("Max = % 5d,Index = % 4d\n",max,index);
    wf = fopen("out.dat","w");
    fun(y,6,&max,&index);
    fprintf(wf,"Max = % 5d,Index = % 4d",max,index);
    fclose(wf);}
```

【考点分析】 本题考查查找一维数组中的最大值及其下标、使用循环判断结构实现指针变量的应用。

【解题思路】 要查找最大值及其下标需要定义两个变量，该程序直接使用形参 max 和 d，由于它们都是指针变量，所以在引用它所指向的变量时要对它进行指针运算。循环语句用来遍历数组元素，条件语句用来判断该数组元素是否最大。

【解题宝典】 该程序考查求最大值，需要掌握以下语句：

```
for(i = 0;i < n;i ++ )
if( * max < a[i])
{ * max = a[i]; * d = i;}
```

【例 13.25】 在此程序中，编写函数 fun()，它的功能是：把形参 a 所指数组中的最大值放在 a[0]中，接着求出 a 所指数组中的最小值并将其放在 a[1]中，最后把 a 所指数组元素中的次大值放在 a[2]中，把 a 数组元素中的次小值放在 a[3]中，以此类推。

例如，若 a 所指数组中的数据最初排列为 1、4、2、3、9、6、5、8、7，按规则移动后，数据排列为 9、1、8、2、7、3、6、4、5。形参 n 中存放 a 所指数组中数据的个数。

用函数编写程序：

```
#include < stdio.h >
#define    N    9
void fun(int  a[], int  n)
{  int  i, j, max, min, px, pn, t;
   for (i = 0; i < n - 1; i += 2)
    {  max = min = a[i];
       px = pn = i;
       for (j = i + 1; j < n; j ++ )
        {  if (max < a[j])
            {  max = a[j]; px = j;  }
           if (min > a[j])
            {  min = a[j]; pn = j;  }
        }
        if (px != i)
        {  t = a[i]; a[i] = max; a[px] = t;
            if (pn == i) pn = px;}
        if (pn != i + 1)
        {   t = a[i + 1]; a[i + 1] = min; a[pn] = t; }
    }
}
void main()
{   int  b[N] = {1,4,2,3,9,6,5,8,7}, i;
    printf("\nThe original data  :\n");
    for (i = 0; i < N; i ++ )  printf(" % 4d ", b[i]);
    printf("\n");
    fun(b, N);
    printf("\nThe data after moving  :\n");
    for (i = 0; i < N; i ++ )  printf(" % 4d ", b[i]);
    printf("\n");
}
```

【考点分析】 本题考查函数定义、for 循环语句。

【解题思路】 本题依次将最大值、最小值、次大值、次小值等依次放入。首先将数组首元素默认为最大值和最小值，然后遍历数组，找到最大值以及最小值数组元素对应的下标。然后将最大值和最小值分别与第一个和第二个数组元素互换，以此类推，直到遍历所有的数组元素。

【解题宝典】 该程序考查求最大值，需要掌握以下语句：

```
for(i = 0;i < n;i ++ )
if( * max < a[i])
{ * max = a[i]; * d = i;}
```

13.2.3 数组的排序

【例 13.26】 在此程序中，编写 fun()函数，它的功能是将 n 个无序整数从小到大排序。用函数编写程序：

```
#include < stdio.h >
#include < stdlib.h >
void fun ( int  n, int  *a )
{   int  i, j, p, t;
    for ( j = 0; j<n-1 ; j++ )
    {   p = j;
        for ( i=j+1; i<n ; i++ )
            if ( a[p]>a[i] )
                p=i;
        if ( p!=j )
        { t = a[j]; a[j] = a[p]; a[p] = t; }
    }
}
void putarr( int  n,  int  *z )
{   int  i;
    for ( i = 1; i<=  n; i++, z++ )
    {   printf( "%4d", *z );
        if ( !( i%10 ) )  printf( "\n" );
    } printf("\n");
}
void main()
{   int  aa[20]={9,3,0,4,1,2,5,6,8,10,7}, n=11;
    printf( "\n\nBefore sorting %d numbers:\n", n ); putarr( n, aa );
    fun( n, aa );
    printf( "\nAfter sorting %d numbers:\n", n ); putarr( n, aa );
}
```

【考点分析】 本题考查选择法排序。

【解题思路】 该程序是对 n 个无序数实现排序，先找出整数序列的最小项，将其置于数组第 1 个元素的位置；再找出次小项，将其置于第 2 个元素的位置；之后顺次处理后续元素。

【解题宝典】 选择排序方法如下：

```
void fun(int *a,int n)
{
    int  i,  m, t, k;
    for(i=0; i<n;i++){
        m=i;
        for(k=i+1; k<n; k++)
            if(a[k]>a[m])
                m=k;
        t=a[i];
        a[i]=a[m];
        a[m]=t; }
}
```

13.2.4 在数组中查找数据

【例 13.27】 在此程序中,编写函数 fun(),函数的功能是查找 x 在 s 所指数组中下标的位置,并将其作为函数值返回,若 x 不存在,则返回-1。

用函数编写程序:

```
#include <stdio.h>
#include <stdlib.h>
#define   N   15
void NONO();
int  fun( int *s, int x)
{
    int i;
    for(i=0;i<N;i++)
        if(x==s[i]) return i;
        return -1;
}
void main()
{   int a[N]={ 29,13,5,22,10,9,3,18,22,25,14,15,2,7,27},i,x,index;
    printf("a 数组中的数据 :\n");
    for(i=0; i<N; i++) printf("%4d",a[i]);  printf("\n");
    printf("给 x 输入待查找的数 : ");   scanf("%d",&x);
    index=fun( a, x );
    printf("index=%d\n",index);
    NONO();}
void NONO()
{/* 本函数用于打开文件,输入数据,调用函数,输出数据,关闭文件。 */
    FILE *fp, *wf ;
    int i, j, a[10], x, index;
    fp = fopen("in.dat","r") ;
    wf = fopen("out.dat","w") ;
    for(i = 0 ; i < 10 ; i++) {
        for(j = 0 ; j < 10 ; j++) {
```

```
            fscanf(fp, " %d ", &a[j]);}
        fscanf(fp, " %d", &x);
        index = fun(a, x);
        fprintf(wf, " %d\n", index);}
    fclose(fp);
    fclose(wf);}
```

【考点分析】 本题考查数组元素的查找。

【解题思路】 要找出数组中指定数据的下标，首先定义变量用于存放数组下标，然后使用循环语句对数组进行遍历，依次取出一个数组元素与指定的数进行比较，若相等，则返回该元素的下标，否则继续判断下一个元素，直到数组结束。若数组结束时仍没有找到与指定数相等的元素，则返回－1。

【例 13.28】 在此程序中，编写函数 fun()，它的功能是统计 s 所指一维数组中 0 的个数（将其存在变量 zero 中）和 1 的个数（将其存在变量 one 中），并输出结果。

用函数编写程序：

```
#include <stdio.h>
void  fun( int  *s, int  n )
{
    int  i,  one = 0, zero = 0;
    for(i = 0; i < n; i ++ )
    switch( s[i] )
    {
        case  0  :  zero ++ ;break;
        case  1  :  one ++ ;
    }
    printf( "one : %d    zero : %d\n", one,  zero);
}
void main()
{   int  a[20] = {1,1,1,0,1,0,0,0,1,0,0,1,1,0,0,1,0,1,0,0}, n = 20;
    fun( a,  n );
}
```

【考点分析】 本题考查数组元素的查找和比较。

【解题思路】 遍历所有数组，使用 switch-case 语句判断数组元素是不是 0 和 1，每找到一次，就将对应的变量加一，输出 0 和 1 的个数。

13.2.5 数组元素的删除和移动

【例 13.29】 在此程序中，编写函数 fun()，该函数的功能是：删除一维数组中所有相同的数，使之只剩一个。数组中的数已按由小到大的顺序排列，函数返回删除后数组中数据的个数。

例如，若一维数组中的数据是 2 2 2 3 4 4 5 6 6 6 6 7 7 8 9 9 10 10 10，删除后，数组中的数据应该是 2 3 4 5 6 7 8 9 10。

用函数编写程序：

```
#include <stdio.h>
#define N 80
int fun(int a[], int n)
{
    int i,j=1;
    for(i=1;i<n;i++)
        if(a[j-1]!=a[i])//若该数与前一个数不相同,则要保留
            a[j++]=a[i];
        return j;//返回不相同数的个数
}
void main(){
    FILE *wf;
    int a[N]={ 2,2,2,3,4,4,5,6,6,6,6,7,7,8,9,9,10,10,10,10}, i, n=20;
    printf("The original data :\n");
    for(i=0; i<n; i++)
        printf("%3d",a[i]);
    n=fun(a,n);
    printf("\n\nThe data after deleted :\n");
    for(i=0; i<n; i++)
        printf("%3d",a[i]);
    printf("\n\n");
    wf=fopen("out.dat","w");
    for(i=0; i<n; i++)
        fprintf(wf,"%3d",a[i]);
    fclose(wf);}
```

【考点分析】 本题考查一维数组中数组元素的删除。

【解题思路】 该程序的流程是:定义变量i和j,其中j用于控制删除后剩下的数在数组中的下标,也用于搜索原数组中的元素。j始终是新数组中最后一个元素的下一个元素的下标,所以if语句中的条件是a[j−1]=a[i],其中a[j−1]就是新数组中的最后一个元素,若条件成立,则表示出现了不同的值,所以a要保留到新数组中。注意本题中i和j的初值都要从1开始,该算法只能用于数组已排序的题目中。

【解题宝典】 所谓数组元素的删除,其本质就是将该元素的后一位提前,替换掉原来的元素。

【例13.30】 在此程序中,编写函数fun()函数的功能是:移动一维数组中的内容,若数组中有n个整数,要求把下标0~p(含p,p小于或等于$n-1$)的数组元素平移到数组的最后。

例如,一维数组中的原始内容为1 2 3 4 5 6 7 8 9 10,p的值为3。移动后,一维数组中的内容应为5 6 7 8 9 10 1 2 3 4。

用函数编写程序:

```
#include <stdio.h>
#define    N    80
void  fun(int  *w, int  p, int  n){
    int x,j,ch;
    for(x=0;x<=p;x++)
```

```
        {ch = w[0];
         for(j = 1;j < n;j ++ )//通过 for 循环语句,将 p + 1 到 n - 1 之间的数组元素依次向前移动 p + 1
个存储单元
        {w[j - 1] = w[j]; }
        w[n - 1] = ch;//将 0 到 p 个数组元素逐一赋给数组 w[n - 1] *
        }
    }
    void main()
    {   int  a[N] = {1,2,3,4,5,6,7,8,9,10,11,12,13,14,15};
        int  i,p,n = 15;void NONO ();
        printf("The original data:\n");
        for(i = 0; i < n; i ++ )printf(" % 3d",a[i]);
        printf("\n\nEnter  p:  ");scanf(" % d",&p);
        fun(a,p,n);
        printf("\nThe data after moving:\n");
        for(i = 0; i < n; i ++ )printf(" % 3d",a[i]);
        printf("\n\n");
        NONO();
    }
    void NONO ()
    {/* 请在此函数内打开文件,输入测试数据,调用 fun 函数,输出数据,关闭文件。 */
        FILE * rf, * wf ; int a[N], i, j, p, n ;
        rf = fopen("in.dat","r") ;
        wf = fopen("out.dat","w") ;
        for(i = 0 ; i < 5 ; i ++ ) {
            fscanf(rf, " % d % d", &n, &p) ;
            for(j = 0 ; j < n ; j ++ ) fscanf(rf, " % d", &a[j]) ;
            fun(a, p, n) ;
            for(j = 0 ; j < n ; j ++ ) fprintf(wf, " % 3d", a[j]) ; fprintf(wf, "\n") ;}
        fclose(rf) ; fclose(wf) ;
    }
```

【考点分析】 本题考查一维数组中数组元素的移动。

【解题思路】 本题要求把下标从 0 到 p(含 p,p 小于或等于 $n-1$)的数组元素平移到数组的最后,可以根据输入的 p 值,通过 for 循环语句,将 $p+1$ 到 $n-1$(含 $n-1$)之间的数组元素依次向前移动 $p+1$ 个存储单元,即“w[j−1]=w[j];”,同时将 0 到 p 个数组元素逐一赋给数组 w[n−1],也就是通过语句“w[n−1]=ch;”来实现此操作。

【例 13.31】 在此程序中,假定整数数列中的数不重复,并将其存放在数组中。此处函数 fun()的功能是删除数列中值为 x 的元素。变量 n 中存放数列中元素的个数。

用函数编写程序:

```
    # include < stdio.h >
    # define   N  20
    int fun(int * a,int n,int x)
    {   int   p = 0,i;
```

```
    a[n] = x;
    while( x! = a[p] )
  p = p + 1;
    if(p == n) return - 1;
    else
    { for(i = p;i < n - 1;i ++ )
      a[i] = a[i + 1];
        return n - 1;}
  }
  void main()
  {   int  w[N] = { - 3,0,1,5,7,99,10,15,30,90},x,n,i;
      n = 10;
      printf("The original data :\n");
      for(i = 0;i < n;i ++ ) printf(" % 5d",w[i]);
      printf("\nInput x (to delete): "); scanf(" % d",&x);
      printf("Delete   :  % d\n",x);
      n = fun(w,n,x);
      if ( n == - 1 ) printf(" *** Not be found! *** \n\n");
      else
      {   printf("The data after deleted:\n");
          for(i = 0;i < n;i ++ ) printf(" % 5d",w[i]);printf("\n\n");}
  }
```

【考点分析】 本题考查一维数组的删除。

【解题思路】 本题先遍历所有数组元素，找出对应元素的下标，若 p 为 n，则说明没有找到对应元素，则应该返回－1，否则就从 a[p]开始，将每一个数组元素前移一位。

【解题宝典】 所谓数组元素的删除，其本质就是将该元素的后一位提前，替换掉原来的元素。

【例 13.32】 在此程序中，编写函数 fun()，它的功能是：输出 a 所指数组中的前 *n* 个数据，要求每行输出 5 个数。

用函数编写程序：

```
  # include < stdio.h>
  # include < stdlib.h>
  void fun( int * a,  int n )
  {   int  i;
      for(i = 0; i< n; i ++ ){
          if( i % 5 == 0 )
              printf("\n");
        printf(" % d  ",a[i]);}
  }
  void main()
  {   int  a[100] = {0}, i,n;
      n = 22;
      for(i = 0; i< n;i ++ ) a[i] = rand() % 21;
```

```
    fun( a, n);
    printf("\n");
}
```

【考点分析】 本题考查一维数组的输出。

【解题思路】

遍历数组的前 n 个元素，依次将其输出，用 i 作为计数器，i 等于 5 或 5 的倍数则说明这一行已经输出了 5 个元素，需要进行换行。

13.3 字符串类型

13.3.1 字母字符的判定与统计

【例 13.33】 在此程序中，编写函数 fun()，它的功能是：统计字符串中各元音字母（A、E、I、O、U）的个数。注意：字母不区分大小写。

例如，输入“THIs is a boot”，则应输出是 1 0 2 2 0。

用函数编写程序：

```
#include <stdlib.h>
#include <conio.h>
#include <stdio.h>
void fun(char *s, int num[5])
{   int k, i = 5;
    for(k = 0;k < i;k ++ )
        num[k] = 0;
    for( ; *s;s ++ )
        {   i = -1;
            switch( *s)
                { case 'a': case 'A':{i = 0;break;}
                  case 'e': case 'E':{i = 1;break;}
                  case 'i': case 'I':{i = 2;break;}
                  case 'o': case 'O':{i = 3;break;}
                  case 'u': case 'U':{i = 4;break;}
                }
            if(i >= 0)
            num[i] ++ ;}
}
void main()
{   char s1[81]; int num1[5], i;
    system("CLS");
    printf("\nPlease enter a string: ");
    gets(s1);
    fun(s1, num1);
    for(i = 0;i < 5;i ++ ) printf(" %d ",num1[i]);
    printf("\n");
}
```

【考点分析】 本题考查数组的地址传递、switch 语句的使用。

【解题思路】

本题定义两个数组分别存储输入字母和元音字母个数，输入字符串后把两个字符串地址传递到 fun()函数中，遍历数组内元素，执行相应 case 语句来控制累加元素的下标，从而实现统计各个元音字母个数的功能，最后输出统计结果。

【解题宝典】 应了解数组的地址传递、switch 语句的使用以及 case 语句的执行顺序。掌握以下语句：

```
void fun(char * s, int num[5])  //fun 函数的形参是两个数组首地址
num[k] = 0;                     //累加前需要将数组各元素初始化为 0
switch( * s)                    //switch 后的表达式是字符串的地址
```

【例 13.34】 在此程序中，编写 fun()函数，它的功能是：分别统计字符串中大写字母和小写字母的个数。

例如，若给字符串 s 输入 AAaaBBbb123CCcccd，则应输出 upper=6，lower= 8。

用函数编写程序：

```
#include < stdio.h >
void fun ( char *s, int *a, int *b )
{
    while ( *s )
    {   if ( *s >= 'A'&& *s <= 'Z')
            *a= *a+1;
        if ( *s >= 'a'&& *s <= 'z')
            *b= *b+1;
        s++;}
}
void main( )
{   char s[100];  int upper = 0, lower = 0 ;
    printf( "\nPlease a string :  " );  gets (s);
    fun ( s, & upper, &lower );
    printf( "\n upper = %d  lower = %d\n", upper, lower );
}
```

【考点分析】 本题考查 if 语句判断字母大小写、数组首地址和指针作为参数时的传递。

【解题思路】 本题输入字符串后通过遍历数组中所有元素，将每个元素的 ASCII 码值与大写字母和小写字母的 ASCII 码值范围进行比较，在对应范围内则相应字母个数+1，最后输出大写和小写字母个数。

【解题宝典】 记忆判断大小写字母的 if 语句条件表达式，掌握以下语句：

```
Void fun(char * s,int * a,int * b)  //fun 函数的形参是字符串首地址和两个指针
 * a= * a+1;                        //对 * a 累加 1
 * b= * b+1;                        //对 * b 累加 1
```

【例 13.35】 在此程序中，编写函数 void fun(char * tt, int pp[])，统计在 tt 所指的字符串中 a 到 z 26 个小写字母各自出现的次数，并依次将其放在 pp 所指的数组中。

例如，当输入字符串 abcdefgabcdeabc 后，程序的输出结果应该是 3 3 3 2 2 1 1 0 0 0 0 0 0

0 0 0 0 0 0 0 0 0 0 0 0 0 0。

用函数编写程序：

```
#include < stdio.h >
#include < string.h >
void fun(char * tt, int pp[])
{
    int i;
    for(i = 0;i < 26;i ++ )
        pp[i] = 0;//初始化 pp 数组各元素为 0
    for(; * tt!= '\0';tt ++ )
        if( * tt >= 'a' && * tt <= 'z')
            pp[ * tt - 'a'] ++ ;
}
void main( )
{   char aa[1000] ;
    int  bb[26], k ;
    void NONO (  );
    printf( "\nPlease enter  a char string:" ) ; scanf(" %s", aa) ;
    fun(aa, bb ) ;
    for ( k = 0 ; k < 26 ; k ++ ) printf (" %d ", bb[k]) ;
    printf( "\n" ) ;
    NONO ( ) ;
}
void NONO ( )
{/* 本函数用于打开文件,输入测试数据,调用 fun 函数,输出数据,关闭文件。 */
    char aa[1000] ;
    int bb[26], k, i ;
    FILE * rf, * wf ;
    rf = fopen("in.dat","r") ;
    wf = fopen("out.dat","w") ;
    for(i = 0 ; i < 10 ; i ++ ) {
        fscanf(rf, " %s", aa) ;
        fun(aa, bb) ;
        for ( k = 0 ; k < 26 ; k ++ ) fprintf (wf, " %d ", bb[k]) ;
        fprintf(wf, "\n" ) ;}
    fclose(rf) ;
    fclose(wf) ;
}
```

【考点分析】 本题考查 for 循环语句(需注意循环变量取值范围以及循环体语句作用)、数组元素初始化和赋值操作、if 语句条件表达式(需注意条件表达式的逻辑运算)、字符串结束标志'\0'。

【解题思路】 首先使用 for 循环语句初始化 pp 数组中分别用来统计字母的个数，再使用循环判断语句对 tt 所指字符串中的字符进行逐一比较操作，同时将其存入相对应的 pp 数组中。

【解题宝典】 理解字符串的存放以及结束标志'\0',学会使用字母的 ASCII 码值编写程序。

13.3.2 字母大小写的转换

【例 13.36】 在此程序中,编写一个函数 fun(),它的功能是:将 s 所指字符串中所有下标为奇数位置的字母转换为大写(若该位置上不是字母,则不转换)。

例如,若输入 abc4Efg,则应输出 aBc4EFg。

用函数编写程序:

```
#include<conio.h>
#include<stdio.h>
#include<string.h>
#include<stdlib.h>
void fun(char *ss)
{
    int i;
    for(i=0;ss[i]!='\0';i++)//将ss所指字符串中所有下标为奇数位置的字母转换为大写
    if(i%2==1&&ss[i]>='a'&&ss[i]<='z')
        ss[i]=ss[i]-32;
}
void main(){
    FILE *wf;
    char tt[81],s[81]="abc4Efg";
    system("CLS");
    printf("\nPlease enter an string within 80 characters:\n");
    gets(tt);
    printf("\n\nAfter changing, the string\n   %s",tt);
    fun(tt);
    printf("\nbecomes\n %s\n",tt);
    wf=fopen("out.dat","w");
    fun(s);
    fprintf (wf,"%s",s);
    fclose(wf);}
```

【考点分析】 本题考查数组元素的引用、循环判断结构。

【解题思路】 首先输入字符串并将字符串首地址传入 fun()函数中。然后通过循环先判断某位置是不是奇数位置,再判断该位置字母是不是小写,如果该字母是小写则将其转换成对应的大写字母,循环结束后输出转换结果。

【解题宝典】 小写字母减去 32 即可转换成大写字母。

【例 13.37】 在此程序中,编写函数 fun(),它的功能是:将 s 所指字符串中的字母转换为按字母序列的后续字母(如将 Z 转化为 A,将 z 转化为 a),其他字符不变。

用函数编写程序:

```
#include<stdlib.h>
#include<stdio.h>
```

```
#include<ctype.h>
#include<conio.h>
void fun(char *s)
{
while(*s)
    { if(*s>='A'&&*s<='Z'||*s>='a'&&*s<='z')
        {   if(*s=='Z')   *s='A';
            else if(*s=='z')   *s='a';
            else   *s+=1;}
      *s++;}
}
void main()
{   char s[80];
    system("CLS");
    printf("\n Enter a string with length<80:\n\n");
    gets (s);
    printf("\n The string:\n\n");
    puts(s);
    fun(s);
    printf("\n\n The Cords :\n\n");
    puts(s);}
```

【考点分析】 本题考查 while 循环语句、指针的使用。

【解题思路】 定义合适长度的字符串，输入后将字符串首地址传入 fun()函数中。通过 while 语句对字符串的所有字符进行遍历，若当前字符不是字符串结尾则对其进行相应操作，把 z 和 Z 分别转化为 a 和 A，最后输出转化后的字符串。

【解题宝典】 理解指针如何移动，掌握以下语句：

```
while(*s)或 while(*s!='\0')  //while 语句循环条件是对当前字符进行判断
s++;  //因为通过指针 s 的移动遍历字符串，所以每次循环要使指针向后移动一位
```

13.3.3 数字字符的判定与统计

【例 13.38】 在此程序中，编写函数 fun()，其功能是：统计 s 所指字符串中的数字字符个数，并将其作为函数值返回。

例如，s 所指字符串中的内容是 2def35adh25 3kjsdf 7/kj8655x，函数 fun()的返回值为 11。

用函数编写程序：

```
#include<stdio.h>
void NONO();
int fun(char *s)
{
    int n=0;
    char *p;
```

```
    for(p=s; *p!='\0';p++)
        if((*p>='0')&&(*p<='9'))
            n++;
        return n;
}
void main()
{   char *s="2def35adh25 3kjsdf 7/kj8655x";
    printf("%s\n",s);
    printf("%d\n",fun(s));
    NONO();}
void NONO()
{/* 本函数用于打开文件,输入数据,调用函数,输出数据,关闭文件。*/
    FILE *fp, *wf ;
    int i;
    char s[256];
    fp = fopen("in.dat","r") ;
    wf = fopen("out.dat","w") ;
    for(i = 0 ; i < 10 ; i++) {
        fgets(s, 255, fp);
        fprintf(wf, "%d\n", fun(s)); }
    fclose(fp) ;
    fclose(wf) ;}
```

【考点分析】 本题考查 for 循环语句、if 语句、指针的使用。

【解题思路】 首先定义变量 n 并将其初始化为 0,然后遍历字符串,逐个判断各个字符是不是数字字符,判断条件为该元素的 ASCII 码值在字符 0 和 9 的 ASCII 码值之间。若判断条件成立则 n 的值加 1,否则继续判断下一个字符,直到字符串结束。

【解题宝典】 理解字符串的结束标志'\0'不同于数字 0,它们的 ASCII 码值是不同的,前者为 0x00,后者为 0x30;理解指针如何移动。

【例 13.39】 在此程序中,编写函数 fun(),它的功能是:依次取出字符串中所有的数字字符,形成新的字符串,并取代原字符串。

用函数编写程序:

```
#include <stdlib.h>
#include <stdio.h>
#include <conio.h>
void fun(char *s)
{   int i,j;
    for(i=0,j=0; s[i]!= '\0'; i++)
        if(s[i]>= '0'&&s[i]<= '9')
            s[j++]=s[i];
    s[j]='\0';}
void main()
{   char item[80];
    system("CLS");
```

```
    printf("\nEnter a string: ");gets(item);
    printf("\n\nThe string is: % s\n",item);
    fun(item);
    printf("\n\nThe string of changing is : % s\n",item);}
```

【考点分析】 本题考查字符串的地址传递。

【解题思路】 定义适当长度的字符串,输入后将其地址传递给 fun()函数。循环判断当前字符是否属于数字字符,若属于则取出该数字字符,同时下标加 1 为下次存储做准备,直到遇见结束标志'\0'则结束循环。

【解题宝典】 了解数组下标从 0 开始;注意字符的结束标志是'\0'。

13.3.4 数字字符转换为对应数值

【例 13.40】 在此程序中,编写函数 fun(),它的功能是:将形参 s 所指字符串中的数字字符转换成对应的数值,计算出这些数值的累加和并将其作为函数值返回。

例如,形参 s 所指的字符串为 abs5def126jkm8,程序执行后的输出结果为 22。

用函数编写程序:

```
#include < stdio.h >
#include < string.h >
#include < ctype.h >
int fun(char * s)
{   int  sum = 0;
    while( * s) {
        if(isdigit( * s))  sum += * s - 48 ;
        s ++ ;}
    return  sum ;}
void main()
{   char s[81]; int  n;
    printf("\nEnter a string:\n\n"); gets(s);
    n = fun(s);
    printf("\nThe result is:  % d\n\n",n);}
```

【考点分析】 本题考查通过函数筛选字符串中的数字。

【解题思路】 本题通过指针存储字符在字符串中的位置,将字符串的首地址代入自定义函数判断其是不是数字字符,若是,则将数字字符转换为数值累加至 sum 中,判断完成后字符串地址加一并进行第二次判断。最后返回 sum 的值至主函数并输出。

【解题宝典】 计算字符串中数字字符之和,应掌握以下语句:

```
Fun( * s)          //代入字符串首地址
if(isdight( * s)) //判断是不是十进制数
```

【例 13.41】 在此程序中,编写函数 fun(),其功能是将一个数字字符串转换为一个整数(不得调用 C 语言提供的将字符串转换为整数的函数)。

例如,若输入字符串"-1234",则函数把它转换为整数值-1234。

用函数编写程序:

```
#include < stdio.h>
#include < string.h>
long fun ( char *p)
{
    long n = 0;
    int flag = 1;
    if( *p=='-')          //负数时置 flag 为 -1
    {p++;flag= -1;}
    else if( *p=='+')     //正数时置 flag 为 1
        p++;
    while( *p!='\0')
    {n=n*10+ *p-'0'; //将字符串转成相应的整数
     p++;}
     return n*flag;
}
void main()              /* 主函数 */
{   char s[6];void NONO ();
    long     n;
    printf("Enter a string:\n") ;
    gets(s);
    n = fun(s);
    printf("%ld\n",n);
    NONO (  );}
void NONO ()
{/* 本函数用于打开文件,输入数据,调用函数,输出数据,关闭文件。 */
    FILE *fp, *wf ;
    int i ;
    char s[20] ;
    long n ;
    fp = fopen("in.dat","r") ;
    wf = fopen("out.dat","w") ;
    for(i = 0 ; i<10 ; i++) {
        fscanf(fp, "%s", s) ;
        n = fun(s);
        fprintf(wf, "%ld\n", n) ;}
    fclose(fp) ;
    fclose(wf) ;}
```

【考点分析】 本题考查运用自定义函数完成数字字符与数值的转换。

【解题思路】 本题通过将字符串首地址代入函数,通过首字符来判断数值的正负,将其存储在布尔型变量 flag 中,计算地址将数字字符串转换为数值,将其存储至 n,最后返回 n,并判断布尔型的真假并进行输出。

【解题宝典】 将正负数字字符串转换为数值,应掌握以下语句:

```
flag                   //通过布尔型变量判断数值正负
n=n*10+ *p-'0'; //数字字符与数值的转换
```

【例 13.42】 在此程序中,编写函数 fun(),它的功能是进行数字字符转换。若形参 ch 中的内容是数字字符 0～9,则将 0 转换成 9,1 转换成 8, 2 转换为 7,…,9 转换为 0。若形参 ch 中的内容是其他字符,则保持不变,并将转换后的结果作为函数值返回。

用函数编写程序:

```
#include <stdio.h>
char fun(char ch)
{
    if (ch>='0'&& ch<='9')
        return  '9'- (ch-'0');
    return ch ;
}
void main()
{   char c1, c2;
    printf("\nThe result  :\n");
    c1='2'; c2 = fun(c1);
    printf("c1 = %c    c2 = %c\n", c1, c2);
    c1='8'; c2 = fun(c1);
    printf("c1 = %c    c2 = %c\n", c1, c2);
    c1='a'; c2 = fun(c1);
    printf("c1 = %c    c2 = %c\n", c1, c2);}
```

【考点分析】 本题考查自定义规律转换数字字符。

【解题思路】 将 c1 代入自定义函数,判断其是不是数字字符,发现题目中的转换规律进行换算。

【解题宝典】 对于数字字符和数字的相互转换,应掌握以下语句:

```
'9'-(ch-'0')//通过'数字'进行运算
```

13.3.5 字符串中字符的删除

【例 13.43】 在此程序中,编写一个 fun()函数,其功能是删除字符串中的所有空格。

例如,输入 asd af aa z67, 则输出为 asdafaaz67。

用函数编写程序:

```
#include <stdio.h>
#include <ctype.h>
#include <conio.h>
#include <stdlib.h>
void fun (char *str)
{
    int i=0;
    char *p=str;
    while(*p)
    {
        if(*p!='')//删除空格
```

```
            {str[i++] = *p;}
        p++;
        }
    str[i] = '\0';//加上结束符
}
void main(){
    char str[81];
    char Msg[] = "Input a string:";
    int n;
    FILE *out;
    printf(Msg);
    gets(str);
    puts(str);
    fun(str);
    printf(" *** str: %s\n",str);
    out = fopen("out.dat","w");
    fun(Msg);
    fprintf(out,"%s",Msg);
    fclose(out);}
```

【考点分析】 本题考查判断字符串中的空格字符。

【解题思路】 本题将字符串首地址传入函数 fun，在 fun()中依次判断地址 p 中的内容是不是空格符号，若不是则将其存储至数组 str 中，返回输出 str。

【解题宝典】 删除字符串中的空格，应掌握以下语句：

```
str[i] = '\0';//加上结束符
```

【例 13.44】 在此程序中，编写函数 fun()，其功能是：将 s 所指字符串中除了下标为奇数且 ASCII 值也为奇数的字符之外的其余所有字符全部删除，将字符串中剩余字符所形成的一个新字符串放在 t 所指的数组中。

例如，若 s 所指字符串的内容为 ABCDEFG12345，其中字符 A 的 ASCII 码值为奇数，但所在元素的下标为偶数，因此需要删除，而字符 1 的 ASCII 码值为奇数，所在数组中的下标也为奇数，因此不应当删除，其他依此类推。最后 t 所指数组中的内容应为 135。

用函数编写程序：

```
#include <stdio.h>
#include <string.h>
void fun(char *s, char t[])
{
    int i,j = 0,n;
    n = strlen(s);
    for(i = 0;i<n;i++)
        if(i%2!=0&&s[i]%2!=0){
            t[j] = s[i];  //将下标为奇数同时 ASCII 码值为奇数的字符放入数组 t 中
            j++;}
        t[j] = '\0';      //最后加上结束标识符
```

```
}
void main(){
    char s[100], t[100];void NONO ();
    printf("\nPlease enter string S:"); scanf("%s", s);
    fun(s, t);
    printf("\nThe result is: %s\n", t);
    NONO();}
void NONO ()
{/* 本函数用于打开文件,输入数据,调用函数,输出数据,关闭文件。*/
    char s[100], t[100] ;
    FILE *rf, *wf ;
    int i ;
    rf = fopen("in.dat","r") ;
    wf = fopen("out.dat","w") ;
    for(i = 0 ; i< 10 ; i++) {
        fscanf(rf, "%s", s) ;
        fun(s, t) ;
        fprintf(wf, "%s\n", t) ;}
    fclose(rf) ;
    fclose(wf) ;}
```

【考点分析】 本题考查 ASCII 码的应用、字符串字符的筛选。

【解题思路】 本题通过将字符串首地址带入函数,以 strlen()函数取出字符串位数进入循环,依次判断每位字符的下标与 ASCII 码值是否满足条件,若满足则将其存入新数组中,加上结束标识返回新数组并输出。

【解题宝典】 只取字符串中下标为奇数且 ASCII 码值为奇数的字符,应掌握以下语句:

```
S[i]%2!=0;//判断该下标对应的字符 ASCII 码值是不是奇数
```

【例 13.45】 在此程序中,编写函数 fun(),它的功能是:将字符串 s 中位于奇数位置的字符或 ASCII 码值为偶数的字符依次放入字符串中。

例如,若字符串中的数据为 AABBCCDDEEFF,则输出应当是 ABBCDDEFF。

用函数编写程序:

```
#include <stdlib.h>
#include <conio.h>
#include <stdio.h>
#include <string.h>
#define N  80
void  fun(char *s, char t[])
{
    int  i, j=0;
    for(i=0; i<(int)strlen(s);i++)
        if(i%2 || s[i]%2==0)
            t[j++]=s[i] ;
    t[j]='\0';
```

```
}
void main(){
    char s[N], t[N];
    system("CLS");
    printf("\nPlease enter string  s :");
    gets(s);
    fun(s,t);
    printf("\nThe result is : %s\n",t);}
```

【考点分析】 本题考查 ASCII 码的应用、字符串字符的筛选、逻辑运算。

【解题思路】 本题通过将字符串首地址代入函数，以 strlen() 函数取出字符串位数进入循环，依次判断每个字符的下标与 ASCII 码值是否满足条件，若满足则将其存入新数组中，加上结束标识返回新数组并输出。

【解题宝典】 只取字符串中下标为奇数或 ASCII 码值为偶数的字符，应掌握以下语句：

```
if(i%2 || s[i]%2==0)//判断该下标是不是奇数或对应的字符 ASCII 码值是不是偶数
i<(int)strlen(s)//以字符串长度确定循环次数
```

【例 13.46】 在此程序中，规定输入的字符串只包含字母和“*”。请编写函数 fun()，其功能是：使字符串的前部“*”不得多于 *n* 个，若多于 *n* 个，则删除多余的 *；若其少于或等于 *n* 个，则不作处理，字符串中间和尾部的“*”不删除。

例如，字符串中的内容为 *******A*BC*DEF*G****，若 *n* 的值为 4，删除“*”后，字符串中的内容应当是 ****A*BC*DEF*G****；若 *n* 的值为 8，则字符串中的内容仍为 *******A*BC*DEF*G****。*n* 的值在主函数中输入。

用函数编写程序：

```
#include <stdio.h>
void  fun( char *a, int  n )
{
    int i=0;
    int k=0;
    char *p, *t;
    p=t=a;          //开始时，p与t同时指向数组的首地址
    while( *t=='*') //用k来统计前部星号的个数
    {k++;t++;}
    if(k>n)         //如果k大于n，则使p的前部保留n个星号，其后的字符依次存入数组a中
    {while( *p)
    {a[i]= *(p+k-n);
    i++;
    p++;}
    a[i]='\0';      //在字符串最后加上结束标志位
    }
}
void main()
{  char  s[81];  int  n;void NONO ();
```

```
    printf("Enter a string:\n");gets(s);
    printf("Enter n :  ");scanf("%d",&n);
    fun(s,n);
    printf("The string after deleted:\n");puts(s);
    NONO();}
void NONO ()
{/* 本函数用于打开文件,输入数据,调用函数,输出数据,关闭文件。*/
    FILE *in, *out ;
    int i, n ; char s[81] ;
    in = fopen("in.dat","r") ;
    out = fopen("out.dat","w") ;
    for(i = 0 ; i< 10 ; i++) {
        fscanf(in, "%s", s) ;
        fscanf(in, "%d", &n) ;
        fun(s,n) ;
        fprintf(out, "%s\n", s) ; }
    fclose(in) ;
    fclose(out) ;}
```

【考点分析】 本题考查字符的删除。

【解题思路】 输入 n 的值,将字符串首地址带入函数,通过首个当型循环统计前部星号个数,循环结束与输入的 n 值进行比较,若大于 n,则将前部删至 n 个星号;若小于 n,则原样输出字符串。

【解题宝典】 设定特殊字符于字符串前部连续出现的最大值,应掌握以下语句:

```
while(*t=='*')  //用k来统计前部星号的个数
    {k++;t++;}
```

【例 13.47】 在此程序中,编写函数 fun(),其功能是:从字符串中删除指定的字符。同字母的大小写按不同字符处理。

例如,若程序执行时输入字符串为“turbo c and borland c++”,从键盘上输入字符 n,则输出为“turbo c ad borlad c++”如果输入的字符在字符串中不存在,则字符串照原样输出。

用函数编写程序:

```
#include <string.h>
#include <stdio.h>
void fun( char s[],int c)
{
    int i=0;
    char *p;
    p=s;
    while(*p)            //判断是不是结束符
    {if(*p!=c)           //判断字符串中的字符是否与指定字符相同
        { s[i]=*p;       //不同则将重新组合字符串
            i++;}
        p++;}
```

```
    s[i] = '\0';
}
void main(){
    static char str[] = "turbo c and borland c++";
    char ch;
    FILE *out;
    printf ("原始字符串：%s\n",str);
    printf("输入一个字符串:\n");
    scanf("%c",&ch);
    fun(str,ch);
    printf("str[] = %s\n",str);
    strcpy(str,"turbo c and borland c++");
    fun(str,'a');
    out = fopen("out.dat","w");
    fprintf(out,"%s",str);
    fclose(out);}
```

【考点分析】 本题考查指定字符的删除。

【解题思路】 输入字符串 s 以及指定字符 n，将字符串首地址代入自定义函数，定义新字符串 p=s 作为循环次数，通过 for 循环依次判断各字符是不是 n，并将非 n 字符保留在原字符串中，返回原字符串的值输出。

【解题宝典】 删除字符串中的字符 n，应掌握以下语句：

```
if(*p!=c)  //判断字符串中的字符是否与指定字符相同
    s[i] = *p;
```

【例 13.48】 在此程序中，规定输入的字符串中只包含字母和"*"。请编写函数 fun()，其功能是：将字符串尾部的"*"全部删除，前面和中间的"*"不动。

例如，字符串中的内容为 ****A*BC*DEF******* ，删除后，字符串中的内容应当是 ****A*BC*DEF*G。在编写函数时，不得使用 C 语言提供的字符串函数。

用函数编写程序：

```
#include <stdio.h>
void fun( char *a )
{
    while( *a!='\0')
        a++;
    a--;                    //指针 a 指向字符串的尾部
    while( *a=='*')
        a--;                //指针 a 指向最后一个字母
    *(a+1) = '\0';          //在字符串最后加上结束标识符
}
void main()
{   char  s[81];void NONO ();
    printf("Enter a string:\n");gets(s);
```

```
    fun(s);
    printf("The string after deleted:\n");puts(s);
    NONO();}
void NONO ()
{/* 本函数用于打开文件,输入数据,调用函数,输出数据,关闭文件。*/
    FILE *in, *out ;
    int i ; char s[81] ;
    in = fopen("in.dat","r") ;
    out = fopen("out.dat","w") ;
    for(i = 0 ; i < 10 ; i++) {
        fscanf(in, "%s", s) ;
        fun(s) ;
        fprintf(out, "%s\n", s) ;}
    fclose(in) ;
    fclose(out) ;}
```

【考点分析】 本题考查指定位置字符的删除。

【解题思路】 输入字符串 s,将字符串首地址代入自定义函数,定义新字符串 p=s 作为循环次数,通过 for 循环依次判断各字符是不是 n,并将非 n 字符保留在原字符串中,返回原字符串的值输出。

【解题宝典】 删除字符串尾部的“*”,应掌握以下语句:

```
while(*a!='\0')  //统计字符串字符数
    a++;
    a--;          //指针 a 指向字符串的尾部
```

13.3.6 字符串中字符的移动

【例 13.49】 在此程序中,编写函数 fun(),它的功能是:将形参 s 所指字符串中的所有数字字符顺序前移,其他字符顺序后移,将处理后新字符串的首地址作为函数值返回。

例如,s 所指字符串为 asd123fgh543df,处理后新字符串为 123543asdfghdf。

用函数编写程序:

```
#include <stdio.h>
#include <string.h>
#include <stdlib.h>
#include <ctype.h>
char *fun(char *s)
{   int i, j, k, n; char *p, *t;
    n = strlen(s) + 1;
    t = (char *)malloc(n * sizeof(char));
    p = (char *)malloc(n * sizeof(char));
    j = 0; k = 0;
    for(i = 0; i < n; i++)
    {   if(isdigit(s[i])) {
            p[j] = s[i]; j++;}
```

```
        else
        {  t[k] = s[i]; k++ ; }
      }
      for(i = 0; i<k; i++) p[j+i]= t[i];
      p[j+k] = 0;
      return p;}
void main()
{   char s[80];
      printf("Please input: ");scanf(" %s",s);
      printf("\nThe result is: %s\n",fun(s));}
```

【考点分析】 本题考查字符串中字符的移动、地址传递、空间分配、isdigit()函数。

【解题思路】 本题先输入字符串，调用 fun()函数，fun()函数中 n 定义为输入字符串的长度+1，循环确定字符串，isdigit()函数检查参数 c 是不是阿拉伯数字 0～9。若参数 c 是则存入数组 p 中，若参数 c 不是则存入数组 t 中。j、k 确定数字字符和其他字符的长度。最后循环将数组 t 中的数据接在数组 p 后，并返回 * p。

【解题宝典】 ① 在使用 malloc 开辟空间时，使用完成后一定要释放空间，如果不释放会造成内存泄漏。

② isdigit()函数：头文件 #include < ctype. h > 的作用是检查参数 c 是不是阿拉伯数字 0～9。返回值：若参数 c 为阿拉伯数字 0～9，则返回非 0 值，否则返回 0。

③ 字符串中字符移动的核心思想：

```
for(i = 0; i<n; i++){          //利用循环语句控制字符串的字符
if(条件){p[j] = s[i]; j++;}   //条件语句提出符合条件的字符存入新字符指针数组p并得出该数
组的长度
else{t[k] = s[i]; k++ ; }      //收集不符合条件的字符存入新字符指针数组 t 并得出该数组的
长度
```

④ 使用循环将 t 接至 p 后，得到移动后字符串，p[j+i]=t[i]。

若题目要求字母字符前移，数字字符后移，解题思路与该题目基本一致。

```
if(((s[i]>='a')&&(s[i]<='z'))||((s[i]>='A')&&(s[i]<='Z'))) {
        t[j] = s[i]; j++;}
    else
    {p[k] = s[i]; k++ ; }
```

【例 13.50】 在此程序中，编写函数，其功能是：移动字符串中的内容，移动的规则是把第 1～m 个字符平移到字符串的最后，把第 $m+1$ 个至最后一个的字符移到字符串的前部。

例如，字符串中原有的内容为 ABCDEFGHIK，若 m 的值为 3，则移动后字符串中的内容应该是 DEFHIJKABC。

用函数编写程序：

```
#include <stdio.h>
#include <string.h>
#define   N    80
```

```
void fun (char  * w,int  m)
{
    int i,j;
    char t;
    for(i = 1;i <= m;i ++)       //进行 m 次的循环左移
    {t = w[0];
     for(j = 1;w[j]!='\0';j ++) //从第 2 个字符开始以后的每个字符都依次前移一个字符
        w[j - 1] = w[j];
     w[j - 1] = t;               //将第 1 个字符放到最后一个字符中}
}
void main(){
    FILE * wf;
    char  a[N] = "ABCDEFGHIJK",b[N] = "ABCDEFGHIJK";
    int  m;
    printf("The origina string :\n");
    puts(a);
    printf("\n\nEnter  m: ");
    scanf(" % d",&m);
    fun(a,m);
    printf("\nThe string after moving :\n");
    puts(a);
    printf("\n\n");
    wf = fopen("out.dat","w");
    fun(b,3);
    fprintf(wf," % s",b);
    fclose(wf);}
```

【考点分析】 本题考查字符串中所有字符的平移。

【解题思路】 输入字符串 a,将字符串首地址与 m 代入自定义函数,通过两个循环的嵌套,m 作为外循环的循环次数,内循环的作用为每次从字符串第二位字符开始向前平移一位。循环结束后返回新的字符串并输出。

【解题宝典】 将字符串前 *m* 位移至最后,应掌握以下语句:

```
w[j - 1] = t;//将第 1 个字符放到最后一个字符中
```

【例 13.51】 在此程序中,规定输入的字符串中只包含字母和“ * ”。请编写函数 fun(),其功能是将字符串中的前部“ * ”全部移到字符串的尾部。

例如,若字符串中的内容为 ****** A * BC * DEF **** ,则移动后,字符串中的内容应当是 A * BC * DEF ********** 。在编写函数时,不得使用 C 语言提供的字符串函数。

用函数编写程序:

```
#include < stdio.h>
void  fun( char * a )
{
    int i = 0,n = 0;
    char * p;
```

```
    p=a;
    while(*p=='*')      //判断*p是不是*,并统计*的个数
    {n++;p++;}
     while(*p)          //将前部*后的字符传递给a
    {a[i]=*p;i++;p++;}
     while(n!=0)
    {a[i]='*';i++;n--;}
     a[i]='\0';
}
void main()
{   char  s[81];  int  n=0; void NONO ();
    printf("Enter a string:\n");gets(s);
    fun( s );
    printf("The string after moveing:\n");puts(s);
    NONO();}
void NONO ()
{/* 本函数用于打开文件,输入数据,调用函数,输出数据,关闭文件。*/
    FILE *in, *out ;
    int i ; char s[81] ;
    in = fopen("in.dat","r") ;
    out = fopen("out.dat","w") ;
    for(i = 0 ; i < 10 ; i++ ) {
        fscanf(in, "%s", s) ;
        fun(s) ;
        fprintf(out, "%s\n", s) ; }
    fclose(in) ;
    fclose(out) ;}
```

【考点分析】 本题考查字符串中部分字符的平移。

【解题思路】 输入字符串 s,将字符串首地址带入自定义函数,通过单个循环统计前部"*"的个数,再经过两个当型循环将"*"移至末尾,返回并输出新字符串。

【解题宝典】 将前部"*"移至末尾,应掌握以下语句:

```
while(*p)//将前部*后的字符传递给a
    {a[i]=*p;i++;p++;}
```

13.3.7 字符串中查找子串

【例 13.52】 在此程序中,编写函数 fun(),它的功能是:计算 s 所指字符串中含有 t 所指字符串的数目,并作为函数值返回。

用函数编写程序:

```
#include <stdlib.h>
#include <conio.h>
#include <string.h>
#include <stdio.h>
```

```
#define N 80
int fun(char *s,char *t)
{   int n;
    char *p, *r;
    n=0;
    r=t;
    while (*s)
    {
        p = s;
            while (*r)
        {
                if (*r == *p )
                {
                r++ ;
                p++ ;
        }
            else
            break;
            if (*r == '\0')
            n++ ;
    }
    r=t;
        s++ ;
    }
    return  n;
}
void main()
{   char a[N],b[N]; int m;
    printf("\nPlease enter string a: ");
gets(a);
    printf("\nPlease enter substring b: ");
gets(b);
    m=fun(a,b);
    printf("\nThe result is :m= %d\n",m);}
```

【考点分析】 本题考查字符串中子串的查找。

【解题思路】 输入字符串 a、b,将字符串首地址代入自定义函数,通过依次比对两字符串中的字符,若相同,则继续比对,直至字符串 b 全部比对完成则累加 n;若不同,则跳过本次循环并于此下标重新开始比对字符串 b 的首位字符,最终返回并输出 n 的值。

【解题宝典】 查找字符串中的子串,应掌握以下语句:

```
if ( *r == '\0')  //若字符串比对至结束符,则累加n
    n++ ;
```

查找字符串中的子串,应掌握以下语句:

```
for(i = 0; str[i]; i++)//依次比较两字符串
    for(j = i,k = 0;substr[k] == str[j];k++,j++)
```

【例 13.53】 在此程序中，编写一个函数，该函数可以统计一个长度为 2 的字符串在另一个字符串中出现的次数。

例如，假定输入的字符串内容为 asd asasdfg asd as zx67 asd mklo，子字符串内容为 as，则应当输出 6。

用函数编写程序：

```
#include <conio.h>
#include <stdio.h>
#include <string.h>
#include <stdlib.h>
int fun(char *str, char *substr)
{
    int i,j = 0;
    for(i = 0;str[i+1]!='\0';i++)//如果一个长度为 2 的子字符串在主字符串中出现一次，则 j+1，如此循环
    if(str[i] == substr[0]&&str[i+1] == substr[1])
        j++;
    return j;//返回子字符串在主字符串中出现的次数
}
void main()
{   FILE *wf;
    char str[81],substr[3];
    int n;
    system("CLS");
    printf("输入主字符串：");
    gets(str);
    printf("输入子字符串：");
    gets(substr);
    puts(str);
    puts(substr);
    n = fun(str,substr);
    printf("n = %d\n",n);
    wf = fopen("out.dat","w");
    n = fun("asd asasdfg asd as zx67 asd mklo","as");
    fprintf(wf,"%d",n);
    fclose(wf);}
```

【考点分析】 本题考查字符串中字符串的查找。

【解题思路】 输入字符串 str、substr，将字符串首地址代入自定义函数，通过循环嵌套判断语句查找两位字符，若存在，则累加 j，返回并输出 j 的值。

【解题宝典】 查找字符串中指定长度为 2 的子串，应掌握以下语句：

```
for(i = 0;str[i+1]!='\0';i++)//查找字符串中长度为 2 的指定字符串
if(str[i] == substr[0]&&str[i+1] == substr[1])
```

13.3.8 字符串的回文判断与逆置

【例 13.54】 在此程序中,编写函数 fun(),该函数的功能是:判断字符串是不是回文,若是,则函数返回 1,主函数中输出“YES”,否则返回 0,主函数中输出“NO”。回文是指顺读和倒读都一样的字符串。

例如,字符串 LEVEL 是回文,而字符串 123312 就不是回文。

用函数编写程序:

```
#include <stdio.h>
#define N 80
int fun(char * str)
{
    int i,n = 0,fg = 1;
    char * p = str;
    while( * p)                              //将指针 p 置位到字符串末尾,并统计字符数
    {
        n++;
        p++;
    }
    for(i = 0;i<n;i++)                       //循环比较字符
        if(str[i] == str[n - 1 - i]);        //相同,什么都不做
        else                                 //不同,直接跳出循环
        {
            fg = 0;
            break;
        }
        return fg;
}
void main()
{   char s[N];
    FILE * out;
    char * test[] = {"1234321","123421","123321","abcdCBA"};
    int i;
    printf("Enter a string : ");
    gets(s);
    printf("\n\n");
    puts(s);
    if(fun(s))
        printf("YES\n");
    else
        printf("NO\n");
    out = fopen("out.dat","w");
    for(i = 0;i<4;i++)
        if(fun(test[i]))
            fprintf(out,"YES\n");
```

```
        else
            fprintf(out,"NO\n");
    fclose(out);}
```

【考点分析】 本题考查回文的性质,判断该字符串是否按对称轴对称。

【解题思路】 本题先通过设置一个字符型指针指向数组的首元素,再使用该指针遍历整个字符串数组,使指针指向字符串最后一个元素从而知道其字符串长度 n。最后遍历整个字符串并比较第一个字符与最后一个字符、第二个字符与倒数第二个字符,以此类推,一旦有不符合的就结束程序返回 0,全部符合后返回 1。

【解题宝典】 判断该字符串是否按对称轴对称的方法,应掌握以下语句:

```
for(i = 0;i < n;i++)            //要先知道字符串长度才能循环比较字符
if(str[i] == str[n - 1 - i]);   //判断第 i 个字符和第 n - i 个字符是否相同,相同则什么都不做
else                            //一旦有不同,说明不是回文,直接跳出循环
break;
```

通过首尾指针判断一个字符串是不是回文,函数调用语句为 fun(test),其中以数组名作为参数传递,应掌握以下语句:

```
lp = s;                      //使 lp 指向 s 的首地址
rp = s + strlen(s) - 1;      //使 rp 指向 s 的最后一位元素的地址
while((toupper( * lp) == toupper( * rp)) && (lp < rp) )  //判断 lp 和 rp 指针是否指向的值相等,且
lp < rp
    { lp++; rp--; }          //满足就让 lp 指针向后移动,rp 指针向前移动
if(lp < rp) return 0;        //一旦不是回文,则 lp 小于 rp,返回 0
    else   return 1;         //当 lp = rp 时为回文,返回 1
```

【例 13.55】 在此程序中,实现已知字符串中各字符的倒置,例如,字符串中原有字符串中的内容为 abcdefg,则调用该函数后,字符串中的内容为 gfedcba。

用函数编写程序:

```
#include < string.h >
#include < conio.h >
#include < stdio.h >
#define N 81
void fun(char * s)
{
    char ch;
    int i,m,n;
    i = 0;
    m = n = strlen(s) - 1;
    //将第 i 个和倒数第 i 个数互换,但循环的次数为数组长度的一半
        while(i<(n + 1)/2)
    //使用中间变量交换
    {ch = s[i];
     s[i] = s[m];
     s[m] = ch;
```

```
        i++;
        m--;}}
void main()
{   char a[N];
    FILE *out;
    printf("Enter a string:");
    gets(a);
    printf("The original string is:");
    puts(a);
    fun(a);
    printf("\n");
    printf("The string after modified:");
    puts(a);
    strcpy(a,"Hello World!");
    fun(a);
    out=fopen("out.dat","w");
    fprintf(out,"%s",a);
    fclose(out);}
```

【考点分析】 本题考查 while 循环语句、字符串操作、变量交换。

【解题思路】 将字符串长度为 n 的原字符串逆置的本质就是，将第 i 个与第 $n-i$ 个字符进行交换，直到中间元素为止，所以只需交换次数小于 $n/2$ 即可。

【解题宝典】 交换元素，应掌握以下语句：

```
m=n=strlen(s)-1;//使m指向数组最后一个
/将第i个和倒数第i个数互换,但循环的次数为数组长度的一半*/
    while(i<(n+1)/2)
{//使用中间变量交换
ch=s[i];
s[i]=s[m];
s[m]=ch;
i++;m--;}//使i向后自加,m向前自减
```

13.3.9 字符串的复制

【例 13.56】 在此程序中，编写函数 fun()，它的功能是：把形参 s 所指字符串中最右边的 n 个字符复制到形参 t 所指字符数组中，形成一个新字符串。若 s 所指字符串的长度小于 n，则将整个字符串复制到形参所指字符数组中。

例如，形参 s 所指的字符串为 abcdefgh，n 的值为 5，程序执行后 t 所指字符数组中的字符串应为 defgh.

用函数编写程序：

```
#include <stdio.h>
#include <string.h>
#define  N  80
```

```
void fun(char * s, int n, char * t)
{   int len,i,j = 0;
    len = strlen(s);
    if(n> = len) strcpy(t,s);
    else {
        for(i = len - n; i< = len - 1; i++)  t[j++] = s[i] ;
        t[j] = 0 ;}}
void main()
{   char s[N],t[N];int  n;
    printf("Enter a string:  ");gets(s);
    printf( "Enter n:");scanf(" %d",&n);
    fun(s,n,t);
    printf("The string t :  ");puts(t);}
```

【考点分析】 本题考查如何在一个字符串中从右开始取出一个子字符串。

【解题思路】 本题先判断输入的所要取出的长度是否大于原字符串长度，若是，则通过 strcpy()函数把原字符串全部存储到 t 所指字符串数组中；若否，则从 len－n 的位置开始逐个将 s 数组里值的赋到 t 数组里，并在最后添加字符串结束符。

【解题宝典】 若从右所取子字符串长度小于原字符串长度，则应掌握以下语句：

```
for(i = len - n; i< = len - 1; i++)  //从数组下标为 len - n 的位置开始循环
    t[j++] = s[i] ;                  //逐个将 s 数组里的值赋给 t 数组里
    t[j] = 0 ;                       //子字符串末尾添加结束符
```

【例 13.57】 在此程序中，编写函数 fun()，其功能是将形参 s 所指字符串放入形参 a 所指的字符数组中，使 a 中存放同样的字符串。

用函数编写程序：

```
#include <stdio.h>
#define    N    20
void NONO();
void  fun( char *a , char *s)
{
    while( *s!='\0')
    { *a= *s;
     a++ ;
     s++ ;}
      *a='\0';
}
void main()
{ char s1[N], *s2 = "abcdefghijk";
  fun( s1,s2);
  printf(" %s\n", s1);
  printf(" %s\n", s2);
  NONO();}
void NONO()
```

```
{/* 本函数用于打开文件,输入数据,调用函数,输出数据,关闭文件。 */
    FILE *fp, *wf ;
    int i;
    char s1[256], s2[256];
    fp = fopen("in.dat","r") ;
    wf = fopen("out.dat","w") ;
    for(i = 0 ; i < 10 ; i++ ) {
        fgets(s2, 255, fp);
        fun(s1,s2);
        fprintf(wf, "%s", s1);}
    fclose(fp) ;
    fclose(wf) ;}
```

【考点分析】 本题考查在不用系统提供的字符串函数时,如何将字符串全部赋到另一个字符串里。

【解题思路】 本题运用 while 循环将形参 s 指针指向元素逐个赋值到形参 a 指针所指的字符数组里,并在末尾添加结束符。

【解题宝典】 将字符串全部赋值到另一个字符串中,应掌握以下语句:

```
while( *s!='\0')   //判断 s 是否指向结束符
    { *a= *s;      //将 s 指针指向的元素赋给 a 指针指向的元素
     a++ ;         //使 a 指针向后移动
     s++ ;}        //使 s 指针向后移动
     *a='\0';      //在 a 指针所指字符数组结尾添加结束符
```

【例 13.58】 在此程序中,编写函数 fun(),它的功能是:将 p 所指字符串中的所有字符复制到 b 中,要求每复制 3 个字符之后插入一个空格。

例如,若给 a 输入字符串 ABCDEFGHIJK,则调用函数后,字符数组 b 中的内容为 ABC DEF GHI JK。

用函数编写程序:

```
#include <stdio.h>
void  fun(char *p, char *b)
{  int i, k=0;
   while( *p)
    {   i=1;
        while( i<=3 && *p ) {
            b[k] = *p;
            k++ ; p++ ; i++ ;}
        if( *p)
        {b[k++]='';}
    }
   b[k]='\0';
}
void main()
{   char  a[80],b[80];
```

```
    printf("Enter a string:      ");  gets(a);
    printf("The original string: ");  puts(a);
    fun(a,b);
    printf("\nThe string after insert space:  ");  puts(b); printf("\n\n");}
```

【考点分析】 本题考查指针移动、数组变化。

【解题思路】 本题设置两个循环:大的循环用于控制 p 指针所指向的内容不为结束符;小的循环用于控制复制 3 个字符到 b 字符数组中,并在小循环结束之后添加一个空格,再重复以上事情。在全部结束后添加结束符。

【解题宝典】 C 语言中为了表示指针变量和它所指向变量之间的关系,在程序中用'＊'符号表示'.'。

13.3.10　字符串数组

【例 13.59】 在此程序中,编写函数 fun(),该函数的功能是:将放在字符串数组中的 m 个字符串(每串的长度不超过 N),按顺序合并组成 1 个新的字符串。

例如,若字符串数组中的 m 个字符串为{AAA,BBBBB,CC},则合并后的字符串内容应该是 AAAABBBBBBBCC。

用函数编写程序:

```
#include <stdio.h>
#include <conio.h>
#define M 3
#define N 20
void fun(char a[M][N],char *b)
{
    int i,j,k=0;
    for(i=0;i<M;i++)//将字符串数组中的M个字符串,按顺序存入一个新的字符串
        for(j=0;a[i][j]!='\0';j++)
            b[k++]=a[i][j];
        b[k]='\0';//在字符串最后加上字符串结束标记符
}
void main()
{   FILE *wf;
    char w[M][N]={"AAAA", "BBBBBBB", "CC"},i;
    char a[100]={" ##################################"};
    printf("The string:\n ");
    for(i=0;i<M;i++)
        puts(w[i]);
    printf("\n ");
    fun(w,a);
    printf("The A string:\n ");
    printf(" %s ",a);
    printf("\n\n ");
    wf=fopen("out.dat","w");
```

```
    fprintf(wf," %s",a);
    fclose(wf);}
```

【考点分析】 本题考查字符串连接操作。

【解题思路】 本题中设置了两个 for 循环:第一个 for 循环作用是对二维数组的行数进行控制;第二个 for 循环的作用是从同一行中取出字符并放到一维数组中,并在最后添加结束符。

【解题宝典】 对于把这种二维数组字符串连接题目,我们一定要记住可以有 b[k++]=a[i][j]这样的式子。

【例 13.60】 在此程序中,编写函数 fun(),它的功能是:先将 s 所指字符串中的字符按逆序存放到所指字符串中,然后把 s 所指字符串中的字符按正序连接到所指字符串之后。

例如,当 s 所指的字符串为 ABCDE 时,t 所指的字符串应为 EDCBAABCDE。

用函数编写程序:

```
#include <stdio.h>
#include <string.h>
void fun (cha r * s, char  * t)
{
    int i,sl;
    sl = strlen(s);
    for (i = 0; i< sl; i++)
        t[i] = s[sl - i - 1];
    for (i = 0; i<= sl; i++)
t[sl + i] = s[i];
    t[2 * sl] = '\0';
}
void main()
{   char s[100], t[100];
    printf("\nPlease enter string s:"); scanf(" %s", s);
    fun(s, t);
    printf("The result is: %s\n", t);}
```

【考点分析】 本题考查将一个字符串逆序后再正序连接。

【解题思路】 本题先通过 strlen()函数用于求字符串的长度 sl,接着通过两个 for 循环向长度 2 * sl 的数组 t 赋值,最后令 t[2 * sl]='\0',即将数组 t 最后一个位置元素设定为结束符。

【解题宝典】 对于这种题目,一定要时刻注意下标问题,并且同时也要注意新赋值的数组的下标,并且不要忘记添加结束符。

【例 13.61】 在此程序中,编写函数 fun(),它的功能是:统计形参 s 所指的字符串中数字字符出现的次数,并将其存放在形参 t 所指的变量中,最后在主函数中输出。

例如,若形参 s 所指的字符串为 abcdef35adgh3kjsdf7,则输出结果为 4。

用函数编写程序:

```
#include < stdio.h >
void fun(char * s, int * t)
{    int i, n;
     n = 0;
     for(i = 0; s[i] != 0; i++)
         if(s[i]>='0'&&s[i]<= '9') n++ ;
      * t = n ;}
void main()
{    char s[80] = "abcdef35adgh3kjsdf7";
     int t;
     printf("\nThe original string is :   % s\n",s);
     fun(s,&t);
     printf("\nThe result is :   % d\n",t);}
```

【考点分析】 本题考查在字符串中统计数字字符的个数。

【解题思路】 本题通过遍历数组 s,在 if 中设置数字字符的 ASCII 码值进行判断,如果该元素是数字字符则使记录次数的 n 加一,遍历结束后,将 n 赋给形参 * t 即可。

【解题宝典】 判断数字字符,应掌握以下语句:

```
if(s[i]>='0'&&s[i]<= '9')  //利用 ASCII 码值去判断是不是数字字符
n++ ;                      //是的话就使 n+1
```

【例 13.62】 在此程序中,编写函数 fun(),它的功能是用冒泡法对 6 个字符串进行升序排列。

用函数编写程序:

```
#include < stdio.h >
#include < string.h >
#define MAXLINE 20
void fun (char * pstr[6])
{   int i, j ;
    char * p ;
    for (i = 0 ; i < 5 ; i++ ) {
        for (j = i + 1; j < 6; j++)
        {
            if(strcmp( * (pstr + i), * (pstr + j)) > 0)
            {
                p = * (pstr + i) ;
                * (pstr + i) = * (pstr + j) ;
                * (pstr + j) = p ;
            }
        }
    }}
void main( )
{   int i ;
    char * pstr[6], str[6][MAXLINE] ;
```

```
    for(i = 0; i<6 ; i++) pstr[i] = str[i] ;
    printf( "\nEnter 6 string(1 string at each line): \n" ) ;
    for(i = 0 ; i<6 ; i++) scanf(" %s", pstr[i]) ;
    fun(pstr) ;
    printf("The strings after sorting:\n") ;
    for(i = 0 ; i<6 ; i++) printf(" %s\n", pstr[i]) ;}
```

【考点分析】 本题考查冒泡排序法、for 循环、指针数组。

【解题思路】 本题设置了两个 for 循环:外层大循环用于控制循环轮次;内层循环用于控制字符串的两两比较。在内层循环中运用 strcmp()函数比较相邻两个字符串,判断前一个的字符串是否大于后面的字符串,若是则将两者进行交换,再重复以上操作。

【解题宝典】 冒泡排序法的基本思想是,将待排序的元素看作竖着排列的"气泡",较小的元素比较轻,从而要往上浮。在冒泡排序法中我们要对这个"气泡"序列处理若干遍。所谓处理一遍,就是自底向上检查一遍这个序列,并时刻注意两个相邻元素的顺序是否正确。如果发现两个相邻元素的顺序不对,即"轻"的元素在下面,就交换它们的位置。显然,处理一遍之后,"最轻"的元素就浮到了最高位置;处理二遍之后,"次轻"的元素就浮到了次高位置。依次类推,完成排序。

【例 13.63】 在此程序中,编写函数 fun(),它的功能是:对形参 ss 所指字符串数组中的 M 个字符串按长度由短到长进行排序。ss 所指字符串数组中共有 M 个字符串,且串长小于 N。

用函数编写程序:

```
#include <stdio.h>
#include <string.h>
#define M 5
#define N 20
void fun(char( * ss)[N])
{   int i, j, k, n[M]; char t[N];
    for(i=0; i<M; i++)  n[i]=strlen(ss[i]);
    for(i=0; i<M-1; i++)
    {   k=i;
        for(j=i+1; j<M; j++)
            if(n[k]>n[j])  k=j;
        if(k!=i)
        {   strcpy(t,ss[i]);
            strcpy(ss[i],ss[k]);
            strcpy(ss[k],t);
            n[k]=n[i];}}}
void main()
{   char ss[M][N]={"shanghai","guangzhou","beijing","tianjing","cchongqing"};
    int i;
    printf("\nThe original strings are :\n");
    for(i=0; i<M; i++)  printf(" %s\n",ss[i]);
    printf("\n");
```

```
    fun(ss);
    printf("\nThe result :\n");
    for(i = 0; i< M; i++)  printf(" % s\n",ss[i]);}
```

【考点分析】 本题考查运用选择排序将多个字符串按照长度从短到长排序的方法、strcpy()函数。

【解题思路】 本题首先通过一个 for 循环将多个字符串的长度存入一个一维数组中，然后运用选择排序，将长度最小的字符串运用 strcpy()函数移动到第一位，再在除第一个字符串外的剩下全部字符串中找长度最小的移动到剩下全部字符串的第一位，以此类推，即可将多个字符串从短到长进行排序。

【解题宝典】 选择排序的思路：如果有 N 个数，则把从头到倒数的第二个数逐个向后移，每移动一个数总是对其后面的所有数进行搜索，并找出最大(或最小)数，然后与该数进行比较。若大于(或小于)该数则进行交换，交换后再移动到下一个数，依次交换到结束。

【例 13.64】 在此程序中，编写函数 fun()，它的功能是在形参 ss 所指字符串数组中，将所有串长超过 k 的字符串中后面的字符删除，只保留前面的 k 个字符。ss 所指字符串数组中共有 N 个字符串，且串长小于 M。

用函数编写程序：

```
#include < stdio.h >
#include < string.h >
#define N 5
#define M 10
void fun(char( * ss) [M], int k)
{   int i = 0  ;
    while(i< N) {
        ss[i][k] = '\0'; i++ ;  }
}
void main()
{   char  x[N][M] = {"Create","Modify","Sort","skip","Delete"};
    int i;
    printf("\nThe original string\n\n");
    for(i = 0;i < N;i++)puts(x[i]);  printf("\n");
    fun(x,4);
    printf("\nThe string after deleted :\n\n");
    for(i = 0; i< N; i++)  puts(x[i]);  printf("\n");}
```

【考点分析】 本题考查 while 循环、结束标识符'\0'。

【解题思路】 本题的形参为字符指针数组，通过 while 循环将数组每一行的下标为 k 的地方添加结束符'\0'，即可保留前面的 k 个字符，删除后面的字符。

【解题宝典】 在一维数组和二维数组中保留 k 个字符，应掌握以下语句。

一维数组：

```
a[k] = '\0';
```

二维数组：

```
a[i][k] = '\0';
```

【例 13.65】 在此程序中,编写函数 fun(),其功能是比较字符串的长度(不得使用 C 语言提供的求字符串长度的函数),并返回较长的字符串,若两个字符长度相同,则返回第一个字符串。

例如,若输入 beijing <CR> shanghai <CR>(<CR>为回车键),则函数将返回 shanghai。

用函数编写程序:

```
#include <stdio.h>
char * fun ( char * s, char * t)
{
    int i,j;
    for(i = 0;s[i]!= '\0';i ++ );//求字符串的长度
        for(j = 0;t[j]!= '\0';j ++ );
    if(i<j)//比较两个字符串的长度
        return t;//函数返回较长的字符串,若两个字符串长度相等,则返回第 1 个字符串
    else
        return s;
}
void main ( )
{   char a[20],b[20];
    void NONO (  );
    printf("Input 1th string:");
    gets(a);
    printf("Input 2th string:");
    gets(b);
    printf(" % s\n",fun (a, b));
    NONO ();}
void NONO ( )
{/* 本函数用于打开文件,输入数据,调用函数,输出数据,关闭文件。 */
    FILE * fp, * wf;
    int i ;
    char a[20], b[20];
    fp = fopen("in.dat","r");
    wf = fopen("out.dat","w");
    for(i = 0 ; i< 10 ; i++ ) {
        fscanf(fp, " % s % s", a, b);
        fprintf(wf, " % s\n", fun(a, b));}
    fclose(fp);
    fclose(wf);}
```

【考点分析】 本题考查字符串长度比较运算。

【解题思路】 本题中,第 1 个 for 循环的作用是求出字符串 s 的字符个数 i,第 2 个 for 循环的作用是求出字符串 t 的字符个数 j,并在每一个 for 循环语句后面加上一个分号以结束循环。然后比较判断 i 和 j 哪个大,返回长度大的那个字符串,若 i 和 j 相等则返回第一个字符串。

【解题宝典】 求字符串的长度,应掌握以下语句:

```
for(i = 0;s[i]!='\0';i++);//求字符串的长度,i即为该s字符串数组的长度
```

【例 13.66】 在此程序中,编写函数 fun(),它的功能是:在形参 s 所指字符串数组中查找与形参所指字符串相同的串,找到后返回该串在字符串数组中的位置(下标值),若未找到则返回-1。程序中 ss 所指字符串数组中共有 N 个内容不同的字符串,且字符串长度小于 N。

用函数编写程序:

```
#include <stdio.h>
#include <string.h>
#define N 5
#define M 8
int fun(char( * ss)[M],char * t)
{   int  i;
    for(i = 0; i< N ; i++)
        if(strcmp(ss[i],t) == 0 ) return  i ;
    return -1;}
void main()
{   char ch[N][M] = {"if","while","switch","int","for"},t[M];
    int n,i;
    printf("\nThe original string\n\n");
    for(i = 0;i< N;i++)puts(ch[i]); printf("\n");
    printf("\nEnter a string for search:  "); gets(t);
    n = fun(ch,t);
    if(n == -1)  printf("\nDon't found! \n");
    else printf("\nThe position is %d .\n",n);}
```

【考点分析】 本题考查在多个字符串中寻找一个字符串。

【解题思路】 本题中需要在形参中定义一个字符型指针数组,用于接受传来的二维数组。运用 strcmp()函数通过 for 循环比较每一行里的字符串是否与形参所指字符串里的一致。若找到了与形参所指字符串相同的串,则返回该串在字符串数组中的位置(下标值),若遍历完数组还没找到则返回-1。

【解题宝典】 运用 strcmp()函数来寻找相同的字符串,应掌握以下语句:

```
for(i = 0; i< N ; i++)                          //遍历每一行
    if(strcmp(ss[i],t) == 0 ) return  i ;       //寻找与t相同的字符串,并返回下标
    return -1;                                  //返回-1
```

【例 13.67】 在此程序中,编写函数 fun(),它的功能是:求出形参 s 所指字符串数组中最长字符串的长度,将其余字符串右边用字符"*"补齐,使其与最长的字符串等长。程序中 ss 所指字符串数组中共有 N 个字符串,且串长小于 N。

用函数编写程序:

```
#include <stdio.h>
#include <string.h>
#define M 5
```

```
#define N 20
void fun(char( * ss)[N])
{   int i, j, n, len = 0;
    for(i = 0; i<M; i++)
        {   n = strlen(ss[i]);
            if(i == 0) len = n;
            if(len < n)len = n;
        }
        for(i = 0; i<M; i++) {
            n = strlen(ss[i]);
            for(j = 0; j < len - n; j++)
                ss[i][n + j] = '*';
            ss[i][n + j + 0] = '\0';
        }
}
void main()
{   char ss[M][N] = {"shanghai","guangzhou","beijing","tianjing","cchongqing"};
    int  i;
    printf("The original strings are :\n");
    for(i = 0; i<M; i++)  printf("%s\n",ss[i]);
    printf("\n");
    fun(ss);
    printf("The result is :\n");
    for(i = 0; i<M; i++)  printf("%s\n",ss[i]);}
```

【考点分析】 本题考查寻找字符串长度最长的数组下标。

【解题思路】 本题可以拆分成两步：第一步运用 for 循环，在各个字符串中寻找长度最大的字符串，并且记录下其长度 len；第二步通过 for 循环，先求出每行字符串的长度 n，再在该行字符串之后通过 for 循环添加 len－n 个“＊”，并在字符串末尾添加结束符'\0'。

【解题宝典】 求字符指针数组中字符串的长度，应掌握以下语句：

```
for(i = 0; i<M; i++)           //遍历二维数组的每行
    n = strlen(ss[i]);         //求出该行长度
```

13.4 二维数组-矩阵

13.4.1 矩阵行列的最大值和最小值

【例 13.68】 在此程序中，编写函数 fun()，它的功能是求矩阵（二维数组）a[N][N]中每行的最小值，并将结果存放到数组 b 中。

例如，若

$$\boldsymbol{a}=\begin{vmatrix} 1 & 4 & 3 & 2 \\ 8 & 6 & 5 & 7 \\ 11 & 10 & 12 & 9 \\ 13 & 16 & 14 & 15 \end{vmatrix}$$

则结果应为 1 5 9 13。

用函数编写程序：

```
#include < stdio.h >
#define N 4
void fun(int  a[][N], int  b[])
{   int  i, j;
    for (i = 0; i< N; i++)
    {
        b[i] = a[i][0];
        for (j = 1; j < N; j++)
            if ( b[i] > a[i][j] )
                b[i] = a[i][j];
    }
}
void main()
{   int  a[N][N] = {{1,4,3,2},{8,6,5,7},{11,10,12,9},{13,16,14,15}},b[N];    int  i;
    fun(a,b);
    for (i = 0; i < N; i++)  printf(" %d,", b[i]);
    printf("\n");}
```

【考点分析】 本题考查循环嵌套求二维数组各行最小值的方法、数组的地址传递。

【解题思路】 数组 b 存放二维数组每行的最小值，针对二维数组使用二层循环，在第一层循环的开始将每行的第一个数赋给数组 b 相应的元素，在第二层循环中，数组 b 中的元素依次与本行中的每个元素进行比较，找到一行中的最小值并将其存入数组 b。

【解题宝典】 掌握以下语句：

```
b[i] = a[i][0];            //比较前先将最小值初始化为每行的第一个元素
for(j = 1;j < N;j++)       //j < N 可使 a[i][j]取到最后一个元素
if(b[i]> a[i][j])          //如果下一元素小于当前最小值则把下一元素赋给 b[i]
```

若题目要求求出二维数组每列中的最大元素，则应掌握以下语句：

```
max = tt[0][j];//假设各列中的第一个元素最大
    for(i = 0;i < M;i++)
        if(tt[i][j]> max)//如果各列中的元素比最大值大，则将这个更大的元素看作当前该列中最
大元素
            max = tt[i][j];
        pp[j] = max;//将各列的最大值依次放入数组 pp 中
```

13.4.2　矩阵周边元素下标的特点

【例 13.69】 在此程序中，定义了 $N \times N$ 的二维数组，并在主函数中赋值。请编写函数 fun()，函数的功能是：求出数组周边元素的平均值并将其作为函数值返回给主函数中的 s。

例如，若 a 数组中的值为

0	1	2	7	9
1	9	7	4	5
2	3	8	3	1
4	5	6	8	2
5	9	1	4	1

则返回主程序后 s 的值应为 3.375。

用函数编写程序：

```
#include<stdio.h>
#include<conio.h>
#include<stdlib.h>
#define  N  5
double fun (int w[][N])
{
    int i,j,k=0;
    double sum=0.0;
    for(i=0;i<N;i++)
        for(j=0;j<N;j++)
            if(i==0||i==N-1||j==0||j==N-1)//只要下标中有一个为0或者N-1,就一定是周边元素
            {sum=sum+w[i][j];//将周边元素求和
            k++;}
            return sum/k;//求周边元素的平均值
}
void main()
{   FILE *wf;
    int a[N][N]={0,1,2,7,9,1,9,7,4,5,2,3,8,3,1,4,5,6,8,2,5,9,1,4,1};
    int i, j;
    double s;
    system("CLS");
    printf(" ***** The array ***** \n ");
    for (i=0; i<N; i++)
       { for (j=0;j<N;j++)
           {printf(" %4d ",a[i][j]);}
         printf("\n ");}
    s=fun(a);
    printf(" ***** THE RESULT ***** \n ");
    printf("The sum is : %lf\n ",s);
    wf=fopen("out.dat","w");
    fprintf (wf," %lf",s);
    fclose(wf);}
```

【考点分析】 本题考查循环的嵌套、逻辑或、数组的地址传递。

【解题思路】 本题要求计算二维数组周边元素的平均值，使用 for 循环控制循环过程，if 条件语句根据数组元素下标判断该元素是不是二维数组的周边元素。在判断时逐一判断，周边元素的规律为下标中有一个是 0 或 N－1。因为要求周边元素的平均值，所以在 sum 累加

时 k 也要加 1 来记录个数。

【解题宝典】 只要下标中有一个为 0 或 $N-1$,那么它一定是周边元素,此题应掌握以下语句:

```
if(i==0||i==N-1||j==0||j==N-1)  //判断是不是周边元素
sum=sum+w[i][j];                //将周边元素求和
k++;                            //记录周边元素个数
return sum/k;                   //求周边元素的平均值
```

13.4.3　二维数组的行列

【例 13.70】 在此程序中,编写函数 fun(),该函数的功能是:将 M 行 N 列的二维数组中的数据,按行的顺序依次放到一维数组中,一维数组中数据的个数存放在形参 n 所指的存储单元中。

例如,若二维数组中的数据为

33　33　33　33
44　44　44　44
55　55　55　55

则一维数组中的内容应该是 33 33 33 33 44 44 44 44 55 55 55 55。

用函数编写程序:

```
#include <stdio.h>
void fun (int (*s)[10], int *b, int *n, int mm, int nn)
{
    int i,j,k=0;
    for(i=0;i<mm;i++)//将二维数组 s 中的数据按行的顺序依次放到一维数组 b 中
        for(j=0;j<nn;j++)
            b[k++]=s[i][j];
        *n=k;//通过指针返回元素个数
}
void main()
{   FILE *wf;
    int w[10][10]={{33,33,33,33},{44,44,44,44},{55,55,55,55}}, i, j;
    int a[100]={0},n=0 ;
    printf("The matrix:\n");
    for (i=0; i<3; i++)
        {for (j=0;j<4;j++)
            printf("%3d",w[i][j]);
        printf("\n");}
    fun(w,a,&n,3,4);
    printf("The A array:\n");
    for(i=0; i<n; i++)
        printf("%3d",a[i]);
    printf("\n\n");
    wf=fopen("out.dat","w");
    for(i=0; i<n; i++)
```

```
        fprintf(wf," %3d",a[i]);
    fclose(wf);}
```

【考点分析】 本题考查循环的嵌套、数组的地址传递、指针的使用。

【解题思路】 本题使用两个循环:第 1 个循环用于控制行下标;第 2 个循环用于控制列下标。先遍历每一行元素并将其存入一维数组中,该行结束后再存下一行,用指针变量 n 保存元素个数。

【解题宝典】 循环嵌套时,越内层循环,循环变量变化越快;函数返值除了可以使用 return 语句外,也可以使用指针。

【例 13.71】 在此程序中,编写函数 fun(),它的功能是:将 a 所指 3×5 矩阵中第 k 列的元素左移到第 0 列,第 k 列以后的每列元素行依次左移,原来左边的各列依次绕到右边。

例如,有下列矩阵:

```
1  2  3  4  5
1  2  3  4  5
1  2  3  4  5
```

若 k 为 2,程序的执行结果为

```
3  4  5  1  2
3  4  5  1  2
3  4  5  1  2
```

用函数编写程序:

```
#include <stdio.h>
#define M 3
#define N 5
void fun(int( * a)[N],int  k)
{   int i,j,p,temp;
    for(p = 1; p <= k; p ++ )
        for(i = 0; i < M; i ++ )
        {   temp = a[i][0];
            for(j = 0; j < N - 1 ; j ++ ) a[i][j] = a[i][j + 1];
            a[i][N - 1] = temp;}
}
void main( )
{   int x[M][N] = {{1,2,3,4,5},{1,2,3,4,5},{1,2,3,4,5}},i,j;
    printf("The array before moving:\n\n");
    for(i = 0; i < M; i ++ )
    {   for(j = 0; j < N; j ++ )  printf(" %3d",x[i][j]);
        printf("\n");}
    fun(x,2);
    printf("The array after moving:\n\n");
    for(i = 0; i < M; i ++ )
    {   for(j = 0; j < N; j ++ )  printf(" %3d",x[i][j]);
        printf("\n");}}
```

【考点分析】 本题考查循环的嵌套、数组的地址传递、数组元素的交换。

【解题思路】 首先把数组地址传递进函数中，外循环 p 的值为数组移动的次数。接下来的两个循环中 i 控制行，j 控制列，依次把每一列元素向前移动一位，通过临时变量 temp 将最左边元素的值放到数组的末尾，移动几次则重复以上操作几次。最后遍历输出移动后的二维数组。

【解题宝典】 数组下标从 0 开始；通过临时变量交换元素的值。

【例 13.72】 在此程序中，编写函数 fun()，它的功能是：有 $N \times N$ 矩阵，根据给定的 $m(m \leqslant N)$ 值，将每行元素中的值均向右移动 m 个位置，左边空出位置补 0。

例如，$N=3, m=2$，有下列矩阵：

```
1  2  3
4  5  6
7  8  9
```

则程序执行结果为

```
0  0  1
0  0  4
0  0  7
```

用函数编写程序：

```
#include < stdio.h>
#define N 4
void fun(int( * t)[N], int m)
{   int i, j;
    for(i = 0; i< N; i ++ )
    {   for(j = N - 1 - m; j >= 0; j -- )
            t[i][j + m] = t[i][j];
        for(j = 0; j< m; j ++ )
            t[i][j] = 0;
    }
}
void main()
{   int t[][N] = {21,12,13,24,25,16,47,38,29,11,32,54,42,21,33,10}, i, j, m;
    printf("\nThe original array:\n");
    for(i = 0; i< N; i ++ )
    {   for(j = 0; j< N; j ++ )
            printf(" % 2d  ",t[i][j]);
        printf("\n");}
    printf("Input m (m<= % d):  ",N);scanf(" % d",&m);
    fun(t,m);
    printf("\nThe result is:\n");
    for(i = 0; i< N; i ++ )
    {   for(j = 0; j< N; j ++ )
            printf(" % 2d  ",t[i][j]);
        printf("\n");}
}
```

【考点分析】 本题考查 for 循环语句、数组元素的引用和赋值。

【解题思路】 首先把数组地址传递进函数中，在循环中 i 控制行，j 控制列，将每行元素的值向右移动 m 个位置，移动后再通过循环将左边位置的值均赋为 0，最后将遍历移动后的二维数组输出。

【解题宝典】 数组下标从 0 开始；要使左边元素均为 0，则循环变量取值范围应是 0 到 m。

13.4.4 矩阵对角线元素的特点

【例 13.73】 在此程序中，编写函数 fun()，它的功能是：判定形参 a 所指的 $N\times N$(规定 N 为奇数)的矩阵是不是“幻方”，若是，则函数返回值为 1；若不是，则函数返回值为 0。“幻方”的判定条件是矩阵每行、每列、主对角线及反对角线上元素之和都相等。

例如，以下 3×3 的矩阵就是一个“幻方”：

4	9	2
3	5	7
8	1	6

用函数编写程序：

```
#include <stdio.h>
#define N 3
int fun(int( * a)[N])
{   int i,j,m1,m2,row,colum;
    m1 = m2 = 0;
    for(i = 0; i<N; i++)
    { j = N - i - 1; m1 += a[i][i]; m2 += a[i][j];  }
    if(m1!= m2) return 0;
    for(i = 0; i<N; i++) {
        row = colum =  0;
        for(j = 0; j<N; j++)
        {  row += a[i][j]; colum += a[j][i];  }
        if( (row!= colum) || (row!= m1) ) return 0;
    }
    return  1;}
void main()
{   int x[N][N],i,j;
    printf("Enter number for array:\n");
    for(i = 0; i<N; i++)
        for(j = 0; j<N; j++)  scanf(" % d",&x[i][j]);
    printf("Array:\n");
    for(i = 0; i<N; i++)
    {   for(j = 0; j<N; j++)  printf(" % 3d",x[i][j]);
        printf("\n");}
    if(fun(x)) printf("The Array is a magic square.\n");
    else printf("The Array isn't a magic square.\n");}
```

【考点分析】 本题考查循环的嵌套、数组元素的引用。

【解题思路】 首先将 m1、m2、row、colum 赋初值 0，通过循环累加，得到主对角线的总和

m_1、反对角线的总和 m_2，若 m1 不等于 m2，则该矩阵不是"幻方"，返回 0。若 m1 等于 m2，则接着执行下面的循环，累加后 row 的值是每行的总和，colum 的值是每列的总和，如果 row 等于 colum，则说明该矩阵是"幻方"，返回 1，否则该矩阵不是"幻方"，返回 0。

【解题宝典】 累加前变量要赋初值；要找出主对角线、反对角线以及行和列上元素下标的规律。

【例 13.74】 在此程序中，编写函数 fun()，它的功能是：计算 $N \times N$ 矩阵的主对角线元素和反对角线元素之和，并将其作为函数值返回。要求先累加主对角线元素中的值，再累加反对角线元素中的值。

例如，若 $N=3$，有下列矩阵：

$$\begin{matrix} 1 & 2 & 3 \\ 4 & 5 & 6 \\ 7 & 8 & 9 \end{matrix}$$

首先累加 1、5、9，然后累加 3、5、7，函数返回值为 30。

用函数编写程序：

```
#include < stdio.h >
#define N 4
int fun(int t[][N], int n)
{   int i, sum;
    sum = 0;
    for(i = 0; i < n; i ++ )
        sum += t[i][i] ;
    for(i = 0; i < n; i ++ )
        sum +=  t[i][n - i - 1] ;
    return sum;}
void main()
{   int t[][N] = {21,2,13,24,25,16,47,38,29,11,32,54,42,21,3,10},i,j;
    printf("\nThe original data:\n");
    for(i = 0; i < N; i ++ )
    {   for(j = 0; j < N; j ++ )  printf(" % 4d",t[i][j]);
        printf("\n");}
    printf("The result is:   % d",fun(t,N));}
```

【考点分析】 本题考查变量初始化、$N \times N$ 矩阵对角线下标如何表示、累加操作。

【解题思路】 首先把变量 sum 赋初值 0 用于存储结果，然后循环累加主对角线元素之和，循环累加反对角线元素之和，最后返回 sum 的值，即主对角线、反对角线元素之和。

【解题宝典】 主对角线上元素行和列下标相同；反对角线上元素行和列下标相加和为 $n-1$。

【例 13.75】 在此程序中，定义了 $N \times N$ 的二维数组，并在主函数中自动赋值。请编写函数 fun(int a[][N], int n)，该函数的功能是使数组左下半三角元素中的值乘以 n。

例如，若 n 的值为 3，a 数组中的值为

$$\begin{matrix} 1 & 9 & 7 \\ 2 & 3 & 8 \\ 4 & 5 & 6 \end{matrix}$$

则返回主程序后 a 数组中的值应为

3	9	7
6	9	8
12	15	18

用函数编写程序：

```
#include <stdio.h>
#include <conio.h>
#include <stdlib.h>
#define N 5
void fun(int a[ ][N], int n)
{
    int i,j;
    for(i=0;i<N;i++)
        for(j=0;j<=i;j++)
            a[i][j]=a[i][j]*n;
}
void main()
{   int a[N][N],n, i,j;
    FILE *out;
    printf("***** The array *****\n");
    for(i=0; i<N; i++)
        {
            for(j=0; j<N; j++)
                {
                    a[i][j]=rand()%10;
                    printf("%4d", a[i][j]);
                }
            printf("\n");
        }
    n=rand()%4;
    printf("n=%4d\n",n);
    fun(a, n);
    printf("***** THE  RESULT *****\n");
    for(i=0; i<N; i++)
        {   for (j=0; j<N; j++)
            printf("%4d",a[i][j]);
            printf("\n");}
    out=fopen("out.dat","w");
    for(i=0;i<N;i++)
    for(j=0;j<N;j++)
        a[i][j]=i*j+1;
    fun(a,9);
    for(i=0;i<N;i++)
    {
```

```
        for(j = 0;j < N;j ++ )
            fprintf(out," % 4d",a[i][j]);
        fprintf(out,"\n");}
    fclose(out);}
```

【考点分析】 本题考查循环的嵌套、rand 函数、数组元素的引用和赋值。

【解题思路】 首先通过循环 rand()函数给数组随机赋值，接着将数组首地址和倍数 n 传入 fun()函数中。双重循环中 i 控制行，j 控制列，将左下半三角元素中的值依次乘以 n，最后遍历二维数组输出。

【解题宝典】 ① rand()%m 代表随机产生 0 到 $m-1$ 的随机数。

② 左下半三角元素的下标范围：每行中从第一个元素开始，直到元素列数等于该行行数为止。

③ 若题目要求将数组左下半三角元素中的值全部置成 0，只需将代码"a[i][j]=i*j+1;"改为"a[i][j]=0"即可。

【例 13.76】 在此程序中，编写函数 fun()，它的功能是：将 $N\times N$ 矩阵主对角线元素的值与反向对角线对应位置上元素的值进行交换。

例如，若 $N=3$，有下列矩阵：

$$\begin{matrix} 1 & 2 & 3 \\ 4 & 5 & 6 \\ 7 & 8 & 9 \end{matrix}$$

交换后为

$$\begin{matrix} 3 & 2 & 1 \\ 4 & 5 & 6 \\ 9 & 8 & 7 \end{matrix}$$

用函数编写程序：

```
#include < stdio.h>
#define N 4
void fun(int t[][N] , int n)
{   int i,s;
    for(i = 0;i < N;i ++ )
    {   s = t[i][i];
        t[i][i] = t[i][n - i - 1];
        t[i][n - 1 - i] = s;
    }
}
void main()
{   int t[][N] = {21,12,13,24,25,16,47,38,29,11,32,54,42,21,33,10}, i, j;
    printf("\nThe original array:\n");
    for(i = 0; i < N; i ++ )
    {   for(j = 0; j < N; j ++ )   printf(" % d  ",t[i][j]);
        printf("\n");}
    fun(t,N);
    printf("\nThe result is:\n");
    for(i = 0; i < N; i ++ )
```

```
    {   for(j = 0; j < N; j++)  printf(" %d  ",t[i][j]);
        printf("\n");}
    }
```

【考点分析】 本题考查函数定义、for 循环语句、数组元素的引用和赋值、变量值交换算法。

【解题思路】 首先将数组地址和 N 传入函数中,双重循环中 i 控制行,j 控制列,通过临时变量 s 交换主对角线和对应反向对角线上元素的值,最后遍历二维数组输出交换后的矩阵。

【解题宝典】 ① 数组下标从 0 开始,到 $N-1$ 结束。

② 主对角线上元素的行和列下标相同;反向对角线上元素的行和列下标相加和为 $n-1$。

13.4.5 矩阵转置

【例 13.77】 在此程序中,编写函数 fun(),其功能是:实现 $\boldsymbol{B}=\boldsymbol{A}+\boldsymbol{A}'$,即将矩阵 $\boldsymbol{A}$ 加上 $\boldsymbol{A}$ 的转置,并将结果存放在矩阵 $\boldsymbol{B}$ 中。计算结果在 main()函数中输出。

例如,输入下面的矩阵:

```
1    2    3
4    5    6
7    8    9
```

其转置矩阵为

```
1    4    7
2    5    8
3    6    9
```

程序输出

```
2    6    10
6    10   14
10   14   18
```

用函数编写程序:

```
#include <stdio.h>
void fun (int a[3][3], int b[3][3])
{
    int i,j;
    for(i = 0;i < 3;i++)
    for(j = 0;j < 3;j++)
        b[i][j] = a[i][j] + a[j][i];//把矩阵 a 加上 a 的转置,存放在矩阵 b 中
}
void main( )    /* 主程序 */
{   int a[3][3] = {{1, 2, 3}, {4, 5, 6}, {7, 8, 9}}, t[3][3] ;
    int i, j ;
    void NONO (  );
    fun(a, t) ;
    for (i = 0 ; i < 3 ; i++) {
        for (j = 0 ; j < 3 ; j++)
            printf("%7d", t[i][j]) ;
        printf("\n") ;}
```

```
    NONO () ;}
void NONO ( )
{/*用于打开文件,输入测试数据,调用 fun 函数,输出数据,关闭文件。*/
    int i, j, k, a[3][3], t[3][3] ;
    FILE *rf, *wf ;
    rf = fopen("in.dat","r") ;
    wf = fopen("out.dat","w") ;
    for(k = 0 ; k < 5 ; k++ ) {
        for(i = 0 ; i < 3 ; i++ )
            fscanf(rf, "%d %d %d", &a[i][0], &a[i][1], &a[i][2]) ;
        fun(a, t) ;
        for(i = 0 ; i < 3 ; i++ ) {
            for(j = 0 ; j < 3 ; j++ ) fprintf(wf, "%7d", t[i][j]) ;
            fprintf(wf, "\n") ;} }
    fclose(rf) ;
    fclose(wf) ;}
```

【考点分析】 本题考查矩阵的操作、如何表示矩阵及其转置矩阵的各个元素。

【解题思路】 行列数相等的二维数组转置本质上就是行列互换,转置后的第 i 行第 j 列对应原矩阵的第 j 行第 i 列。所以需要用双层循环实现矩阵的转置,外层循环控制矩阵行下标,内层循环控制矩阵列下标。转置后将 $\boldsymbol{A}+\boldsymbol{A}'$ 的计算结果存入 $\boldsymbol{B}$ 矩阵中,再遍历输出矩阵 $\boldsymbol{B}$。

【解题宝典】 注意数组下标比长度小 1。若将矩阵 **A** 转置后还存入 a 中:

```
int i,j,temp;
for(i=0;i<N;i++)
    for(j=I;j<N;j++)
{temp=a[i][j];a[i][j]=a[j][i];a[j][i]=temp;}//注意第 2 个循环的初值
```

若将矩阵 **A** 转置后存入 c 中:

```
int i,j;
for(i=0;i<N;i++)
    for(j=0;j<N;j++)
    {c[i][j]=a[j][i];}//注意数组 c 和 a 的下标
```

13.5　结构体类型

13.5.1　结构体成员的访问

【例 13.78】 在此程序中,通过定义学生结构体变量,存储学生的学号、姓名和 3 门课的成绩。函数 fun()的功能是:将形参 a 中的数据进行修改,把修改后的数据作为函数值返回主函数进行输出。

例如,若传给形参 a 的数据中学生的学号、姓名和 3 门课的成绩依次是 10001、ZhangSan、95、80、88,则修改后的数据应为 10002、LiSi、96、81、89。

用函数编写程序：

```
#include <stdio.h>
#include <string.h>
struct student {
    long  sno;
    char  name[10];
    float  score[3];
};
struct student fun(struct  student  a)
{   int  i;
    a.sno = 10002;
    strcpy(a.name, "LiSi");
    for (i = 0; i<3; i++) a.score[i] += 1;
    return  a;}
void main()
{   struct student  s = {10001,"ZhangSan", 95, 80, 88}, t;
    int  i;
    printf("\n\nThe original data :\n");
    printf("\nNo: %ld  Name: %s\nScores:  ",s.sno, s.name);
    for (i = 0; i<3; i++)  printf(" %6.2f ", s.score[i]);
    printf("\n");
    t = fun(s);
    printf("\nThe data after modified :\n");
    printf("\nNo: %ld  Name: %s\nScores:  ",t.sno, t.name);
    for (i = 0; i<3; i++)  printf(" %6.2f ", t.score[i]);
    printf("\n");}
```

【考点分析】 本题考查结构体成员的访问。

【解题思路】 本题通过子函数访问结构体成员，修改后返回该结构体到主函数，再进行输出。

【解题宝典】 在结构体中有两种访问成员变量的方法：一种方法是使用“.”运算符，如 t.name，其中 t 为非指针变量；另一种方法是使用“->”运算符，如 p->number，其中 p 为指针变量，如下面最后一行代码所示。

```
struct student t ;
struct student *p ;
p = &t ;
printf(" %d", p->number) ;
```

13.5.2 结构体数组的平均值

【例 13.79】 在此程序中，某学生的记录由学号、8 门课程成绩和平均分组成，学号和 8 门课程的成绩已在主函数中给出，请编写函数 fun()，其功能是：求出该学生的平均分，并将其放入记录的 ave 成员中。

例如，某学生的成绩是 85.5、76、69.5、85、91、72、64.5、87.5，则他的平均分应为 78.875。

用函数编写程序：

```
#include <stdio.h>
#define  N  8
typedef  struct
{   char  num[10];
    double  s[N];
    double  ave;
} STREC;
void  fun(STREC *a)
{
    int i;
    a->ave=0.0;
    for(i=0;i<N;i++)
      a->ave=a->ave+a->s[i];//求各门成绩的总和
    a->ave/=N;//求平均分
}
void main()
{   STREC  s={"GA005",85.5,76,69.5,85,91,72,64.5,87.5};
    int  i;
    void NONO (  );
    fun( &s );
    printf("The %s's student data:\n", s.num);
    for(i=0;i<N; i++)
        printf("%4.1f\n",s.s[i]);
    printf("\nave=%7.3f\n",s.ave);
    NONO();}
void NONO()
{/* 本函数用于打开文件,输入数据,调用函数,输出数据,关闭文件。*/
    FILE *out ;
    int i,j ; STREC s[10] = {
    {"GA005",85.5,76,69.5,85,91,72,64.5,87.5},
    {"GA001",82.5,66,76.5,76,89,76,46.5,78.5},
    {"GA002",72.5,56,66.5,66,79,68,46.5,58.5},
    {"GA003",92.5,76,86.5,86,99,86,56.5,88.5},
    {"GA004",82,66.5,46.5,56,76,75,76.5,63.5},
    {"GA006",75.5,74,71.5,85,81,79,64.5,71.5},
    {"GA007",92.5,61,72.5,84,79,75,66.5,72.5},
    {"GA008",72.5,86,73.5,80,69,63,76.5,53.5},
    {"GA009",66.5,71,74.5,70,61,82,86.5,58.5},
    {"GA010",76,66.5,75.5,60,76,71,96.5,93.5},
};
    out = fopen("out.dat","w") ;
    for(i = 0 ; i< 10 ; i++) {
        fun(&s[i]) ;
        fprintf(out, "%7.3f\n", s[i].ave) ;}
```

```
    fclose(out) ;}
```

【考点分析】 本题考查结构体成员的引用、运算，结构体指针作形参。

【解题思路】 本题考查自定义形参的相关知识点，程序流程中应注意：在 fun()函数中求出平均分后，返回到主函数时平均分也要带回，所以只能定义一个指针类型的形参 STREC * a 来指向结构体。此时，引用成员的方式可以使用指向运算符，即 a -> ave 和 a -> s[i]。

【解题宝典】 求结构体数组的平均数方法：

```
a->ave=0.0;
for(i=0;i<N;i++)
    a->ave=a->ave+a->s[i];   //求各门成绩的总和
  a->ave/=N;                 //求平均分
```

若题目要求将高(或低)于或等于平均分的学生数据放在 b 所指的数组中，并计算个数，代码实现为：

```
for(i=0;i<N;i++)
    if(av<=a[i].s)  //或 if(av>=a[i].s)
    {b[*n]=a[i];*n=*n+1;}
```

13.5.3 结构体数组的最大值和最小值

【例 13.80】 在此程序中，已知学生的记录由学号和学习成绩构成，N 名学生的数据已存入 a 结构体数组中。请编写函数 fun()，该函数的功能是：找出成绩最高的学生记录，通过形参返回主函数(规定只有一个最高分)。

用函数编写程序：

```
#include<stdio.h>
#include<string.h>
#include<conio.h>
#include<stdlib.h>
#define N 10
typedef struct ss                /*定义结构体*/
{   char num[10];
    int s;
} STU;
void fun(STU a[], STU *s)
{
    int i;
    for(i=0;i<N;i++)        //找出成绩最高的学生记录
    if(s->s<a[i].s)
        *s=a[i];
}
void main()
{ FILE *wf;
    STU a[N]={{ "A01",81},{ "A02",89},{ "A03",66},{ "A04",87},{ "A05",77},
```

```
{ "A06",90},{ "A07",79},{ "A08",61},{ "A09",80},{ "A10",71}},m;
int i;
system("CLS");
printf(" ***** The original data ***** ");
for(i = 0;i < N;i ++ )
    printf("No = %s Mark = %d\n", a[i].num,a[i].s);
fun(a,&m);
printf(" ***** THE RESULT ***** \n");
printf("The top : %s, %d\n",m.num,m.s);
wf = fopen("out.dat","w");
fprintf(wf," %s, %d",m.num,m.s);
fclose(wf);}
```

【考点分析】 本题考查结构体数组中最大数据的查找、for 循环语句。

【解题思路】 本题的流程是先使 s 指向第 1 名学生，利用循环语句遍历所有学生的成绩，利用条件语句判断当前学生成绩是否最高，所以 if 语句的条件是 s->s < a[i].s。此外，做题时应该熟练掌握指向运算符和成员运算符的相关知识，题中 s->s 等价于(*s).S。

【解题宝典】 结构体数组中最大数据的查找方法：

```
for(i = 0;i < N;i ++ )        //找出成绩最高的学生记录
    if(s -> s < a[i].s)
        * s = a[i];
```

【例 13.81】 在此程序中，学生的记录由学号和成绩组成，*N* 名学生的数据已放入主函数中的结构体数组 s 中，请编写函数 fun()，其功能是：把分数最高的学生数据放在 b 所指的数组中。注意：分数最高的学生可能不止一个，函数返回分数最高的学生的人数。

用函数编写程序：

```
#include < stdio.h >
#define  N  16
typedef  struct
{   char  num[10];
    int   s;
} STREC;
int  fun( STREC  * a, STREC * b )
{
    int i,j = 0,max = a[0].s;//找出最大值
    for(i = 0;i < N;i ++ )
        if(max < a[i].s)
            max = a[i].s;
        for(i = 0;i < N;i ++ )
            if(max = = a[i].s)
                b[j ++ ] = a[i];//找出成绩与 max 相等的学生的记录，将其存入结构体 b 中
            return j;//返回最高成绩的学生人数
}
```

```
void main()
{   STREC  s[N] = {{"GA05",85},{"GA03",76},{"GA02",69},{"GA04",85},
         {"GA01",91},{"GA07",72},{"GA08",64},{"GA06",87},
         {"GA015",85},{"GA013",91},{"GA012",64},{"GA014",91},
         {"GA011",77},{"GA017",64},{"GA018",64},{"GA016",72}};
    STREC  h[N];
    int i,n;FILE * out ;
    n = fun( s,h );
    printf("The %d highest score :\n",n);
    for(i = 0;i < n; i ++ )
        printf(" %s   %4d\n",h[i].num,h[i].s);
    printf("\n");
    out = fopen("out.dat","w") ;
    fprintf(out, "%d\n",n);
    for(i = 0;i < n; i ++ )
        fprintf(out, "%4d\n",h[i].s);
    fclose(out);}
```

【考点分析】 本题考查结构体数组操作、用循环判断结构查找数组中的最大值。

【解题思路】 该程序使用两个循环判断语句:第 1 个循环判断语句的作用是找出最大值;第 2 个循环判断语句的作用是找出与 max 相等的成绩(最高成绩)的学生记录,并将其存入 b 中。

【解题宝典】 找出结构体数组中最大值(存在多个相同值)的方法:

```
int i,j = 0,max = a[0].s;
for(i = 0;i < N;i ++ )          //找出最大值
    if(max < a[i].s)
        max = a[i].s;
    for(i = 0;i < N;i ++ )
    if(max == a[i].s)
        b[j ++ ] = a[i];        //找出成绩与 max 相等的学生的记录,将其存入结构体 b 中
```

若题目要求将分数最低的学生数据放入 b 所指的数组中,只需将代码修改为

```
if(min > a[i].s)
        min = a[i].s;//找出最小值
    for(i = 0;i < N;i ++ )
        if(min == a[i].s)
            b[j ++ ] = a[i];//找出成绩与 min 相等的学生的记录,存入结构体 b 中
```

13.5.4 结构体数组元素的查找

【例 13.82】 在此程序中,人员的记录由编号和出生年、月、日组成。N 名人员的数据已在主函数中存入结构体数组 std 中且其编号唯一。编写函数 fun(),它的功能是:找出指定编号人员的数据,将其作为函数值返回,由主函数输出,若指定编号不存在,则返回数据中的编号为空串。

用函数编写程序:

```
#include <stdio.h>
#include <string.h>
#define N 8
typedef  struct
{   char  num[10];
    int  year,month,day ;
}STU;
STU fun(STU  *std, char  *num)
{   int  i; STU  a={"",9999,99,99};
    for (i=0; i<N; i++)
        if( strcmp(std[i].num,num)==0 )
            return (std[i]);
    return  a;
}
void main()
{ STU  std[N]={{"111111",1984,2,15},{"222222",1983,9,21},{"333333",1984,9,1},
{"444444",1983,7,15},{"555555",1984,9,28},{"666666",1983,11,15},
                {"777777",1983,6,22},{"888888",1984,8,19}};
    STU  p; char  n[10]="666666";
    p=fun(std,n);
    if(p.num[0]==0)
        printf("\nNot found ! \n");
    else
    { printf("\nSucceed ! \n  ");
     printf("%s   %d-%d-%d\n",p.num,p.year,p.month,p.day);}
}
```

【考点分析】 本题考查比较字符串函数 strcmp()、指针变量的使用、函数定义及函数返回值。

【知识点】 strcmp()函数是 string compare(字符串比较)的缩写,头文件 string.h,用于比较两个字符串并根据比较结果返回整数。其基本形式为 strcmp(str1,str2),若 str1=str2,则返回零;若 str1<str2,则返回负数;若 str1>str2,则返回正数。

【解题思路】 通过 strcmp()函数比较 std[i].num 和 num 两个编号,若相同则函数值为0。

【解题宝典】

```
int  i;
STU  a={"",9999,99,99};
for (i=0; i<N; i++)                          //遍历结构体数组,查找指定的编号
    if( strcmp(std[i].num,num)==0 )          //用 strcmp()函数判断是否与指定编号相同
        return (std[i]);                     //相同则返回该结构体
return  a;
```

【例 13.83】 在此程序中,人员的记录由编号和出生年、月、日组成,N 名人员的数据已在主函数中存入结构体数组 std 中。编写函数 fun(),它的功能是:找出指定出生年份的人员,将其数据放在形参 k 所指的数组中,其由主函数输出,同时由函数值返回满足指定条件的人数。

用函数编写程序：

```
#include <stdio.h>
#define    N    8
typedef  struct
{   int  num;
    int  year,month,day ;
}STU;
int fun(STU  *std, STU  *k, int  year)
{   int  i,n=0;
    for (i=0; i<N; i++)
        if(std[i].year==year)
            k[n++]= std[i];
    return (n);
}
void main()
{   STU  std[N]={{1,1984,2,15},{2,1983,9,21},{3,1984,9,1},{4,1983,7,15},
                 {5,1985,9,28},{6,1982,11,15},{7,1982,6,22},{8,1984,8,19}};
    STU  k[N]; int  i,n,year;
    printf("Enter a year :  "); scanf("%d",&year);
    n=fun(std,k,year);
    if(n==0)
        printf("\nNo person was born in %d \n",year);
    else
    {   printf("\nThese persons were born in %d \n",year);
        for(i=0; i<n; i++)
            printf("%d  %d-%d-%d\n",k[i].num,k[i].year,k[i].month,k[i].day);}
}
```

【考点分析】 本题考查 for 循环语句、指针变量的使用、函数定义及把结构体指针作为函数形参。

【解题思路】 从给定的人员数据中找出与指定出生年份相同的记录存入 k 中，并返回符合条件的人数。用 for 循环遍历查找，if 判断条件为 std[i].year==year，若满足条件则记录进 k 中。

【解题宝典】

```
int  i,n=0;                     //n是k初始下标0
for (i=0; i<N; i++)             //for循环遍历查找年份
    if(std[i].year==year)//判断是否一致
        k[n++]= std[i]; //若满足条件,则记录进k中,下标加一
return (n);                     //下标n就是符合条件的人数
```

13.5.5　结构体数组元素的排序

【例 13.84】 在此程序中，编写函数 fun()，它的功能是：对 N 名学生的学习成绩，按从高到低的顺序找出前 $m(m\leqslant10)$名的学生，并将这些学生的数据存放在一个动态分配的连续存储区中，将此存储区的首地址作为函数值返回。

用函数编写程序：

```
#include <stdlib.h>
#include <conio.h>
#include <string.h>
#include <stdio.h>
#include <malloc.h>
#define N 10
typedef struct ss
    { char num[10];
     int s;
    } STU;
STU *fun(STU a[], int m)
{   STU b[N], *t;
    int i, j,k;
    t=(STU*)calloc(m,sizeof(STU));
    for(i=0;i<N;i++) b[i]=a[i];
    for(k=0;k<m;k++)
        { for (i=j=0;i<N;i++)
            if(b[i].s>b[j].s) j=i;
          strcpy(t[k].num,b[j].num);
          t[k].s=b[j].s;
          b[j].s=0;
        }
return t;}
void outresult(STU a[],FILE *pf)
{   int i;
    for(i=0;i<N;i++)
    fprintf(pf, "No=%s Mark=%d\n ",
a[i].num, a[i].s);
    fprintf(pf, "\n\n ");}
void main()
{   STU a[N]={{ "A01 ",81},{ "A02 ",89},{ "A03 ",66},{ "A04 ",87},{ "A05 ",77},
        { "A06 ",90},{ "A07 ",79},{ "A08 ",61},{ "A09 ",80},{ "A10 ",71}};
    STU *pOrder;
    int i, m;
    system("CLS");
    printf(" ***** THE RESULT ***** \n");
    outresult(a,stdout);
    printf("\nGive the number of the students who have better score: ");
    scanf("%d",&m);
    while(m>10)
        { printf("\nGive the number of the students who have better score: ");
    scanf("%d",&m);
}
    pOrder=fun(a,m);
    printf(" *****  THE RESULT ***** \n");
```

```
    printf("The top :\n");
    for(i = 0;i < m;i++)
        printf(" %s    %d\n",pOrder[i].num, pOrder[i].s);
    free(pOrder);}
```

【考点分析】 本题考查 calloc()函数、结构体数组元素的排序。

【知识点】 calloc()应用于分配内存空间，调用形式为(类型说明符 *)calloc(n,size)，功能为：在内存动态存储区中分配 *n* 块长度为 size 字节的连续区域，函数的返回值为该区域的首地址，其中(类型说明符 *)用在函数名 calloc 前面，表示将该函数返回类型做强制类型转换。calloc()函数与 malloc ()函数的区别在于 calloc()函数一次可以分配 *n* 块区域。"ps = (struct stui) calloc (2, sizeof (struct stu));"中的 sizeof (struct stu)是求 stu 的结构长度。该语句的意思是：按 stu 的长度分配两块连续区域，并将该函数返回类型强制转换为 stu 类型，并把其首地址赋予指针变量 ps 。

【解题思路】 对数组元素进行选择排序，将排序结果存放在 t(动态分配的连续存储区)中，并且返回 t。

【解题宝典】

使用选择排序对数组中元素进行比较，将排序结果存在 t 中。

```
STU b[N], * t;
int i, j,k;
t = (STU * )calloc(m,sizeof(STU));      //开辟动态分配的连续存储区
    for(i = 0;i < N;i++) b[i] = a[i];   //复制 a 中的所有元素到 b 中
    for(k = 0;k < m;k++)                //选择排序外层循环控制轮次
        { for (i = j = 0;i < N;i++)     //内层循环实现最大位置的查找
          if(b[i].s > b[j].s)           //如果最大值的位置不对，则交换。
              j = i;   //j 是最大值的下标
          strcpy(t[k].num,b[j].num);    //复制 b[j].num 给 t[j].num
          t[k].s = b[j].s;              //b[j].s 赋给 t[k].s
          b[j].s = 0;}
```

若题目要求按姓名的字典序(从小到大)排序，则使用 strcmp()函数，strcmp 是 string compare(字符串比较)的缩写，用于比较两个字符串并根据比较结果返回整数。其基本形式为 strcmp(str1,str2)，若 str1＝str2，则返回零；若 str1 < str2，则返回负数；若 str1 > str2，则返回正数。代码实现如下：

```
struct student t;
    int  i, j;
    for (i = 0; i < n - 1; i++)//外层循环控制轮次
        for (j = i + 1; j < n; j++)//内层循环实现最小位置查找
            if (strcmp(a[i].name,a[j].name) > 0)//若 a[i].name < a[j].name 则交换位置
                {  t = a[i]; a[i] = a[j]; a[j] = t;  }
```

【例 13.85】 在此程序中，学生的记录由学号和成绩组成，*N* 名学生的数据已放入主函数中的结构体数组 s 中，请编写函数 fun()，其功能是：按分数降序排列学生的记录，高分在前，低分在后。

用函数编写程序：

```
#include <stdio.h>
#define  N   16
typedef  struct
{   char  num[10];
    int   s;
} STREC;
void  fun( STREC  a[] )
{
    int i,j;
    STREC t;
    for(i=1;i<N;i++)//用冒泡排序法进行排序,进行N-1次比较
        for(j=0;j<N-1;j++)//在每一次比较中要进行N-1次两两比较
            if(a[j].s<a[j+1].s)
            {t=a[j];a[j]=a[j+1];a[j+1]=t;
            }//按分数的高低排列学生的记录,高分在前
}
void main()
{   STREC  s[N]={{"GA005",85},{"GA003",76},{"GA002",69},{"GA004",85},
        {"GA001",91},{"GA007",72},{"GA008",64},{"GA006",87},
        {"GA015",85},{"GA013",91},{"GA012",64},{"GA014",91},
        {"GA011",66},{"GA017",64},{"GA018",64},{"GA016",72}};
    int  i;FILE *out ;
    fun(s);
    printf("The data after sorted :\n");
    for(i=0;i<N; i++)
    {   if( (i)%4==0 )printf("\n");
        printf("%s  %4d  ",s[i].num,s[i].s);
    }
    printf("\n");
    out = fopen("out.dat","w") ;
    for(i=0;i<N; i++)
    {   if( (i)%4==0 && i) fprintf(out, "\n");
        fprintf(out, "%4d  ",s[i].s);
    }
    fprintf(out,"\n");
    fclose(out) ;}
```

【考点分析】 本题考查结构体数组元素的排序。

【解题思路】 使用冒泡排序法对分数进行降序排列。

【解题宝典】

```
int i,j;
STREC t;
for(i=1;i<N;i++)                    //用冒泡排序法进行排序,进行N-1次比较
    for(j=0;j<N-1;j++)              //在每一次比较中要进行N-1次两两比较
        if(a[j].s<a[j+1].s)
```

```
{t=a[j];a[j]=a[j+1];a[j+1]=t;}  //按分数的高低排列学生的记录,高分在前
```

13.6 链表类型

13.6.1 链表的顺序访问

【例 13.86】 在此程序中,建立一个带头结点的单向链表,并用随机函数为各结点赋值。函数 fun()的功能是将单向链表结点(不包括头结点数据域)为偶数的值累加起来,并且将其作为函数值返回。

用函数编写程序:

```
#include <stdio.h>
#include <conio.h>
#include <stdlib.h>
typedef struct aa
{ int data;
  struct aa *next;
} NODE;
int fun (NODE *h)
{    int sum=0;
     NODE *p;
     p=h->next;
     while(p!=NULL)
         { if(p->data%2==0)
                sum+=p->data;
             p=p->next;
         }
     return sum;
}
NODE *creatlink(int n)
{
     NODE *h,*p,*s;
     int i;
     h=p=(NODE*)malloc(sizeof(NODE));
     for(i=1;i<n;i++)
     {
     s=(NODE*)malloc(sizeof(NODE));
     s->data=rand()%16;
     s->next=p->next;
     p->next=s;
     p=p->next;
     }
     p->next=NULL;
     return h;
```

```
}
void outlink(NODE * h)
{   NODE   * p;
    p = h -> next;
    printf("\n\n The LIST :\n\n HEAD");
    while(p)
        {   printf(" -> % d",p -> data);
            p = p -> next;}
    printf("\n");
}
void main()
{   NODE * head; int sum;
    system("CLS");
    head = creatlink(10);
    outlink(head);
    sum = fun(head);
    printf("\nSUM = % d",sum); }
```

【考点分析】 本题考查 rand()函数、链表的顺序访问求累加。

【解题思路】 首先构造链表(设置数字域和指针域),定义输入数据函数(creatlink())、输出数据函数(outlink())、求偶数的值累加函数(fun())及主函数。在函数 creatlink()里先分配空间,再利用循环按顺序存入数据建立链表,最后返回链表 h。函数 fun()里的循环语句按顺序访问链表,选择语句将链表数据域的偶数累加,最后返回 sum。函数 outlink()里的循环语句输出链表所有数据域的数据。主函数输出 sum。

【解题宝典】 求链表累加的方法:

```
p = h -> next;          //首元结点
While(p! = NULL)        //累加
{sum + = p -> data;
p = p -> next; }        //后继
```

【例 13.87】 在此程序中,建立一个带头结点的单向链表,并用随机函数为各结点数据域赋值。函数 fun()的作用是求出单向链表结点(不包括头结点)数据域中的最大值,并且将其作为函数值返回。

用函数编写程序:

```
# include < stdio. h>
# include < conio. h>
# include < stdlib. h>
typedef struct aa
{ int data;
  struct aa * next;
} NODE;
int fun (NODE * h)
{   int max = - 1;
    NODE * p;
```

```
    p = h -> next;
    while(p)
        { if(p -> data > max)
              max = p -> data;
          p = p -> next;
        }
    return max;}
void outresult(int s, FILE * pf)
{ fprintf(pf, "\nThe max in link : %d\n",s);}
NODE * creatlink(int n, int m)
{   NODE * h, * p, * s;
    int i;
    h = p = (NODE * )malloc(sizeof(NODE));
    h -> data = 9999;
    for(i = 1;i <= n;i ++)
        {   s = (NODE * ) malloc(sizeof(NODE));
            s -> data = rand() % m; s -> next = p -> next;
            p -> next = s;  p = p -> next;
        }
    p -> next = NULL;
    return h;
}
void outlink(NODE * h,FILE * pf)
{   NODE * p;
    p = h -> next;
    fprintf(pf, "\n The LIST :\n\n HEAD");
    while(p)
        { fprintf(pf, " -> %d",p -> data);
    p = p -> next;}
    fprintf(pf, "\n");}
void main()
{   NODE * head; int m;
    system("CLS");
    head = creatlink(12,100);
    outlink(head,stdout);
    m = fun(head);
    printf("\nThe RESULT :\n");
    outresult(m,stdout);}
```

【考点分析】 本题考查 rand()函数、链表的顺序访问求最大值。

【解题思路】 首先构造链表(设置数字域和指针域),定义输入数据函数(creatlink())、输出数据函数(outlink())、求最大值函数(fun())、输出最大值函数(outresult())及主函数。在函数 creatlink()里先分配空间,再利用循环按顺序存入数据建立链表,最后返回链表 h。函数 fun()里的循环语句按顺序访问链表,选择语句将求得最大值,最后返回 max。函数 outlink()里的循环语句输出链表所有数据域的数据。函数 outresult()输出 max。

【解题宝典】 链表求数据域最大值的方法：

```
p=h->next;                    //首元结点
    while(p)                  //判断是不是NULL
        {   if(p->data>max)   //求最大值
                max=p->data;
            p=p->next; }      //后继
```

【例 13.88】 在此程序中，*N* 名学生的成绩已在主函数中放入一个带头结点的链表结构中，h 指向链表的头结点。请编写函数 fun()，其功能是求出平均分并将其作为函数值返回。例如，若学生的成绩是 85 76 69 85 91 72 64 87，则平均分应当是 78.625。

用函数编写程序：

```
#include <stdio.h>
#include <stdlib.h>
#define   N   8
struct   slist
{    double    s;
     struct slist  *next;
};
typedef struct slist STREC;
double fun( STREC  *h   )
{
     double ave = 0.0;
     STREC *p = h->next;
     while(p!= NULL)
     {ave = ave + p->s;
     p = p->next;}
     return ave/N;
}
STREC  *  creat( double  * s)
{    STREC    *h, *p, *q;    int    i = 0;
     h = p = (STREC *)malloc(sizeof(STREC));p->s = 0;
     while(i<N)
     {    q = (STREC *)malloc(sizeof(STREC));
          q->s = s[i]; i++ ; p->next = q; p = q;
     }
     p->next = 0;
     return   h;
}
void outlist( STREC  *h)
{    STREC    *p;
     p = h->next; printf("head");
     do
     { printf("->%4.1f",p->s);p = p->next;}
     while(p!= 0);
```

```
    printf("\n\n");
}
void main()
{   double  s[N]={85,76,69,85,91,72,64,87},ave;
    void NONO (  );
    STREC  *h;
    h=creat( s ); outlist(h);
    ave=fun( h );
    printf("ave=  %6.3f\n",ave);
    NONO();}
void NONO()
{/* 本函数用于打开文件,输入数据,调用函数,输出数据,关闭文件。 */
    FILE *in, *out ;
    int i,j ; double s[N],ave;
    STREC *h ;
    in = fopen("in.dat","r") ;
    out = fopen("out.dat","w") ;
    for(i = 0 ; i<10 ; i++) {
        for(j=0 ; j<N; j++) fscanf(in, "%lf,", &s[j]) ;
        h=creat(s);
        ave=fun(h);
        fprintf(out, "%6.3lf\n", ave) ;
    }
    fclose(in) ;
    fclose(out) ;}
```

【考点分析】 本题考查用链表的顺序访问求平均值。

【解题思路】 首先构造链表(设置数字域和指针域),定义输入数据函数(creat())、输出数据函数(outlink())、求平均值函数(fun())及主函数。在函数 creat ()里先分配空间,再利用循环按顺序存入数据建立链表,最后返回链表 h。函数 fun()里循环语句按顺序访问链表,选择语句将求得平均值,最后返回 ave/N。函数 outlink()里循环语句输出链表所有数据域的数据。主函数输出 ave。

【解题宝典】 求链表平均值的方法:

```
P=h->next;              //首元结点
while(P!=NULL)          //判断是不是 NULL
{sum+=P->data;          //累加
 P=P->next; }           //后继
return sum/N            //平均值
```

【例 13.89】 在此程序中,编写函数 fun(),它的功能是:计算一个带头结点的单向链表中各结点的数据域中数值之和,将结果作为函数值返回。

用函数编写程序:

```
#include <stdio.h>
#include <stdlib.h>
#define    N    8
typedef struct list
{   int  data;
    struct list * next;
} SLIST;
SLIST * creatlist(int  * );
void outlist(SLIST  * );
int fun( SLIST * h)
{   SLIST * p; int  s = 0;
    p = h -> next;
    while(p){
        s += p -> data;
        p = p -> next;}
    return s;}
void main()
{   SLIST  * head;
    int  a[N] = {12,87,45,32,91,16,20,48};
    head = creatlist(a); outlist(head);
    printf("\nsum = %d\n", fun(head));
}
SLIST * creatlist(int  a[])
{   SLIST  * h, * p, * q; int  i;
    h = p = (SLIST * )malloc(sizeof(SLIST));
    for(i = 0; i < N; i ++ )
    {  q = (SLIST * )malloc(sizeof(SLIST));
       q -> data = a[i]; p -> next = q; p = q;
    }
    p -> next = 0;
    return  h;
}
void outlist(SLIST  * h)
{  SLIST  * p;
   p = h -> next;
   if (p == NULL)  printf("The list is NULL! \n");
   else
   {   printf("\nHead  ");
       do
       { printf(" -> %d", p -> data); p = p -> next;}
         while(p! = NULL);
         printf(" -> End\n");}
}
```

【考点分析】 本题考查链表的顺序访问求累加。

【解题思路】 首先构造链表（设置数字域和指针域），定义输入数据函数（creatlist ()）、输出数据函数(outlink())、求累加数值函数(fun())及主函数。在函数 creatlist ()里先分配空间,再利用循环按顺序存入数据建立链表,最后返回链表 h。函数 fun()里循环语句按顺序访问链表,选择语句将求得累加和,最后返回 s。函数 outlink()里循环语句输出链表所有数据域的数据。主函数输出 s。

【解题宝典】 求链表累加的方法:

```
p = h -> next;          //首元结点
While(p!= NULL)         //累加
{sum += p -> data;
 p = p -> next; }//后继
```

【例 13.90】 在此程序中,编写函数 func(),它的功能是:参数 x 的前 10 个元素已经按升序排好序时,将参数 num 按升序插入数组 xx 中。

用函数编写程序:

```
#include <stdio.h>
void func(int xx[], int num)
{
    int n1,n2,pos,i,j;
    pos = xx[9];
    if (num > pos)
        xx[10] = num;
else
{
        for(i = 0;i < 10;i ++ ){
            if(xx[i]> num){
                n1 = xx[i];
                xx[i] = num;
                for(j = i + 1;j < 11;j ++ ){
                    n2 = xx[j];
                    xx[j] = n1;
                    n1 = n2;}
                break;}}}}
int main(){
    int xx[11] = {2,5,7,10,17,51,63,73,85,99};
    int i,num;
    printf("original array is:\n");
    for(i = 0;i < 10;i ++ ) printf(" %5d",xx[i]);
    printf("\n");
    printf("insert a new number:");
    scanf(" %d", &num);
    func(xx, num);
    for(i = 0;i < 11;i ++ ) printf(" %5d", xx[i]);
    printf("\n");
    return 0;}
```

【考点分析】 本题考查有序数组的插入方法、两数交换位置的方法。

【解题思路】 由于数组已按升序排列,因此只需通过循环和条件语句即可方便地将 num 插入数组中。func()里先判断 num 是不是数组中最大的参数,若是则将其直接放置在数组最后且数组长度加一,否则利用 for 语句与 if 语句嵌套,查找 num 的位置,再利用 for 语句将 num 位置后的数据后移一位且数组长度加一。

【解题宝典】 两数交换位置的方法:

```
n2 = xx[j];
xx[j] = n1;
n1 = n2;
```

有序数组的插入方法:

```
int A[6];
for(i = 4;i >= 0;i -- )  //升序数组的最后一位即最大值,从末尾开始比较
{if(A[i]> x)             //是,大于 x,往后移一位
A[i + 1] = A[i];
else break;}             //否,停止循环
A[i + 1] = x;            //i + 1 为 x 插入的位置
```

13.6.2 链表的插入

【例 13.91】 在此程序中,已建立一个带头结点的单向链表,链表中的各结点按结点数据域中的数据递增有序链接。编写函数 fun(),它的功能是:把形参 x 的值放入一个新结点并插入链表中,使插入后各结点数据域中的数据仍保持递增有序。

用函数编写程序:

```
#include <stdio.h>
#include <stdlib.h>
#define    N    8
typedef struct list
{ int  data;
  struct list * next;
} SLIST;
void fun( SLIST * h, int x)
{   SLIST * p, * q, * s;
    s = (SLIST * )malloc(sizeof(SLIST));
    s -> data = x;
    q = h;
    p = h -> next;
    while(p!= NULL && x > p -> data) {
        q = p;
        p = p -> next;
    }
    s -> next = p;
    q -> next = s;
}
SLIST * creatlist(int * a)
```

```
{   SLIST *h,*p,*q; int  i;
    h=p=(SLIST *)malloc(sizeof(SLIST));
    for(i=0; i<N; i++)
    {   q=(SLIST *)malloc(sizeof(SLIST));
        q->data=a[i];  p->next=q;  p=q;}
    p->next=0;
    return  h;}
void outlist(SLIST *h)
{   SLIST *p;
    p=h->next;
    if (p==NULL)  printf("\nThe list is NULL! \n");
    else
    {   printf("\nHead");
        do { printf("->%d",p->data); p=p->next;} while(p!=NULL);
        printf("->End\n");}
}
void main()
{   SLIST  *head;       int  x;
    int  a[N]={11,12,15,18,19,22,25,29};
    head=creatlist(a);
    printf("\nThe list before inserting:\n");  outlist(head);
    printf("\nEnter a number :  ");  scanf("%d",&x);
    fun(head,x);
    printf("\nThe list after inserting:\n");  outlist(head);}
```

【考点分析】 本题考查链表的插入。

【解题思路】 首先构造链表(设置数字域和指针域),定义输入数据函数(creatlist ()),输出数据函数(outlink())、函数 fun()及主函数。在函数 creatlist ()里先分配空间,再利用循环按顺序存入数据建立链表,最后返回链表 h。函数 fun()里的循环语句按顺序访问链表,查找插入结点的位置,在此位置将插入新结点,最后返回 h。函数 outlink()里的循环语句输出链表所有数据域的数据。

【解题宝典】 链表查找的方法:

```
q=h;                                //q是指向新结点的指针
p=h->next;                          //首元结点
while(p!=NULL && x>p->data) {       //查找位置
    q=p;
    p=p->next; }                    //后继
```

链表插入的方法:

```
s->data=x;//存入数据
s->next=p;//先将p的地址赋给s->next
    q->next=s;//再将s的地址赋给q->next,以防地址丢失
```

13.6.3 链表的删除

【例 13.92】 在此程序中,已建立了一个带头结点的单向链表,链表中的各结点按数据域递增有序链接。函数 fun()的功能是:删除链表中数据域值相同的结点,使之只保留一个。

用函数编写程序:

```
#include <stdio.h>
#include <stdlib.h>
#define    N    8
typedef struct list
{    int   data;
     struct list * next;
} SLIST;
void   fun( SLIST * h)
{    SLIST * p, * q;
     p = h -> next;
     if (p!= NULL)
     {    q = p -> next;
          while(q!= NULL)
          { if (p -> data == q -> data)
               {    p -> next = q -> next;
                    free(q);
                    q = p -> next;
               }
               else
               { p = q;
                    q = q -> next;}} }}
SLIST * creatlist(int * a)
{    SLIST * h, * p, * q; int   i;
     h = p = (SLIST * )malloc(sizeof(SLIST));
     for(i = 0; i < N; i++ )
     {    q = (SLIST * )malloc(sizeof(SLIST));
          q -> data = a[i]; p -> next = q; p = q;}
     p -> next = 0;
     return h;}
void outlist(SLIST * h)
{    SLIST * p;
     p = h -> next;
     if (p == NULL)   printf("\nThe list is NULL! \n");
     else
     {    printf("\nHead");
          do { printf(" -> % d",p -> data); p = p -> next;} while(p!= NULL);
          printf(" -> End\n");}
}
void main( )
```

```
{   SLIST *head; int  a[N] = {1,2,2,3,4,4,4,5};
    head = creatlist(a);
    printf("\nThe list before deleting :\n"); outlist(head);
    fun(head);
    printf("\nThe list after deleting :\n"); outlist(head);}
```

【考点分析】 本题考查链表的删除。

【解题思路】 首先构造链表(设置数字域和指针域),定义输入数据函数(creatlist ())、输出数据函数(outlink())、函数 fun()及主函数。在函数 creatlist ()里先分配空间,再利用循环按顺序存入数据建立链表,最后返回链表 h。函数 fun()里的循环语句按顺序访问链表,若两结点 p、q 的数据域相同,则选择语句释放后面的 q,若两结点 p、q 的数据域不相同,则往后比较。直到循环结束,最后返回链表 h。函数 outlink()里的循环语句输出链表所有数据域的数据。

【解题宝典】 链表的结点删除方法:

```
p->next = q->next;  //结点 q 为需要删除的结点,将结点 q 的后继结点的地址给到结点 q 的前驱结
点的指针域
    free(q);            //释放结点 q
```

13.6.4 链表的排序

【例 13.93】 在此程序中,函数 fun()的功能是将带头结点的单向链表结点数据域中的数据从小到大排序。即若原链表结点数据域从头至尾的数据为 10、4、2、8、6,则排序后链表结点数据域从头至尾的数据为 2、4、6、8、10。

用函数编写程序:

```
#include <stdio.h>
#include <stdlib.h>
#define N 6
typedef struct node {
    int data;
    struct node *next;
} NODE;
void fun(NODE *h)
{   NODE *p, *q; int  t;
    p = h->next ;
    while (p) {
        q = p->next ;
        while (q) {
            if (p->data > q->data)
            {  t = p->data;  p->data = q->data;  q->data = t;  }
            q = q->next;}
        p = p->next;}}
NODE *creatlist(int a[])
{   NODE *h, *p, *q; int  i;
    h = (NODE *)malloc(sizeof(NODE));
```

```
    h->next = NULL;
    for(i=0; i<N; i++)
    {   q=(NODE *)malloc(sizeof(NODE));
        q->data=a[i];
        q->next = NULL;
        if (h->next == NULL)  h->next = p = q;
        else    {  p->next = q; p = q;   }}
    return  h;}
void outlist(NODE * h)
{   NODE   * p;
    p = h->next;
    if (p==NULL)  printf("The list is NULL! \n");
    else
    {  printf("\nHead  ");
       do
        {  printf("->%d", p->data); p=p->next;  }
        while(p!=NULL);
        printf("->End\n");}}
void main()
{   NODE  * head;
    int a[N]= {0, 10, 4, 2, 8, 6 };
    head=creatlist(a);
    printf("\nThe original list:\n");
    outlist(head);
    fun(head);
    printf("\nThe list after sorting :\n");
    outlist(head);}
```

【考点分析】 本题考查链表排序。

【解题思路】 首先构造链表(设置数字域和指针域),定义输入数据函数(creatlist ())、输出数据函数(outlink())、函数 fun()及主函数。在函数 creatlist ()里先分配空间,再利用循环按顺序存入数据建立链表,最后返回链表 h。函数 fun()里的循环语句按顺序访问链表,若结点 p 的数据域大于结点 q 的数据域,则选择语句交换 p、q 两结点,往后比较。直到循环结束,最后返回链表 h。函数 outlink()里的循环语句输出链表所有数据域的数据。

【解题宝典】 链表的结点交换方法:

```
t = p->data;  p->data = q->data;  q->data = t;
```

链表的结点交换方法:

```
p = h->next ;                                          //首元结点
    while (p) {                                        //类似于冒泡排序法
        q = p->next ;                                  //p结点的后继赋给结点q
        while (q) {                                    //结点p与后继所有结点比较
            if (p->data > q->data)                     //升序排序
            {  t = p->data;  p->data = q->data;  q->data = t;  }  //结点交换
               q = q->next; }                          //结点q的后继
        p = p->next; }                                 //p的后继
```

第2部分

C语言实训任务

高校开设的C语言实训课又称为C语言课程设计，是在学生完成C语言程序设计学习，并初步掌握C语言程序设计的基础知识和基本技能后，为了让其理解和掌握解决实际软件工程问题而设置的综合训练。

C语言实训课通常安排在C语言程序设计课之后的小学期，这时由于大部分学校的学生尚未学习数据结构、数据库以及软件工程等知识，因此本部分首先补充一些预备知识，然后详细介绍如何开发一个复杂的实训任务，重点放在程序的设计思路、编码步骤、调试和测试方法等方面。

本部分包括软件工程基础、编码规范、实训任务概要设计、实训任务详细设计、软件测试以及软件文档编写等内容。

第 14 章　软件工程基础

在初学 C 语言程序设计时，一般上机练习题所要求实现的功能比较单一，逻辑相对简单，而比较复杂的实训任务已属于软件设计和开发的范畴，学生常常需要用几天时间才能完成这类任务。为了更好地完成实训任务，需要学习软件开发流程，并按照软件工程的方法进行软件设计和开发。

14.1　软　　件

本节简要介绍软件的定义、特点和类型。

1. 软件的定义

软件是计算机程序及其开发、使用和维护所需要文档的总称。程序是软件的一部分，它是对计算任务的处理对象和处理规则的描述；文档是程序的说明性资料，如设计说明书、用户指南(使用手册)等。软件可以概括为：软件＝程序＋文档＝数据结构＋算法＋文档。

2. 软件的特点

软件具有如下特点。

① 软件本身是逻辑实体，而软件的载体可以是各种物理实体。

② 软件可以复制，不存在磨损和老化问题。

③ 软件的开发和运行依赖计算机系统硬件。

④ 在计算机系统总成本中，软件成本高，且需要维护。

3. 软件的类型

根据应用目标不同，软件可以分为应用软件、系统软件和支撑软件(或工具软件)，实训课程中开发的软件属于应用软件。

14.2　软件生命周期

软件工程是指导计算机软件开发和维护的一门工程学科，采用工程的概念、原理、技术和方法来开发与维护软件。

同普通商品类似，软件也有生命周期。在软件工程中，采用生命周期方法学可以大大提高软件开发的成功率。软件生命周期由软件定义、软件开发和运行维护(也称为软件维护)3 个时期组成，每个时期又可进一步划分成若干个阶段，如图 14.1 所示。其中，软件定义包括软件可行性分析和需求分析，软件开发包括概要设计、详细设计、编码和测试，而软件维护包括软件使用和一般性维护，如错误的修改、增删需求的开发、版本的升级等。后文将描述各个阶段的具体任务，这里不再泛泛讨论。

一般而言，在每个阶段都会形成文档，其可作为下一个阶段的输入和实施依据。这些文档常见的有需求规格说明书、概要设计说明书、详细设计说明书和测试报告等。

软件工程方法学有面向过程的设计方法和面向对象的设计方法，C语言采用面向过程的程序设计方法，是结构化程序设计语言，本节主要讨论结构化程序设计，而对面向对象的程序设计仅作简单介绍。

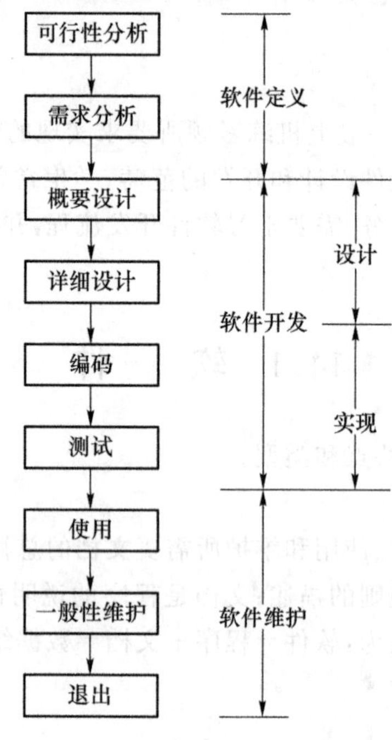

图14.1　软件生命周期

14.3　结构化程序设计

20世纪70年代“结构化程序设计”方法被提出后，其在软件行业得到广泛使用，并一度成为早期占主导地位的软件构造与开发方法。结构化程序设计方法引入了工程化思想和结构化思想，使大型软件的开发和编程得到了极大改善。

1. C语言结构化

C语言是一种结构化程序设计语言。结构化程序设计方法可以概括为自顶向下、逐步求精、模块化(函数化)、限制使用goto语句。其基本思想是：将复杂问题转化为一系列简单模块的设计(抽象过程)；一个程序的任何逻辑问题均可用顺序结构、选择结构和循环结构3种基本结构来描述和解决；源程序以可读性和清晰性为目标。

2. C语言模块化

(1) 模块化设计

在设计一个较大程序时，往往把它分成若干个程序模块，每一个模块包括一个或多个函数，每一个函数实现一个特定功能。一个C程序可由若干个函数构成，其中，主函数(main)是程序入口，由其调用其他函数，并形成函数之间的层次结构，如图14.2所示。其他函数之间也可存在调用关系，一个函数可以调用多个函数，一个函数也可以被一个或多个函数调用多次。

模块化设计的好处是：一方面，可以将复杂问题转换为多个简单问题；另一方面，可以为代码重用带来便利。

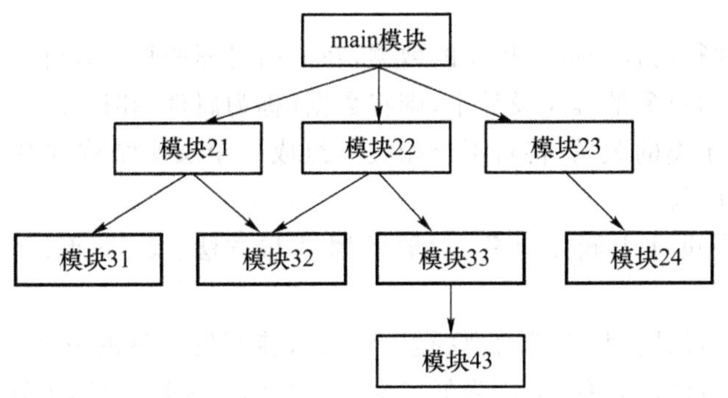

图 14.2 C语言函数模块层次结构示例

(2) 模块独立性

模块独立性是指每个模块只完成抽象出来的独立子功能，并且与其他模块的联系较少且接口简单。衡量模块独立性有耦合性和内聚性两个定性度量标准。程序结构中，各模块的内聚性越强，则耦合性越弱。软件设计应尽量做到高内聚、低耦合，即减弱模块之间的耦合性和提高模块内的内聚性，这有利于提高模块的独立性。

(3) 抽象化

软件设计中运用模块化方法时，往往会确定多个抽象层次，抽象层次从概要设计到详细设计逐步降低。

(4) 信息隐藏

信息隐蔽是指在一个模块内包含的信息(过程或数据)，对于不需要这些信息的其他模块来说是不能访问的。

3. 概要设计和详细设计

从软件生命周期方法学看，软件设计阶段分成两个阶段，即概要设计和详细设计阶段，这也体现了结构化设计中自顶向下、逐步求精的设计逻辑。

① 概要设计阶段：主要任务是将软件需求转化为软件体系结构，确定系统级接口、全局数据结构或数据库。

② 详细设计阶段：主要任务是确立每个模块的实现算法和局部数据结构，并用适当方法表示算法和数据结构。

在概要设计和详细设计中通常包括如下几个具体设计过程：结构设计、数据设计、接口设计和过程设计。

① 结构设计定义软件系统各主要部件之间的关系。

② 数据设计将需求分析时创建的模型转化为数据结构定义。

③ 接口设计描述软件内部、软件和协作系统之间以及软件与人(在用户界面，即 UI 交互中)之间如何通信。

④ 过程设计把系统结构部件转换为软件过程性描述的细节，其常用工具有程序流程图、NS 图和 PAD 图等。

14.4　面向对象的程序设计

程序通常包含执行的操作以及操作的数据，在面向过程的程序设计中，对数据的操作体现在操作流程中，而面向对象的程序设计中，则将数据（称为属性）和操作（称为行为）封装在一个对象中，按照父类与子类的关系，将若干个相关类组成一个层次结构的系统，对象彼此间仅能通过发送消息互相联系。

面向对象的程序设计中涵盖对象、对象的属性与方法、类、继承、多态性等基本概念和要素。

面向对象的程序设计模拟人类习惯的思维方式，使开发软件的方法与过程更接近人类认识世界、解决问题的方法与过程，从而降低了软件产品的复杂性，提高了软件的可理解性，简化了软件的开发和维护工作。面向对象的方法特有的继承性和多态性进一步提高了软件的可重用性。

14.5　软件测试

1. 软件测试的目的

软件测试是为了发现软件程序中的错误，确定软件是否符合设计要求、是否达到规定技术要求而开展的有关验证以及对软件质量的评估。

在软件测试前通常需要编写测试用例，测试用例由测试输入数据和与之对应的预期输出结果两部分组成。一个好的测试用例能够发现至今尚未发现的错误用例。

软件测试按照不同维度可以分为多种类型，如白盒测试和黑盒测试、静态分析和动态测试等。其中，黑盒测试又称为功能测试，主要检测软件的每个功能与需求是否符合要求，在测试时不考虑程序内部结构和特性，只在外部功能上进行测试。在实训任务中，将采用黑盒测试方法检测软件界面和软件功能。

2. 软件测试的过程

按照软件周期方法学，一个软件测试分为 4 个步骤，即单元测试、集成测试、确认测试（验收测试）和系统测试。

单元测试是指对软件设计的最小单位——模块（函数）进行正确性检验测试，单元测试的依据是详细设计说明书。

集成测试是指测试和组装软件的过程，主要目的是发现与接口有关的错误，主要依据是概要设计说明书。集成测试所设计内容包括软件单元接口测试、全局数据结构测试、边界条件和非法输入测试等。集成测试时将模块组装成程序，通常采用两种组装方式，即非增量方式组装和增量方式组装。

确认测试是为了验证软件的功能和性能，以及其他特性是否满足了需求规格说明中确定的各种需求，包括软件配置是否完全、正确。一般地，确认测试的实施首先运用黑盒测试方法，对软件进行有效性测试，即验证被测软件是否满足需求规格说明确认的标准。

系统测试是将软件作为计算机系统的一个元素，并将其与计算机硬件、外设、支撑软件、数据和人员等其他系统元素组合在一起，在实际运行（使用）环境下对计算机系统进行一系列的集成测试和确认测试。系统测试的具体实施一般包括功能测试、性能测试、操作测试、配置测试、外部接口测试、安全性测试等。

14.6 软件调试

1. 软件调试的目的

软件测试的目的是发现错误，而是软件调试的目的是诊断、定位和改正程序中的错误，保证程序正确地执行。由此，调试活动由两部分组成：一是根据错误的迹象确定程序中错误的确切性质、产生的原因和位置；二是对程序进行修改，排除发现的错误。调试的基本步骤如下。

① 定位错误。从错误的外部表现形式入手，研究有关部分的程序，确定程序中出错位置，找出错误的内在原因。

② 修改错误。修改设计和代码，以排除错误。

③ 确认解决。进行回归测试，确认错误已解决，这个步骤非常重要，因为修正一个错误的同时有可能会引入新的错误。

2. C语言程序调试手段

在程序开发过程中的错误可以分为编译错误、连接错误、运行时错误，常用以下调试手段。

① 使用调试模式。在集成开发环境中，让程序进入调试模式运行，这时可以执行单步运行、断点运行等，便于定位和诊断错误。

② 程序中增加打印输出语句。在有错误嫌疑的代码位置处增加打印输出语句，将必要的数据打印出来，定位可能出错的位置。

值得注意的是，修改错误的一个常见失误是只修改了这个错误的征兆或这个错误的表现，而没有修改错误本身，因此，应该分析错误的性质并分析错误的根源是否已经解决。

第 15 章　编 码 规 范

C 语言程序代码书写格式自由灵活，只要按照语法规则书写，编译就不会报错。但是为了提高代码可读性，使得代码更加清晰，便于维护，很多技术公司规定了自己的 C 语言程序编码规范，程序开发人员在项目开发中，都需要遵守编码规范。

编码规范并不属于 C 语言语法规范，这就是说，即使不按照编码规范写程序，程序也不会报错。

在本章实训任务程序设计中，提倡和建议使用编码规范，基于如下原因。

① 好的编码规范能够提高代码可读性，使得代码清晰，便于开发和维护。

② 养成按编码规范写程序，有助于学习各种库函数，因为库函数一般都是按照编码规范编写的。

③ 按编码规范写程序符合业界开发规范，为将来做软件开发打下良好基础。

如果 C 语言初学者只编写十几行的简单练习程序，那么编码规范的作用并不明显。但是如果编写的程序比较复杂，代码行数较多，那么编码规范就显得非常重要了。有的 C 语言实训任务的程序结构和逻辑相对比较复杂，代码量有可能超过 700 行，这些实训任务需要一段时间才能开发完成，今天编码时可能需要翻阅前几天的代码，掌握并使用编码规范进行软件开发可以提高代码可读性，使得代码结构更加清晰，从而使整个软件开发过程更加顺畅。

目前 C 语言编码规范没有通用的标准，虽然有些规则是约定俗成的，但是很多公司的编码规范差别还是较大的，本章只给出完成实训任务所需要的一些常见规范，读者在初学时可以循序渐进，逐渐学习和模仿，有了一定经验后可以继续了解更多的编码规范知识。

考虑到对初学者的实用性，本章提出的编码规范汲取了业界编码规范中广泛遵守的规则，相对比较简单，分为程序文件规范以及模块和变量规范。

15.1　程序文件规范

C 语言的源文件是扩展名为.C 的文件，每个源文件要求遵守如下规则。

(1) 文件开始位置

在文件开始位置处加注解框，其中包括了版权声明、文件名称、内容描述、文件修改历史、版本号等。

版本号很重要，对于较复杂的软件，经常需要几天才能开发完成，在某个功能完成编码和测试后，可以定义一个新版本号，这对于软件的持续开发、测试和维护都非常方便。下面简要介绍版本号的制订方法。版本号可以采用递增数据，01，02，…，表示逐步新增功能，每个数字后还可以紧跟字母，依次为 a，b，c，…，表示某功能从不完备到完备的演变。当然，也可以用其他制订版本号的方法，如实际项目开发中采用的分段版本号，即 Ver1.0.2、Ver1.1.0 等，其中第一个数字称为大版本，第二个数字称为小版本，第三个数字是小版本的细分等。一个程序文件规范示例如下：

```
/ ****************************************************
* Copyright (C), 2022-2025,北京邮电大学世纪学院
* 文件名：main.c
* 内容简述：电话号码簿管理系统
*
* 文件历史：
* 版本号      日期        作者      说明
* 01a        2022-12-03   XXXX   创建该文件
* 01b        2022-12-04   XXXX   改为可以在字符串中发送回车符
* 02a        2022-12-05   XXXX   增加文件头注释
* /
```

图 15.1 程序文件规范示例

(2) 标识符

标识符(变量、常量和函数等)名称建议用英文,并且要能尽量恰当地表达其含义,不建议使用拼音。

(3) 文件中的有效注释

文件中的有效注释要占 30%以上,良好的注释增加了代码可读性,便于维护。注释方式可采用 C 语言规定的单行注释和多行注释符,增加注释还要注意如下问题。

① 注释是对代码的"提示",而不是文档。程序中的注释不可喧宾夺主,注释太多会让人眼花缭乱,如每行都加注释。

② 如果代码本来就是清楚的,则不必加注释。例如：

```
i++;  //i 加 1
```

③ 边写代码边加注释,修改代码的同时要修改相应的注释,以保证注释与代码的一致性,不再用的注释要及时删除。

④ 注释一般写在代码前面行中或代码行右边空白处,当代码比较长,特别是有多重嵌套的时候,应当在段落的结束处加注释,便于阅读。每一条宏定义的右边要有注释,说明其作用。

(4) 空行

空行起着分隔程序段落的作用。空行得体将使程序的布局更加清晰。空行不会浪费内存。

(5) 空格

① 关键字之后要留空格。像 const、case 等关键字之后至少要留一个空格,否则无法辨析关键字。像 if、for、while 等关键字之后也可以留一个空格再跟左括号,以突出关键字。

② 函数名之后不要留空格,应紧跟左括号,以与关键字区分开。

③ 双操作数运算符(如赋值运算符、关系运算符、算术运算符、逻辑运算符、位运算符等)的前后一般应当加空格。

(6) 成对书写

成对的符号一定要成对书写,如()、{}。不要写完左括号,然后写内容,最后补右括号,这样很容易漏掉右括号,尤其是写嵌套程序的时候。

(7) 缩进

缩进可通过键盘上的 Tab 键实现,优选通过 4 个空格键实现,以便适应不同编辑器,缩进可以使程序更有层次感。缩进原则是:如果语句地位相等,则不需要缩进;如果语句是属于某

一个代码的内部代码块,则需要缩进。

(8) 对齐

对齐主要是对"{}"的要求,具体如下。

① "{"和"}"分别都要独占一行。互为一对的"{"和"}"要位于同一列,并且与引用它们的语句左对齐。

② "{}"之内的代码要向内缩进一个 Tab,且同一地位的要左对齐,地位不同的继续缩进。

15.2 模块和变量规范

1. 宏定义常量

宏定义常量全部用大写字母,当使用多个单词时,用下划线分隔,例如:

```
#define PI 3.14                          //圆周率
#define TOTAL_STUDENT_NUMBER 96          //总的学生人数
```

2. 函数

① 函数名称要能表达其操作含义,尽量为动词或动词短语。

② 当函数名称为 1 个英文单词时,全部小写;当函数名称为 2 个及以上英文单词时,第 1 个单词小写,第 2 个单词,第 3 个单词,…的首字母大写,这称为"Camle"规范。例如:

```
save();                                 //保存
addTele();                              //增加电话号码
queryTele();                            //查询电话号码
deleteStudentRecord()                   //删除学生记录
```

③ 函数头需要加注解,包括函数名、功能、输入、输出、UI 交互等,如下所示:

```
/*************************************************************************
 *函数名   :printData()
 *功  能   :格式化输出表中数据
 * 输 入    :TeleBook 变量
 * UI 交互 : 输出 printf
 * 输    出 :无
 */
void printData(TeleBook pp)
{
    TeleBook * p;
    p = &pp;
    printf(FORMAT,DATA);
}
```

3. 变量

① 变量名称要能表达其含义,尽量为名词或名词短语。

② 当变量名称为 1 个英文单词时,全部小写;当变量名称为 2 个及以上英文单词时,第 1 个单词小写,第 2 个单词,第 3 个单词,…的首字母大写。

③ 全局变量以 g 开头。例如:

```
int flag;                  //标记
char teleNumber[15];       //电话号码
char bookName[30];         //书名
int gSaveFlag = 0;         //全局变量,是否保存的标记
```

4. 结构体

对于自定义的变量类型,如结构体,其按如下规则定义。

① 结构体名称要能表达其含义,尽量为名词或名词短语。

② 当结构体名称为1个英文单词时,首字母大写,其余小写;当结构体名称为2个及以上英文单词时,第2个单词,第3个单词,…的首字母大写,其余小写,称为"Pascal"规范。多个单词时,有些单词还可以用缩写形式。例如:Informatin 缩写为 Info;Message 缩写为 Msg;Image 缩写为 Img;Contrl 缩写为 Ctrl。

```
TeleBook;                  //电话簿
StudentInfo;               //学生信息
```

③ 结构体定义注释头的规则如下:

```
/*************************************************************************
 *结构体   :TeleBook
 *功  能   :定义与电话簿有关的数据结构
 */
```

第16章　实训任务内容和要求

C语言实训课共28个学时，其中24个学时用于完成实训任务的资料查阅、方案制订、程序编制、调试以及实训报告文档的撰写，4个学时用于完成答辩和考核，包括实训任务讲解、演示和回答提问等。要求每个学生独立完成一道实训题目。

16.1　实训任务安排和要求

实训任务开发按照软件开发流程执行，分如下几个主要阶段，各阶段的学时数也标记在下方。

① 资料查阅与方案制订阶段(4学时)：在资料查阅的基础上，对所选课题进行功能分析与设计，确定方案。

② 程序编制与调试阶段(16学时)：独立完成程序各个模块的编制、调试与测试。

③ 撰写设计报告阶段(4学时)：根据规定的文档格式撰写课程设计报告。

④ 答辩与考核阶段(4学时)：答辩过程中，采用学生陈述与实际上机操作相结合的方式。

16.2　实训任务题目需求

本节列出了10个实训任务的基本需求，要求学生在充分分析需求之后，使用Windows 32位控制台程序完成软件设计、代码实现和测试等任务。开发和调试环境使用Microsoft Visual Studio 2010或以上版本。

1. 学生成绩管理系统

问题描述：

建立一个学生成绩管理程序，每个学生的登记内容包括学号、姓名、专业、课程名、成绩，可以按学号、姓名、课程名和专业进行查询，可以增加、修改或删除学生成绩信息，可以按课程名和成绩进行排序。

实现提示：

必须采用结构体数组的存储结构，至少实现题目所要求的功能。要求使用文件存储学生成绩信息。

2. 课程管理系统

问题描述：

建立一个课程管理程序，每门课程的登记内容包括课程号、课程名、学分、学时、开课学期、开课专业，可以按课程号、课程名、开课学期和开课专业进行查询，可以增加、修改或删除课程信息，可以按开课学期和学分等进行排序。

实现提示：

必须采用结构体数组的存储结构，至少实现题目所要求的功能。要求使用文件存储课程信息。

3. 仓库管理系统

问题描述：

建立一个仓库管理程序，每种货物的登记内容包括货物编号、货物名称、货物数量、存放地点、保管员姓名，可以按货物编号、货物名称、存放地点和保管员姓名查询仓库存储情况，可以增加、修改或删除货物信息，可以按存放地点和货物数量进行排序。

实现提示：

必须采用结构体数组的存储结构，至少实现题目所要求的功能。要求使用文件存储货物信息。

4. 图书管理系统

问题描述：

建立一个图书管理程序，每种书的登记内容包括书号、书名、作者、价格、现存量、存放地点等，可以按书号、书名、存放地点和作者查询图书存储情况，可以增加、修改或删除图书信息，可以按存放地点和作者进行排序。

实现提示：

必须采用结构体数组的存储结构，至少实现题目所要求的功能。要求使用文件存储图书信息。

5. 药品信息管理系统

问题描述：

建立一个药品信息管理程序，每种药品的登记内容包括药品编号、药名、药品单价、销出数量、生产企业等5项，可以按药品编号、药名、药品单价和生产企业查询药品情况，可以增加、修改或删除药品信息，可以按药名和销售数量进行排序。

实现提示：

必须采用结构体数组的存储结构，至少实现题目所要求的功能。要求使用文件存储药品信息。

6. 宿舍信息管理系统

问题描述：

建立一个宿舍信息管理程序，每个宿舍的登记内容包括宿舍房号、宿舍楼号、宿舍楼层、管理员姓名、宿舍类别(男生宿舍或女生宿舍)等，宿舍可以按宿舍房号、宿舍楼号、宿舍类别和管理员姓名进行查询，可以增加、修改或删除住宿信息，可以按宿舍楼号和宿舍房号进行排序。

实现提示：

必须采用结构体数组的存储结构，至少实现题目所要求的功能。要求使用文件存储住宿信息。

7. 学生信息管理系统

问题描述：

建立一个学生信息管理程序，每个学生的登记内容包括学号、姓名、系、专业、高考总分，可以按学号、姓名、系和专业进行查询，可以增加、修改或删除学生信息，可以按系和高考总分进行排序。

实现提示：

必须采用结构体数组的存储结构，至少实现题目所要求的功能。要求使用文件存储学生信息。

8. 教师管理系统

问题描述：

建立一个教师管理程序，每个教师的登记内容包括员工编号、姓名、系别、职称、工资，可以按员工编号、姓名、系别和职称进行查询，可以增加、修改或删除教师信息，可以按系别和工资进行排序。

实现提示：

必须采用结构体数组的存储结构，至少实现题目所要求的功能。要求使用文件存储教师信息。

9. 会员管理系统

问题描述：

建立一个会员管理程序，每个会员的登记内容包括会员卡号、姓名、性别、职业、所在城市、累计消费金额，可以按卡号、姓名、职业和所在城市进行查询，可以增加、修改或删除会员信息，可以按所在城市和累计消费等进行排序。

实现提示：

必须采用结构体数组的存储结构，至少实现题目所要求的功能。要求使用文件存储会员信息。

10. 火车车次管理系统

问题描述：

建立一个火车车次管理程序，每个车次的登记内容包括车次、始发站、终点站、运行时间、途经站点个数，可以按车次、始发站、终点站和途经站点个数进行查询，可以增加、修改或删除车次信息，可以按车次和运行时间等进行排序。

实现提示：

必须采用结构体数组的存储结构，至少实现题目所要求的功能。要求使用文件存储车次信息。

16.3　实训任务示例需求

实训任务示例为实现一个电话号码簿管理软件，具体需求如下，在后面章节中将以此示例详细说明软件开发流程。

问题描述：

建立一个电话号码簿管理程序，对每个联系人的记录信息进行永久存储。电话号码簿中每个联系人的记录包括序号、姓名、电话号码、地址。

该软件支持的功能如下。

① 添加记录：向电话簿逐条添加记录。

② 显示记录：显示目前电话簿中的所有记录。

③ 删除记录：按照序号删除一条记录。

④ 查询记录：按照姓名、电话号码查询。

⑤ 修改记录：按照姓名找到记录后，每次修改一条记录。

⑥ 插入记录。

⑦ 排序记录：按照序号、姓名对所有记录进行排序。

⑧ 保存记录。

⑨ 退出等。

第 17 章　实训任务需求分析

从本节开始进入实训任务软件设计和开发阶段，计划 28 学时完成软件开发、测试和文档编写集，表 17.1 是实训任务开发计划和相关安排，包括实训任务的主要内容及其在书中的节号、建议的学时分配、迭代次数等。

表 17.1　实训任务开发计划和相关安排

序号	主要内容	在书中的节号	建议的学时分配	迭代次数
1	需求分析、概要设计、主模块详细设计	17.1～18.3、19.1	6	1
2	添加模块和显示模块详细设计	19.2	4	2
3	删除模块和记录模块详细设计	19.3	4	3
4	查询、插入和排序模块详细设计	19.4	4	4
5	测试、改进、文档编写	19.5、20.1～20.2	10	5

第 16 章 1～10 道实训任务以及实训任务示例都属于信息管理类题目，需要设计和开发出满足需求的信息管理软件。根据软件生命周期方法学，软件设计的第一阶段是软件的定义，包括可行性分析和需求分析。

17.1　可行性分析

可行性分析是在软件开发前必须进行的一项工作，确定软件的开发目标与总体要求，一般需要考虑技术可行性、经济可行性、用户操作可行性和法理可行性。在实际开发项目中可行性分析一般由战略专家执行，该阶段的文档成果为可行性分析报告，本书重点在于 C 语言软件设计和开发过程，对可行性分析和需求分析适当简化，下面将只简单讨论技术可行性和用户操作可行性。

对于 C 语言初级编程者，掌握的人机交互方式主要是基于 Windows 控制台的字符型操作界面展开的，字符型操作界面支持用户在计算机上使用键盘、显示器分别进行输入和输出操作，对于实训任务示例中用户选择功能，可以采用字符型菜单形式，这是一种常用的交互方案，技术成熟，操作方便，具有较好的技术可行性和用户操作可行性。

17.2　需 求 分 析

软件需求分析是对用户的需求进行正确理解和加工的过程，进行需求分析时，首先，需要弄清楚该软件项目的目的，有哪些应用场景，用户是哪些，有哪些输入、输出数据等，然后建立软件的逻辑结构，主要采用的方法有结构化分析、数据流程图和数据字典等方法，需求分析输出成果是软件需求规格说明书。由于实训任务时间比较短，需求内容相对简单，所以下面仅做简要需求分析。

从 16.3 节的示例描述可以看到，这是一个电话号码簿管理软件，需求可以详细分解为如下具体几点。

① 提供一个电话簿用户交互主界面，该界面提供如下功能选项的入口：添加、显示、删除、查询、插入、修改、排序、保存和退出。根据可行性分析，应采用字符型菜单式形式，由此，需要设计一个主菜单，供用户完成各功能选项的选择。

② 在用户选择主菜单中的选项而进入具体功能后，对于每个功能，需要设计该功能的交互界面（如子菜单），在完成该功能后，需要能够返回到主菜单。

③ 电话号码簿由多条记录组成，每条记录包括序号、姓名、电话号码和地址，需要采用适当的数据类型进行表达。

④ 记录应该能够永久存储，对初学者而言，使用文件的方式可以做到永久保存。

⑤ 各功能需要提供交互界面，具体要求如下。

- 添加记录：每次添加一条记录。
- 显示记录：显示当前电话簿中的所有记录。
- 删除记录：按序号删除一条记录。
- 查询记录：按照姓名、电话号码查询。
- 修改记录：按姓名找到记录后，每次修改一条记录。
- 插入记录：在两条记录之间插入一条新记录。
- 排序记录：按照序号、姓名对所有记录进行排序。
- 保存记录：将所有记录保存在文件中，对应地，显示记录需要从文件中读出所有记录。
- 退出：退出主界面。

⑥ 电话簿总记录条数应该有上限值，可以设为 100。

⑦ 每条记录中的每个字段（序号、姓名、电话号码和地址）应该有长度限制。

⑧ 软件启动后，可以显示当前记录总数。

第 18 章　实训任务概要设计

信息管理类软件是一类常见的软件，16.3 节中的电话号码簿管理软件以及实训任务 1～10 题的开发都属于这类软件的开发，本节将以电话号码簿为例说明软件概要设计的具体方法和过程。对于其他实训任务或类似的信息管理类软件，只要掌握本节的设计方法，就可以做到举一反三。

一般地，软件设计（包括概要设计和详细设计）分为 4 个方面设计：软件结构设计、数据设计、接口设计和过程设计。

18.1　软件结构设计

软件结构设计任务是定义软件系统各组成部件之间的关系，因为电话号码簿管理软件是以人机交互设计为主的，因此人机交互设计方法也放在结构设计中考虑，而不放在接口设计中考虑。

根据 C 语言结构化程序设计方法——自顶向下、逐步求精，在具体问题中，从顶层，即 main() 函数开始设计，其主要流程如图 18.1 所示。

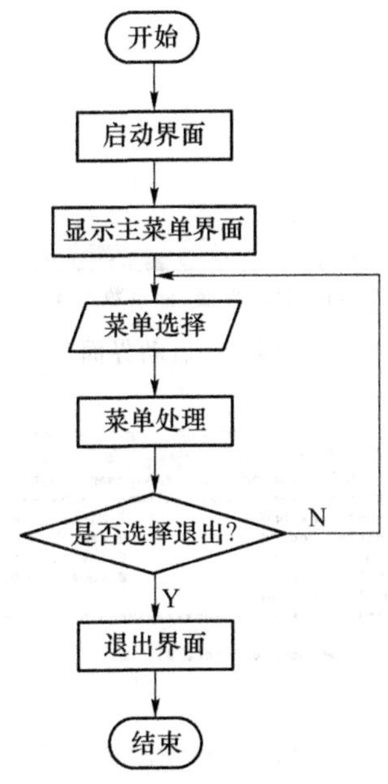

图 18.1　main() 函数的主要流程

① 启动界面：该界面即软件启动界面，在其上显示电话簿中的记录总数，并提示进入主菜单。

② 显示主菜单界面：显示一个主菜单（包括菜单名称和各个菜单项，每个菜单项对应一个

功能)，从软件实现来看，可以在一个无限循环体内提供分支结构，每个分支对应一个菜单项或功能，允许用户在多个菜单项之间进行选择。

③ 退出界面：菜单中的退出选项提供软件出口，如果用户有未保存的记录，则需要提示保存。

其中，启动界面、主菜单界面分别如图 18.2 和 18.3 所示，当然，这些仅仅是例子，也可以采用其他显示界面。

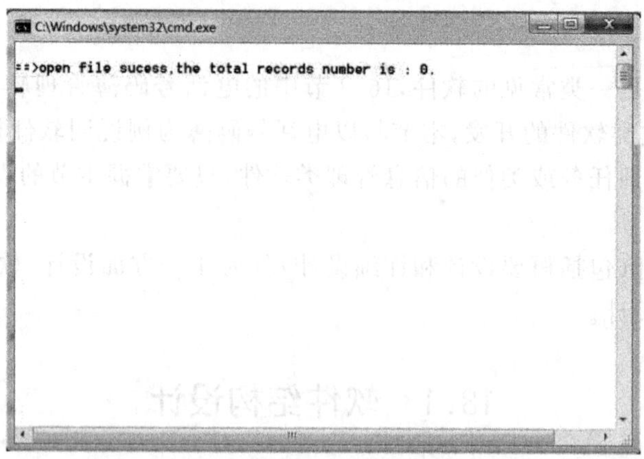

(a) 启动界面，记录数为 0

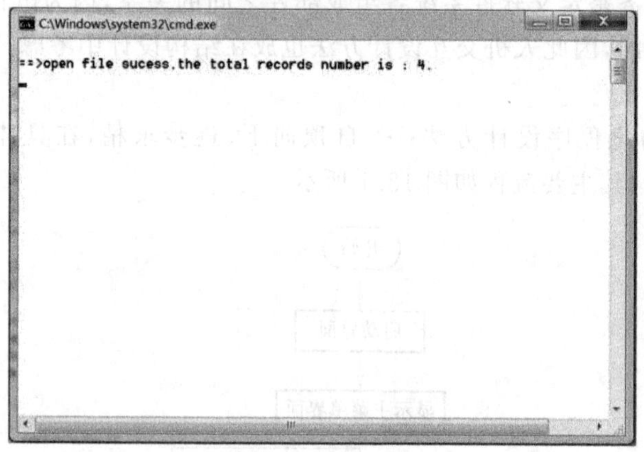

(b) 启动界面，记录数为 4

图 18.2　启动界面

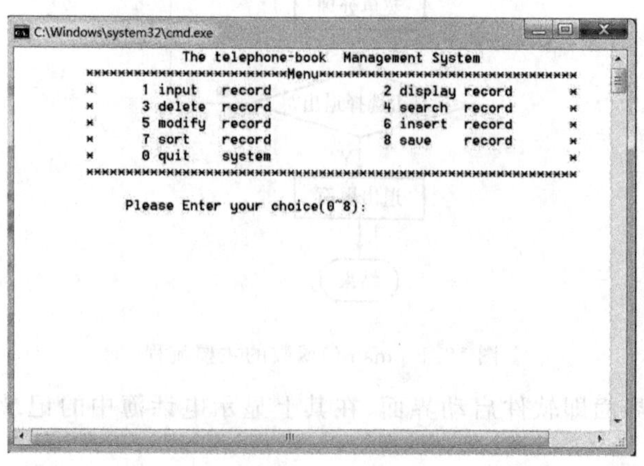

图 18.3　主菜单界面

18.2　数据设计

数据设计包括数据类型,数据存储、数据结构等。考虑到数据设计是较为广泛的概念,而在C语言实训任务中主要涉及数据类型和数据存储,故本节只讲述这两方面内容。

1. 主要的数据类型

在电话号码簿管理软件实训任务中,最主要的数据类型是一条电话记录的数据类型,由于一条记录由多个成员构成——序号、姓名、电话号码和地址,显然,采用结构体类型比较合适,如下定义结构体类型:

```
typedef struct telebook        /* 标记为 telebook */
{
char num[4];                   /* 编号 */
char name[10];                 /* 姓名 */
char phonenum[15];             /* 电话号码 */
char address[20];              /* 地址 */
}TeleBook;
```

其中各字段的值的含义如下。

char num[4]:表示记录序号,序号为0～9999。

char name[10]:表示姓名,在GBK编码下可以表示5个汉字。

char phonenum[15]:表示电话号码。

char address[20]:表示地址,在GBK编码下可以表示10个汉字。

2. 数据存储

数据的永久保存可以采用文件、数据库等方法,本实训任务基于Windows 32位控制台开发,有文件库函数支持,适合采用文件方式。

根据需求分析,需要两种基本的文件操作——写方法和读方法,每个方法都以结构体中的数据作为一条记录进行操作。需要注意的是,在数据库设计中有“主键”的概念,“主键”即在各条记录中“唯一”的字段,在文件中也可以定义记录的主键,这里将其定义为结构体TeleBook中的记录序号num,该序号也对应当前操作的记录,以方便操作。

文件中记录的数量的最大限制为100,用宏定义实现。

```
#define MAX_RECORDER_NUMBER 100
```

根据需求,在退出软件时,如果记录尚未保存在记录中,则应该提示用户保存。需要设计一个变量表示文件是否已经保存,由于该变量在各个功能模块中都需要使用,因此将其定义为全局变量,其定义形式和含义如下。

```
int gSaveFlag = 0; /* 保存标志,0-尚未保存,1-已保存 */
```

18.3　接口设计和过程设计

在概要设计和详细设计中都会用到接口设计和过程设计,接口设计用于描述软件内部、软件和协作系统之间,以及软件与人(在用户界面,即UI交互中)之间是如何通信的。过程设计则用于把系统结构部件的功能转换为软件过程性描述，过程设计的常用工具有程序流程图、NS图、PAD图等，本章中主要采用程序流程图。

1. 顶层模块和接口设计

从顶层主函数开始设计后，还应抽象出与主函数相关的功能模块，并确定它们之间的接口。

如18.1中所述，main()函数主要完成启动界面以及主菜单，依据此功能，将main()函数以及直接调用模块抽象成如下的函数调用层次结构，如图18.4所示。

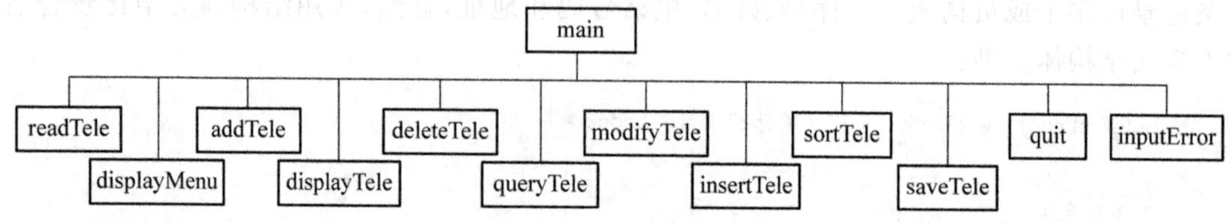

图18.4 函数调用层次结构

2. main()函数与功能模块接口

(1) 启动界面

启动时需要读取记录，计算记录总数并向用户提示。

函数模块为“loadTele();”。

(2) 主菜单显示

一个菜单由菜单名称和若干个菜单项组成，用户通过选择菜单项对应的数字，进入该菜单项的具体功能。这里菜单名称显示为“电话号码簿管理系统”，该系统包含9个菜单项，这9个菜单项分别是添加记录、显示记录、删除记录、查询记录、修改记录、插入记录、排序记录、保存记录、退出。

负责主菜单显示的函数模块为“displayMenu();”。

(3) 菜单项

用户在键盘上输入数字0～8，对应选中如下菜单项。

按下“1”，选择添加一条记录，函数模块为“addTele();”。

按下“2”，选择显示电话簿所有记录，函数模块为“displayTele();”。

按下“3”，选择删除一条记录，函数模块为“deleteTele();”。

按下“4”，选择查询一条记录，函数模块为“queryTele();”。

按下“5”，选择修改一条记录，函数模块为“modifyTele();”。

按下“6”，选择插入一条记录，函数模块为“insertTele();”。

按下“7”，选择对所有记录进行排序，函数模块为“sortTele();”。

按下“8”，选择保存记录，函数模块为“saveTele();”。

在上述菜单功能中，添加、删除、修改以及插入4项功能，都会导致记录数据的变更，需要将记录保存到文件中，为此该菜单项还提供统了一保存功能。

上述1～8功能都与记录操作相关，相应地，这些函数模块的输入参数中都应该包含结构体变量，这里采用结构体数组temp以及记录数量n，例如，函数声明为

```
void displayTele(TeleBook temp[],int n);
void addTele(TeleBook temp[],int n);
```

其他函数类似，各函数定义描述详见实训任务详细设计。

按下“0”，选择退出，函数模块为“quit();”。如果用户使用了需要保存文件的操作（添加、删除、修改或插入记录），而用户并未保存记录，则在退出时提示是否保存。

(4) 输入错误处理

采用菜单方式与用户交互，如果用户输入错误，则应该有相应提示，而不能不响应用户输入。例如，在菜单选择中，如果用户按下 0～8 中的某个数字键，则对应选中不同的菜单，并进入对应功能，如果用户按下其他键，则需要提示用户重新输入。输入错误处理统一由函数模块“inputError();”实现，该模块的功能是，如果输入值不在正确值的范围内，则提示用户重新输入正确值。

第 19 章　实训任务详细设计

在完成实训任务概要设计后，得到顶层 main()函数调用层次及其直接调用的函数模块，下面将开始各模块的详细设计。在详细设计中，将遵循逐步求精和迭代开发思路。逐步求精意味着这些函数模块还可以再调用更下层的子模块，而迭代开发是指将功能模块逐步增加到现有代码中，在编译通过的基础上，保证加入功能的正常。第 18 章及 19.1～19.4 节可以看作 4 次迭代开发过程。

19.1　主模块 main()的详细设计

1. main()函数流程分析

main()函数主要完成软件启动、主菜单名称显示、主菜单项显示等功能，函数流程如图 19.1所示。其中“带双边”的矩形框表示为一个独立的函数模块，下同。

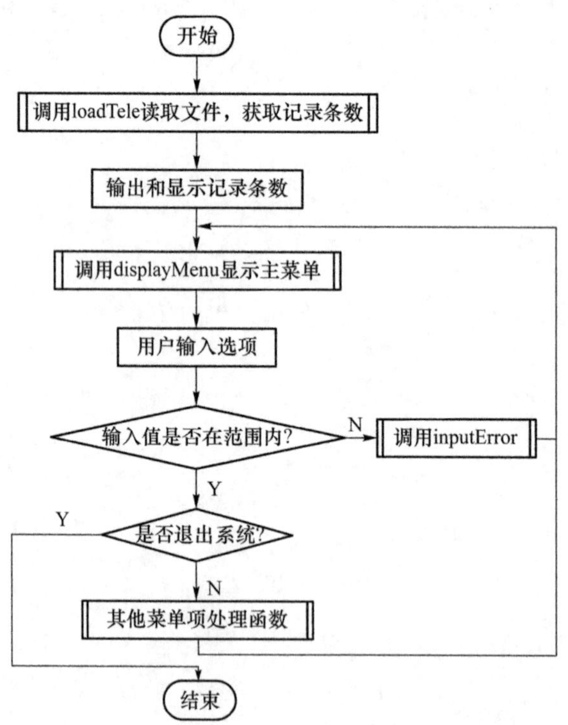

图 19.1　main()函数流程图

2. 本节代码实现

在图 19.1 所示的流程图中，按照步步求精的方式，先实现整个流程，以及其中的 loadTele()和 displayMenu()两个函数，其他菜单的处理函数比较复杂，通过“迭代开发”一步步实现。

(1)【代码】工程 CTraining-1

首先给出实现后的代码,在代码中附加了注释,然后进行分析。

```
/************************************************************************
* Copyright (C), 2021-2023,北京邮电大学世纪学院
* 文件名: teleNumber.c
* 内容简述:电话号码簿管理系统
*
* 文件历史:
* 版本号        日期        作者      说明
* 01a        2021-12-01     XXX     创建该文件
* 01b        2021-12-01     XXX     实现主函数流程框架;实现 loadTele 和 displayMenu 函数
*/
#include "stdio.h"                    /* 标准输入输出函数库 */
#include "stdlib.h"                   /* 标准函数库 */
#include "string.h"                   /* 字符串函数库 */
#include "conio.h"                    /* 屏幕操作函数库 */

#define MAX_RECORDER_NUMBER 100       /* 最大记录数支持 100 */
int gSaveFlag = 0;                    /* 是否需要存盘的标志变量 0-不需要存,1-需要存 */

/************************************************************************
* 结构体    : TeleBook
* 功  能    : 定义与电话簿有关的数据结构
*/
typedef struct telebook               /* 标记为 telebook */
{
char num[4];                          /* 编号 */
char name[10];                        /* 姓名 */
char phoneNumber[15];                 /* 电话号码 */
char address[20];                     /* 地址 */
}TeleBook;
/************************************************************************
* 下面放函数声明
*/
void displayMenu();
int loadTele(TeleBook temp[]);

/************************************************************************
* 函数名    : displayMenu()
* 功  能    : 屏幕显示主菜单
* 输 入     : 无
* UI 交互   : printf
* 输    出  : 无
*/
```

```
void displayMenu()
{
system("cls");   /* 调用 DOS 命令,清屏.与清屏函数 clrscr()的功能相同 */
printf("                    The telephone - book   Management System \n");
printf("          ************************* Menu ********************************* \n");
printf("          *       1 input   record              2 display record           * \n");
printf("          *       3 delete  record              4 search  record           * \n");
printf("          *       5 modify  record              6 insert  record           * \n");
printf("          *       7 sort    record              8 save    record           * \n");
printf("          *       0 quit    system                                         * \n");
printf("          ****************************************************************** \n");
}

/* 从文件读取数据 */
/*************************************************************************
 * 函数名   : loadTele
 * 功  能   : 从文件 telephone 中读取记录数据,记录被 load 到 temp 数组中
 * 输 入    : 结构体变量数组
 * UI 交互  : 无
 * 输    出 : 记录条数
 */
int loadTele(TeleBook temp[])
{
FILE * fp;                                          /* 文件指针 */
int numberOfRecord = 0;

/* 以追加方式打开文本文件 c:\telephon,可读可写,若此文件不存在,会创建此文件 */
fp = fopen("telephon","a+");
if(fp == NULL)
{
    printf("\n=====>can not open file! \n");
    exit(0);
}
while(!feof(fp))
{
    if(fread(&temp[numberOfRecord],sizeof(TeleBook),1,fp) == 1) /* 一次从文件中读取一条电话簿记录 */
        numberOfRecord++;
}
fclose(fp);                                         /* 关闭文件 */
return numberOfRecord;
}

void main()
{
TeleBook tele[MAX_RECORDER_NUMBER];                 /* 定义 TeleBook 结构体数组 */
int select;                                         /* 保存菜单选择结果变量 */
```

```
    int count = 0;                          /* 文件中的记录条数 */
    system("color F0");                     /* 设置控制台字体和背景演示,黑字体,白背景 */

    /* 1 启动界面   */
    count = loadTele(tele);                 /* 读取文件中记录的条数,函数返回值赋给变量 count */
    printf("\n==>open file sucess,the total records number is : %d.\n",count);
    getchar();                              /* 保持上述打印语句显示,等待按任意键进入主菜单

    /*  2 主菜单  */
    while(1)
    {
        system("cls");
        displayMenu();
        printf("\n                    Please Enter your choice(0~8):");     /* 显示提示信息 */
        scanf("%d",&select);

        if (select != 0)                    /* 非退出功能 */
        {
            switch(select)
            {
            case 1:;break;                  /* 调用添加电话簿记录 */
            case 2:;break;                  /* 调用显示电话簿记录 */
            case 3:;break;                  /* 调用删除电话簿记录 */
            case 4:;break;                  /* 调用查询电话簿记录 */
            case 5:;break;                  /* 调用修改电话簿记录 */
            case 6:;break;                  /* 调用插入电话簿记录 */
            case 7:;break;                  /* 调用排序记录电话簿记录 */
            case 8:;break;                  /* 调用保存电话簿记录 */
            default: printf("\n Error:input has wrong! input 0~9");getchar();break;   /* 按键有
误,必须为数值 0~9 */
            }
        }else
    /* 3 退出界面 */
        {
            /* 调用退出 */
            printf("\n===>Thanks for using the software!\n\n");break;;
        }
    }
    }
```

上述代码的运行结果如图 19.2 所示，首先显示启动界面，由于文件中无记录，所以显示记录数为 0，此时按任意键，则进入主菜单界面。主菜单最上面一行是主菜单名称“The telephone-book Management System”，名称下面是 9 个菜单项，菜单项下面是提示(选择)，如图 19.3所示。在 9 个菜单项中，除了“退出”实现了部分功能(退出时尚不能保存)外，其他功能尚未实现，所以，在输入 1~8 后，还会停留在主菜单中。

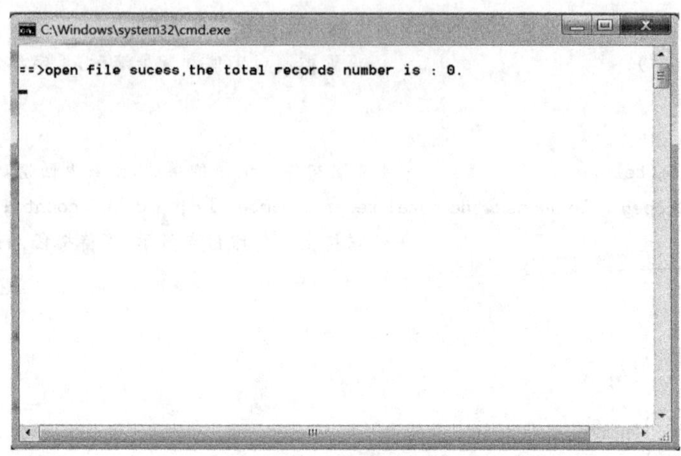

图 19.2 启动屏幕,显示 0 条记录

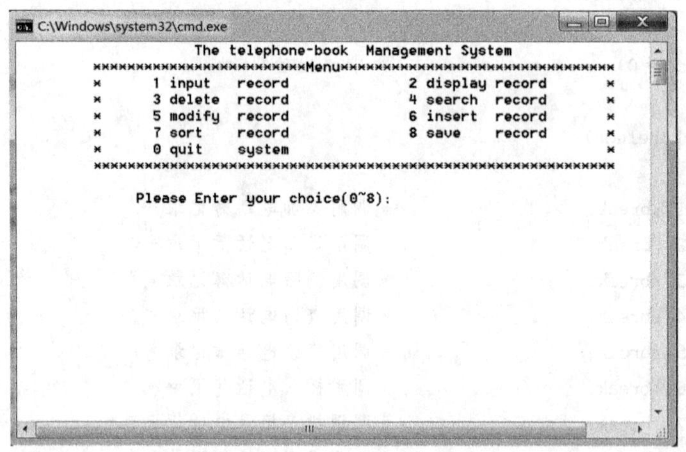

图 19.3 主菜单界面

(2) main()函数分析

在 main()函数中直接调用尚未实现的各个菜单项处理函数,在相应位置做了注释以示预留,下面将逐个迭代实现。

注意:迭代开发时,为了保证每次迭代任务能够顺利编译通过,并得到运行结果,未实现的功能也写出来,并且以注释方式标出以示预留,如 case 语句中列出的菜单项功能,这样代码结构更加完整、清晰,有助于养成一个良好的编程习惯。

(3) 加载记录模块 loadTele()设计和实现

函数定义:

```
int loadTele(TeleBook temp[]);
```

其功能是从文件 telephone 中逐条读取 TeleBook 类型记录,将其赋值到数组 temp[]中直到文件尾,并统计记录总条数作为函数返回值。

将 main()函数中定义的结构体变量数组 tele[MAX_RECORDER_NUMBER]作为实参传给 loadTele()函数,并从 loadTele()中接收返回的记录条数,将其赋给变量 count。

```
TeleBook tele[MAX_RECORDER_NUMBER];     /* 定义 TeleBook 结构体数组 */
int select;                             /* 保存菜单选择结果变量 */
int count = 0;                          /* 文件中的记录条数 */
system("color F0");                     /* 设置控制台字体和背景演示，黑字体，白背景 */

/* 1 启动界面  */
count = loadTele(tele);                 /* 读取文件中记录的条数，将函数返回值赋给变量 count */
```

(4) 显示菜单模块 displayMenu()设计和实现

函数 displayMenu()的定义如下：

```
void displayMenu();
```

其功能是在屏幕上打印出主菜单：包括菜单名称、9 个菜单项以及提示选择。

(5) 迭代开发中的函数顺序与调用关系

在代码量较大的软件开发中，由于很多函数之间存在着调用关系，这时每个函数在代码文件中的位置显得尤为重要。

例如，main()函数调用函数 a、b、c、d，而函数 d 又调用 a。

假设在第一次迭代开发中，实现了函数 main()以及 a、b，则文件中的代码顺序是：

```
定义函数 b,
定义函数 a
定义函数 main
```

假设在第二次迭代时，又实现了函数 c、d，则文件中的代码顺序是：

```
定义函数 d
定义函数 c
定义函数 b
定义函数 a
定义函数 main
```

编译失败

这时，整个代码是不能编译通过的，会报出“函数 a 未定义”的错误。因为 a 应该放在 d 的前面定义。为了避免这些问题，好的方式是在各个函数定义前，做各个函数的声明(main()函数外)，如下：

```
函数声明 a,b,c,d
定义函数 main a,b,c,d,                  //各函数位置任意放置
```

这样，即使函数 a、b、c、d 定义放在程序文件的任意位置，在程序文件编译时，都不会因函数位置不当而报出错误。

19.2　添加和显示记录模块的详细设计

1. 添加记录模块 addTele()流程分析

添加记录模块 addTele()的定义如下：

```
void addTele(TeleBook temp[],int n);
```

addTele()模块的输入参数为 TeleBook 数组变量 temp，以及当前记录的条数 n，其由main()函数调用，并传入实参。

addTele()模块的功能是：首先，显示现有所有记录，以便查询当前已经使用的序号，应注意每条记录的序号是不能重复录入的；其次，按照记录中成员的排列顺序，依次输入序号、姓名、电话号码、地址，并检查每个成员变量长度是否在合法的范围；最后，允许连续输入记录，即在输入一条记录后，允许继续输入下一条记录，直至输入序号为 0（合理的序号是 1～100），这表示退出输入，返回主菜单。

addTele()模块调用两个函数：一个用于获取结构体变量各成员的有效长度函数 getValidLength()；另一个用于显示记录函数 dispTele()。addTele()函数的流程如图 19.4 所示。

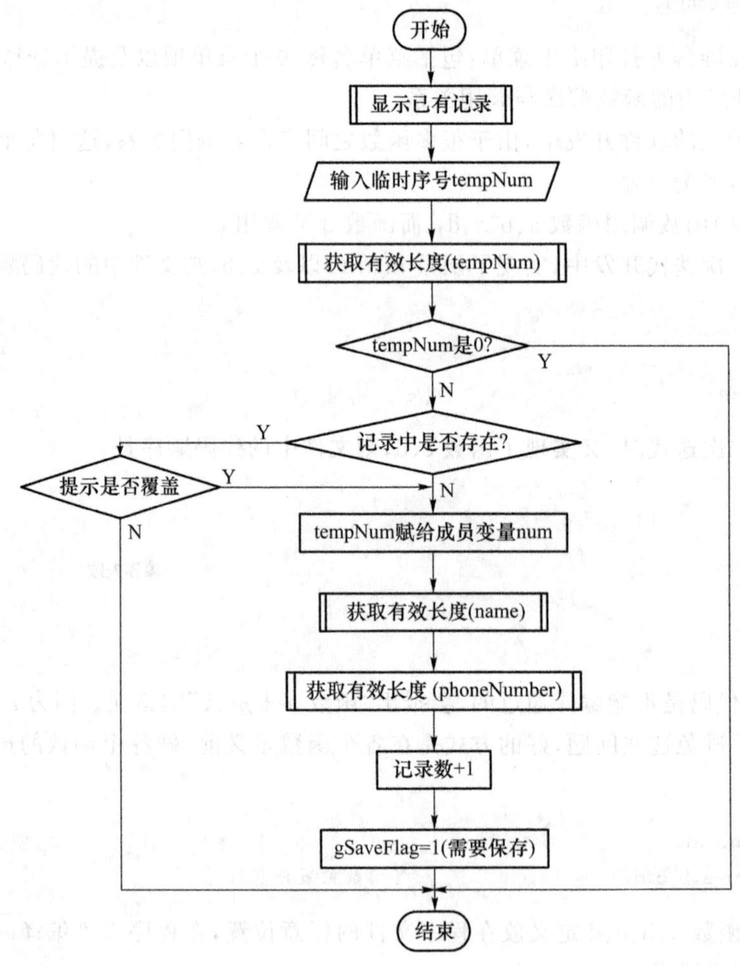

图 19.4 addTele()模块的流程图

2. 获取有效长度函数 getValidLength()的流程分析

获取有效长度函数 getValidLength()的定义如下：

```
void getValidLength(char *t,int lens,char *notice)
```

它有 3 个输入参数，char *t 是获取有效长度字符串的指针，int lens 是指定字符串的有效长度，char *notice 是在屏上打印输出的提示语。

该函数的功能是:首先打印输出提示语,当用户使用键盘输入字符串后,检查长度是否大于有效长度 lens,如果是,则要求重新输入,直到用户输入了小于或等于有效长度的字符串,然后将 t 指向该字符串,如图 19.5 所示。

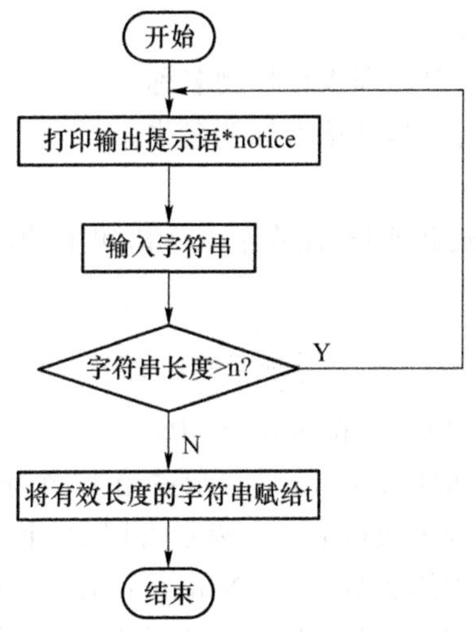

图 19.5　函数 getValidLength()的流程图

3. 显示记录函数 dispTele( )的 UI 设计

显示记录模块的 UI 是主菜单下的二级界面,这个界面应该是什么样的? 图 19.6 是一种显示记录模块的 UI 设计界面,它以表格形式呈现,表格标题是"TELEPHONE BOOK",4 个项目标题为 Num、Name、PhoneNumber 以及 Address,表格中的每一项就是一条记录的数据。

C:\Windows\system32\cmd.exe

TELEPHONE BOOK

Num	Name	PhoneNumber	Address
1	张三	61205678	北京
2	李四	13810101234	上海
4	马六	13015561024	深圳
3	王五	1330105566	广州

半:

图 19.6　显示模块的界面

显示记录模块主要的功能是实现上述 UI 的设计。仔细观察这个 UI 界面,它需要实现界面中的标题、外框、项目标题以及记录数据的显示,它们都可以由打印语句完成,打印语句中包含常数字符串、变量,还包括变量的打印格式,常数采用宏定义实现,如以下程序段所示。

```
#define HEADER1 "   ------------------------- TELEPHONE BOOK -------------------------- \n"
#define HEADER2 "   |     Num     |     Name     |     PhoneNumber     |      Address      | \n"
#define HEADER3 "   |-------------|--------------|---------------------|-------------------| \n"
```

```
#define FORMAT "  |     % - 10s|   % - 10s| % - 15s | % - 20s | \n"
#define DATA        p->num,p->name,p->phoneNumber,p->address
#define END     "   -------------------------------------------------------------- \n"
```

在代码中，

HEADER1：定义第一行字符串，即表格标题名称。

HEADER2：定义第二行字符串，即项目标题名称。

HEADER3：定义分割线。

接下来的两行定义打印格式和变量，用在printf语句中，即“prinf(FORMAT,DATA)；”，它等价于

```
printf("  |% - 10s|  % - 10s|% - 15s|% - 20s|\n",p->num,p->name,p->phoneNumber,p->address);
```

FORMAT是printf语句中控制字符格式，其中：

- 第一个%-10 s对应结构体成员num，表示占用10个字符宽度，左对齐；
- 第二个%-10 s对应结构体成员name，表示占用10个字符宽度，左对齐；
- 第三个%-15 s对应结构体成员phoneNumber，表示占用15个字符宽度，左对齐；
- 第四个%-20 s对应结构体成员addtess，表示占用20个字符宽度，左对齐。

DATA是printf语句中的变量，p->num、p->name、p->phoneNumber、p->address分别是结构体指针变量p的num成员、name成员、phoneNumber成员和address成员。

在使用#define定义了6个字符长常量之后，使用下面2个函数和1个打印语句就可以实现表格显示。

```
/* 打印表格的前三行 */
void printHeader()
{
    printf(HEADER1);
    printf(HEADER2);
    printf(HEADER3);
}

/* 格式化语句，打印记录中数据 */
void printData(TeleBook pp)
{
    TeleBook * p;
    p = &pp;
    printf(FORMAT,DATA);
}
/* 打印表格最后一行的线 */
printf(END);
```

4. 显示记录函数displayTele()的流程分析

显示记录函数displayTele()的定义如下(输入参数为结构体数组temp以及记录数量n)：

```
void displayTele(TeleBook temp[],int n)
```

在显示记录模块的流程中，分两种情况处理，如果当前没有记录，则提示“No telephone

record",否则调用 void printHeader()和 void printData()打印出需要的格式,图 19.7 中表示了显示记录函数 displayTele()的流程。

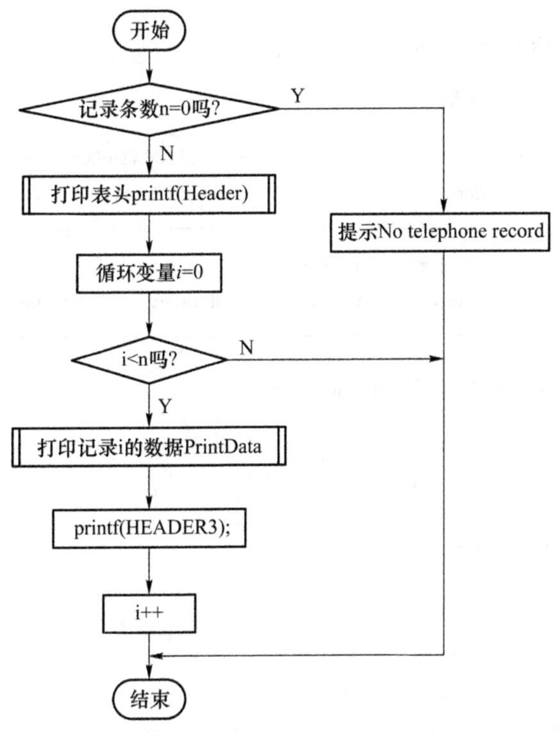

图 19.7　显示记录函数 displayTele()的流程图

5. 保存记录函数 saveTele()的流程分析

保存记录模块 saveTele()的功能与 loadTele()的功能相反,用于将当前结构体数组的所有数保存到文件 telephon 中,需要注意的是,在程序中设置了全局变量:

```
int gSaveFlag = 0;  /* 是否需要存盘的标志变量 0 - 不需要存,1 - 需要存 */
```

在其他模块中,如果修改了记录数据,则需要将这个标志设置为 1,即表示需要保存。

在函数 saveTele()中,检查到 gSaveFlag=1 才需将记录写入文件中。

6. 本节代码实现

在 19.1 节代码的基础上,本节迭代后,程序增加了如下代码。

① 在 main()函数 switch-case 语句中,增加了本节实现的函数 addTele()、displayTele()和 saveTele(),并且传入输入参数。

```
case 1:count = addTele(tele,count);break;          /* 调用添加电话簿记录 */
case 2:system("cls");displayTele(tele,count);  /* 调用显示电话簿记录 */
case 8:saveTele(tele,count);break;
```

② 增加了如下函数的定义和声明:

```
void printHeader()
void printData(TeleBook pp)
```

```
void displayTele(TeleBook temp[],int n)
void getValidLength(char *t,int lens,char *notice)
void addTele(TeleBook temp[],int n);
void saveTele(TeleBook temp[],int n)
```

③ 增加了如下宏定义的常数：

```
#define HEADER1 "     ------------------------- TELEPHONE BOOK ------------------------- \n"
#define HEADER2 " |    Num     |    Name    |  PhoneNumber   |        Address       | \n"
#define HEADER3 " |------------|------------|----------------|----------------------| \n"
#define FORMAT  "  |%-10s|%-10s|%-15s|%-20s|\n"
#define DATA      p->num,p->name,p->phoneNumber,p->address
#define END     "  ------------------------------------------------------------------ \n"
```

【代码】工程 CTraining-2 的完整的代码如下：

```
/*************************************************************************
 * Copyright (C),2021-2023,北京邮电大学世纪学院
 * 文件名:teleNumber.c
 * 内容简述:电话号码簿管理系统
 *
 * 文件历史:
 * 版本号        日期         作者      说明
 * 01a      2021-12-01      XXX    创建该文件
 * 01b      2019-12-01      XXX    实现主函数流程框架;实现 loadTele 和 displayMenu 函数
 * 01c      2019-12-02      XXX    补充主函数流程;实现 addTele 和 displayTele 函数
 */
#include "stdio.h"                       /*标准输入输出函数库*/
#include "stdlib.h"                      /*标准函数库*/
#include "string.h"                      /*字符串函数库*/
#include "conio.h"                       /*屏幕操作函数库*/
#define HEADER1 "     ------------------------- TELEPHONE BOOK ------------------------- \n"
#define HEADER2 " |    Num     |    Name    |  PhoneNumber   |        Address       | \n"
#define HEADER3 " |------------|------------|----------------|----------------------| \n"
#define FORMAT  "  |%-10s|%-10s|%-15s|%-20s|\n"
#define DATA      p->num,p->name,p->phoneNumber,p->address
#define END     "  ------------------------------------------------------------------ \n"
#define MAX_RECORDER_NUMBER 100        /* 最大记录数支持 100 */
int gSaveFlag=0;                         /*是否需要存盘的标志变量 0-不需要存,1-需要存*/

/*************************************************************************
 * 结构体   :TeleBook
 * 功  能   :定义与电话簿有关的数据结构
 */
typedef struct telebook                  /*标记为 telebook*/
{
    char num[4];                         /*编号*/
```

```
    char name[10];                      /*姓名*/
    char phoneNumber[15];               /*电话号码*/
    char address[20];                   /*地址*/
}TeleBook;
/*****************************************************************************
*  下面放函数声明
*/
void dispMenu();
int readTele(TeleBook temp[]);
void saveTele(TeleBook temp[],int n);
void printHeader();
void printData(TeleBook pp);
void displayTele(TeleBook temp[],int n);
void getValidLength(char *t,int lens,char *notice);
int addTele(TeleBook temp[],int n);

/*****************************************************************************
*  函数名   :printHeader()
*  功  能   :格式化输出表头前3行
*  输入     :无
*  UI交互   :printf
*  输    出:无
*/
void printHeader()
{
    printf(HEADER1);
    printf(HEADER2);
    printf(HEADER3);
}

/*****************************************************************************
*  函数名   :printData()
*  功  能   :格式化输出记录中每个成员的数据
*  输入     :TeleBook变量
*  UI交互   :printf
*  输    出:无
*/
void printData(TeleBook pp)
{
    TeleBook * p;
    p = &pp;
    printf(FORMAT,DATA);

}

/*****************************************************************************
```

```
 * 函数名   : displayTele()
 * 功  能   : 显示数组 temp[]中存储的电话簿记录，内容为 telebook 结构中定义的内容
 * 输 入    : 1)TeleBook 的数组 temp[]中存储的电话簿记录 2)n 为记录条数
 * UI 交互  : getchar 和 printf
 * 输     出 : 无
 */
void displayTele(TeleBook temp[],int n)
{
    int i;                      /* 循环变量初始值 */
    if(n==0)                    /* 表示没有电话簿记录 */
    {
        printf("\n=====>Not telephone record!\n");
        getchar();
        return;
    }

    printf("\n\n");
    printHeader();              /* 输出表格头部 */
    i=0;
    while(i<n)                  /* 逐条输出数组中存储的电话簿记录 */
    {
        printData(temp[i]);
        i++;
        printf(HEADER3);
    }
    getchar();
}
/****************************************************************************
 * 函数名   : getValidLength()
 * 功  能   : 对键盘输入的字符串，并进行长度验证(长度<lens)，并在屏幕提示
 * 输 入    : 1)t 字符串地址指针
 *            2)lens 最大允许长度 lens
 *            3)notice 屏幕提示语指针
 * UI 交互  : 输入，输出
 * 输     出 : 无
 */
void getValidLength(char *t,int lens,char *notice)
{
    char n[255];
    do{
        printf(notice);         /* 显示提示信息 */
        scanf("%s",n);          /* 输入字符串 */
        if(strlen(n)>lens) printf("\n exceed the required length!\n");
        /* 进行长度校验，超过 lens 值重新输入 */
    }while(strlen(n)>lens);
    strcpy(t,n);                /* 将输入的字符串拷贝到字符串 t 中 */
```

```
}
/************************************************************************
 * 函数名   : addTele()
 * 功  能   : UI上添加电话,可以一次多个,结果放入数组temp[]中,并返回条数
 * 输 入    : 1)TeleBook的数组temp[] 2)n为temp[] 的大小,即电话条数
 * UI交互   : 输入,输出
 * 输    出 : int型,条数;temp数组为传地址方式,返回新增的电话簿结构
 */
int addTele(TeleBook temp[],int n)
{
    char ch,num[10];
    int i,flag = 0;
    system("cls");
    //displayTele(temp,n);           /*先打印出已有的电话簿信息*/

    while(1)  /*一次可输入多条记录,直至输入编号为0的记录才结束添加操作*/
    {
        while(1)  /*输入记录编号,保证该编号没有被使用,若输入编号为0,则退出添加记录操作*/
        {
            getValidLength(num,sizeof(temp[n].num),"input number(press '0'return menu):");
/*格式化输入编号并检验*/
            flag = 0;
            if(strcmp(num,"0") == 0) /*输入为0,则退出添加操作,返回主界面*/
            {return n;}
            i = 0;
            while(i<n)               /*查询该编号是否已经存在,若存在则要求重新输入一个未
                                       被占用的编号*/
            {
                if(strcmp(temp[i].num,num) == 0)
                {
                    flag = 1;
                    break;
                }
                i++;
            }

            if(flag == 1)             /*提示用户是否重新输入*/
            {   getchar();
                printf("==>The number %s is existing,try again?(y/n):",num);
                scanf(" %c",&ch);
                if(ch == 'y'||ch == 'Y')
                    continue;
                else
                    return n;
```

```
            }
            else
            {break;}
        }
        strcpy(temp[n].num,num);          /* 将字符串 num 拷贝到 temp[n].num 中 */
        getValidLength(temp[n].name,sizeof(temp[n].name),"Name:");
        getValidLength(temp[n].phoneNumber,sizeof(temp[n].phoneNumber),"Telephone:");
        getValidLength(temp[n].address,sizeof(temp[n].address),"Adress:");
        gSaveFlag = 1;
        n++;
    }
    return n;
}
/*************************************************************************
 * 函数名  : displayMenu()
 * 功  能  : 屏幕显示主菜单
 * 输入    : 无
 * UI 交互  : printf
 * 输    出 : 无
 */
void displayMenu()
{
    system("cls");                        /* 调用 DOS 命令,清屏.与清屏函数 clrscr()的功能相
同 */
    printf("                    The telephone - book   Management System \n");
    printf("         ************************* Menu ******************************* \n");
    printf("         *       1 input    record            2 display record        * \n");
    printf("         *       3 delete   record            4 search   record       * \n");
    printf("         *       5 modify   record            6 insert   record       * \n");
    printf("         *       7 sort     record            8 save     record       * \n");
    printf("         *       0 quit     system                                    * \n");
    printf("         ************************************************************* \n");
}

/*************************************************************************
 * 函数名  : saveTele
 * 功  能  : 将结构体数组变量中的记录保存到文件 telephone 中,做持久存储
 * 输入    : 结构体变量数组 temp,条数 n
 * UI 交互  : 文件打开失败提示
 * 输    出 : 无
 */
void saveTele(TeleBook temp[],int n)
{
    FILE * fp;
    int i = 0;
    fp = fopen("telephon","w");          /* 以只写方式打开文本文件 */
    if(fp == NULL)                       /* 打开文件失败 */
```

```
        {
            printf("\n=====>open file error!\n");
            getchar();
            return ;
        }
        for(i=0;i<n;i++)
        {
            if(fwrite(&temp[i],sizeof(TeleBook),1,fp)==1)  /*每次写一条记录或一个结构数组元
素至文件*/
            {
                continue;
            }
            else
            {
                break;
            }
        }
        if(i>0)
        {
            getchar();
            printf("\n\n=====>save file complete,total saved's record number is:%d\n",i);
            getchar();
            gSaveFlag=0;
        }
        else
        {system("cls");
         printf("the current link is empty,no telephone record is saved!\n");
         getchar();
        }
        fclose(fp);                                          /*关闭此文件*/
    }

    /*************************************************************************************
    * 函数名   :loadTele
    * 功  能   :从文件telephone中读取记录数据,记录被load到temp数组中
    * 输 入    :结构体变量数组
    * UI交互   :文件打开失败提示
    * 输    出 :记录条数
    */
    int loadTele(TeleBook temp[])
    {
        FILE *fp;                                            /*文件指针*/
        int numberOfRecord = 0;

        /*以追加方式打开文本文件c:\telephon,可读可写,若此文件不存在,会创建此文件*/
        fp=fopen("telephon","a+");
```

```
        if(fp == NULL)
        {
            printf("\n=====>can not open file!\n");
            exit(0);
        }
        while(!feof(fp))
        {
            if(fread(&temp[numberOfRecord],sizeof(TeleBook),1,fp) == 1) /*一次从文件中读取一
条电话簿记录*/
                numberOfRecord++;
        }
        fclose(fp);                              /*关闭文件*/
        return numberOfRecord;
    }


    void main()
    {
        TeleBook tele[MAX_RECORDER_NUMBER];  /*定义 TeleBook 结构体数组*/
        int select;                          /*保存菜单选择结果变量*/
        int count = 0;                       /*文件中的记录条数*/
        system("color F0");                  /* 设置控制台字体和背景演示,黑字体,白背景*/

        /*1 启动界面  */
        count = loadTele(tele);          /*读取文件中的记录条数,将函数返回值赋给变量 count */
        printf("\n==>open file sucess,the total records number is : %d.\n",count);
        getchar();/* 保持上述打印语句显示,等待按任意键进入主菜单

        /*  2 主菜单  */
        while(1)
        {
            system("cls");
            displayMenu();
            printf("\n                Please Enter your choice(0~8):");    /*显示提示信息*/
            scanf("%d",&select);

            if (select != 0)                     /* 非退出功能 */
            {
                switch(select)
                {
                case 1:count = addTele(tele,count);break;        /*调用增加电话簿记录*/
                case 2:system("cls");displayTele(tele,count);getchar();break;  /*调用显示电话
簿记录*/
                case 3:;break;                   /*调用删除电话簿记录*/
                case 4:;break;                   /*调用查询电话簿记录*/
                case 5:;break;                   /*调用修改电话簿记录*/
```

```
            case 6:;break;                              /* 调用插入电话簿记录 */
            case 7:;break;                              /* 调用排序记录电话簿记录 */
            case 8:saveTele(tele,count);break;     /* 调用保存电话簿记录 */
            default: printf("\n Error:input has wrong! input 0~9");getchar();break;   /* 按键
有误,必须为数值 0-9 */
            }
        }else
    /* 3 退出界面 */
        {
            /* 调用退出 */
            printf("\n===>Thanks for using the software! \n\n");break;;
        }
    }
}
```

19.3　删除和修改记录模块的详细设计

1. 删除记录模块 deleteTele()的流程分析

根据需求分析,删除记录模块 deleteTele()的定义如下:

```
void deleteTele(TeleBook temp[],int n);
```

函数的输入参数为 TeleBook 数组 temp 以及当前记录的条数 n,其由 main()函数调用,并传入实参。

deleteTele()模块的功能是,首先显示现有所有记录,接着显示删除功能的两个选项,1 按姓名删除记录,2 按电话号码删除记录,如果用户输入了 1、2 之外的数据,则退出删除模块,回到主菜单。如果用户输入 1,即选择按姓名删除记录,则首先要求用户输入姓名,并获得有效值姓名(符合长度要求),然后按照姓名在所有记录中定位符合"姓名"条件的记录,定位到记录后,将该记录删除,并将其后的记录向前移动一个记录位置,将全局变量 sSaveFlag 置 1,退出删除模块。如果没有定位到符合"姓名"条件的记录,则做相应提示后退出删除模块。按电话号码删除的流程与上述流程类似,此处不再赘述。图 19.8 是进入 deleteTele()模块的二级菜单的 UI 示例,图 19.9是 deleteTele()模块的流程图。

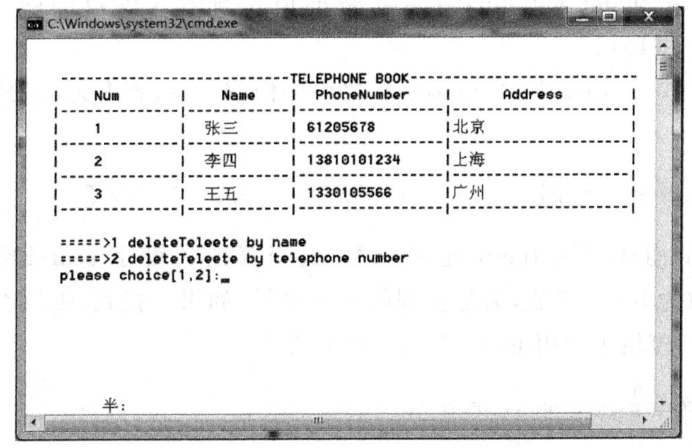

图 19.8　deleteTele()模块的二级菜单的 UI 示例

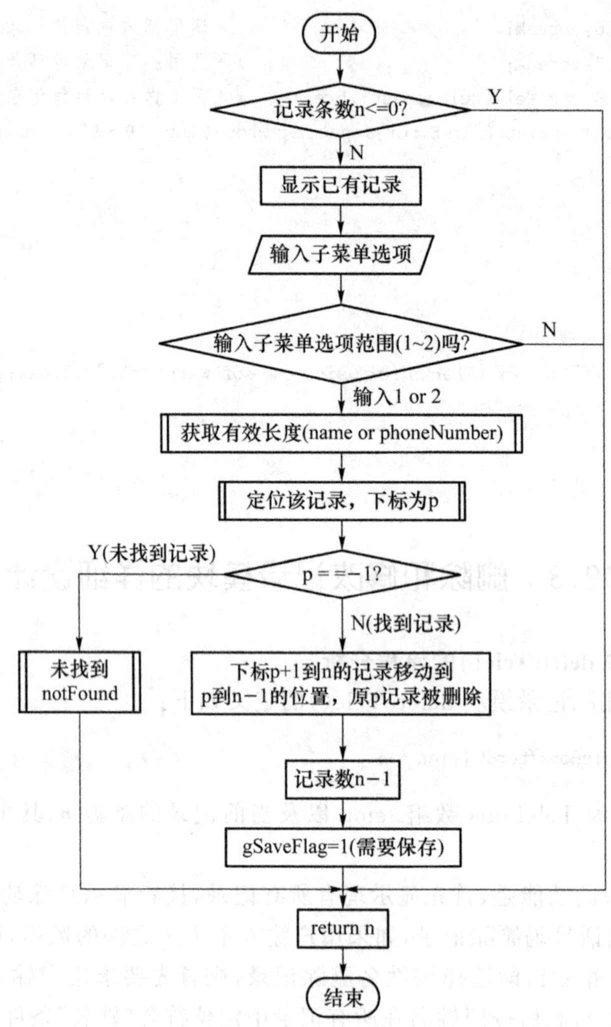

图 19.9　删除记录模块 deleteTele()的流程图

在图 19.9 中，调用了 3 个函数。

① 获取有效长度函数 getValidLength()，在 19.2 节中已经讲过，在这里用于获取用户输入的关键字 name 或 phoneNumber，并且获得的值在有效长度范围内（name 长度为 10，phoneNumber 长度为 15）。

② 定位记录函数 locateTele()，该函数在之后的修改记录、查询记录功能中都要使用。函数定义为

```
int locateTele(TeleBook temp[],int n,char searchKey[],char whichSel[]);
```

其中，输入参数为结构体数组 temp、记录条数 n、查找的关键字 searchKey 以及选项名称 whichSel；输出参数为 int 型参数，为定位到的记录序号，如果未找到，则该参数为－1。

在 deleteTele()模块中调用 locateTele()的形式为

```
p = locateTele(temp,n,searchKey,"name");
```

其中输入的前 3 个实参分别是结构体数组 temp、记录条数 n、查找的关键字 searchKey，如张

三或电话(如 61205678),见图 19.8,第 4 个实参为字符串“name” 或“phoneNumber”。

③ 未找到记录函数 notFount(),该函数在之后的修改记录、查询记录功能中都要使用。函数定义为

```
void notFound()
```

该函数功能比较简单,无输入和输出参数,仅仅在屏幕上打印输入提示语“Not find this telephone record!”。

当调用函数 locateTele(),返回 -1 时,表示没有找到该记录,则调用未找到记录函数 notFount()进行 UI 提示。

2. 修改记录模块 modifyTele()流程分析

根据需求,修改记录模块 modifyTele()的定义如下:

```
void modifyTele(TeleBook temp[],int n)
```

其中函数的输入参数为 TeleBook 型数组 temp 以及当前记录的条数 n,其由 main()函数调用,并传入实参。

modifyTele()模块的功能是:进入该模块后,首先显示现有所有记录;然后显示修改提示,指导用户输入姓名并按姓名查找所有记录。如果未找到记录,则在提示后退出 modifyTele()模块,并回到主菜单,如果找到记录,则依次提示输入新的姓名、电话号码和住址;最后重新显示修改后的所有记录,并返回主菜单,图 19.10 是进入 modifyTele()模块后的 UI 界面示例,图 19.11 是 modifyTele()模块的实现流程图。

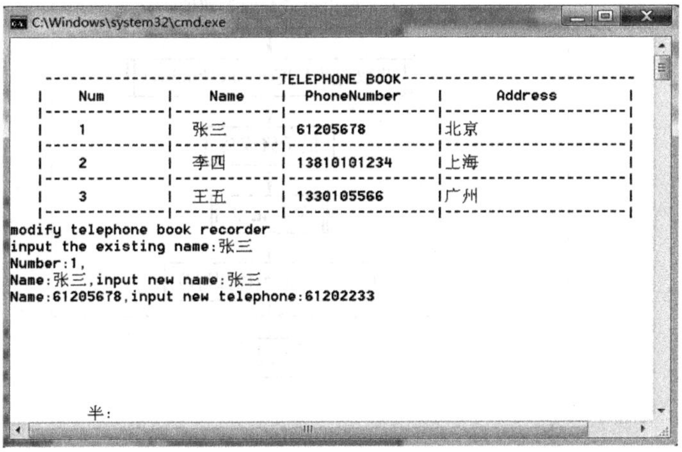

```
C:\Windows\system32\cmd.exe

 ---------------------------TELEPHONE BOOK-------------------------
 |    Num       |    Name     |  PhoneNumber     |    Address      |
 |--------------|-------------|------------------|-----------------|
 |    1         |   张三      | 61205678         |北京             |
 |--------------|-------------|------------------|-----------------|
 |    2         |   李四      | 13810101234      |上海             |
 |--------------|-------------|------------------|-----------------|
 |    3         |   王五      | 1330105566       |广州             |
 |--------------|-------------|------------------|-----------------|
modify telephone book recorder
input the existing name:张三
Number:1,
Name:张三,input new name:张三
Name:61205678,input new telephone:61202233

        半:
```

图 19.10 modifyTele()模块的 UI 界面示例

在 19.11 图中,调用了 3 个函数:

① 获取有效长度函数 getValidLength(),该函数在 19.2 节中已经讲过,在这里用于获取用户输入的关键字 name、phoneNumber 和 address,并且获得的值在有效长度范围内(name 长度为 10,phoneNumber 长度为 15, address 长度为 20)。

② 定位记录函数 locateTele(),在这里其调用方法与删除记录中的相同,不再赘述。

③ 未找到记录函数 notFount(),如果输入的姓名在记录中未查到,则调用该函数进行提示——“Not find this telephone record!”。

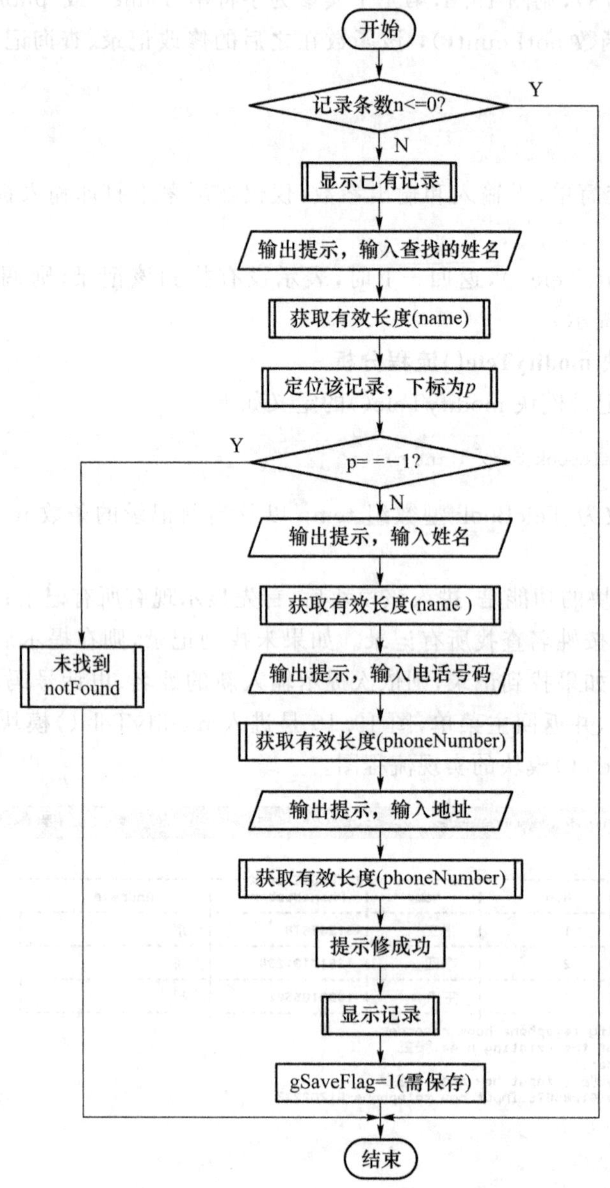

图 19.11 modifyTele()模块的实现流程图

3. 本节代码实现

本次迭代后，增加了删除和修改记录模块，在 19.2 节代码的基础上做了修改和装配。

① 在 main()函数 switch-case 语句中添加了 deleteTele()和 modifyTele()函数，并且传入相关参数。

```
case 3:count = deleteTele(tele,count);break;        /* 调用删除电话簿记录 */
case 5:modifyTele(tele,count);break;                /* 调用修改电话簿记录 */
```

② 增加如下函数的定义和声明。

```
void notFound() ;
int locateTele(TeleBook temp[],int n,char searchKey[],char nameOrPhonenum[]);
int deleteTele(TeleBook temp[],int n);
void modifyTele(TeleBook temp[],int n);
```

```
/****************************************************************************
 * 函数名   : notFound()
 * 功  能   : 未查到记录,进行打印输出提示
 * 输 入    : 无
 * UI 交互  : printf
 * 输    出 : 无
 */
void notFound()                                    /* 输出未查找此记录的信息 */
{
    printf("\n=====>Not find this telephone record!\n");
}
/****************************************************************************
 * 函数名   : locateTele()
 * 功  能   : 用于定位数组中符合要求的记录,并返回保存该记录的数组元素下标值
 * 输 入    : 1)TeleBook 的数组 temp[] 2)n 为 temp[] 的大小,即电话条数
 *            3)searchKey 为查找关键词,即电话号码或姓名
 *            4)whichSel 为"哪个选项",取值为"phoneNumber"或者"name"
 * UI 交互  :  无
 * 输    出 : int 型,temp 数组下标,或者 -1,表示没找到
 */
int locateTele(TeleBook temp[],int n,char searchKey[],char whichSel[])
{
    int i=0;
    if(strcmp(whichSel,"phoneNumber")==0)          /* 按电话号码查询 */
    {
        while(i<n)
        {
            if(strcmp(temp[i].phoneNumber,searchKey)==0) /* 若找到 searchKey 值的电话号码 */
                return i;
            i++;
        }
    }
    else if(strcmp(whichSel,"name")==0)            /* 按姓名查询 */
    {
        while(i<n)
        {
            if(strcmp(temp[i].name,searchKey)==0)      /* 若找到 searchKey 值的姓名 */
                return i;
            i++;
        }
    }
```

```
    return -1;                                      /*若未找到,返回一个整数-1*/
}
/***************************************************************************
 * 函数名  : modifyTele()
 * 功  能  : UI上修改电话簿记录:先按输入的联系人姓名查询到该记录,然后提示用户修改该记录编号之外的值,编号不能修改。
 * 输  入  : 1)TeleBook的数组temp[] temp[]为传址方式,删除电话在temp[]上操作
 *           2)n为temp[]的大小,即电话条数
 * UI交互  : 输入删除查询方式:按姓名
 *         : 输出:找到后返回下标,并直接屏幕打印
 * 输   出 : 无
 */
void modifyTele(TeleBook temp[],int n)
{
    char searchKey[20];
    int p=0;
    if(n<=0)
    { system("cls");
      printf("\n=====>No telephone number record!\n");
      getchar();
      return ;
    }
    system("cls");
    displayTele(temp,n);
    printf("modify telephone book recorder\n");
    getValidLength(searchKey,10,"input the existing name:"); /*输入并检验该姓名*/
    p=locateTele(temp,n,searchKey,"name");    /*查询到该数组元素,并返回下标值*/
    if(p!=-1)                                 /*若p!=-1,表明已经找到该数组元素*/
    {
        printf("Number:%s,\n",temp[p].num);
        printf("Name:%s,",temp[p].name);
        getValidLength(temp[p].name,sizeof(temp[p].name),"input new name:");

        printf("Name:%s,",temp[p].phoneNumber);
        getValidLength(temp[p].phoneNumber,sizeof(temp[p].phoneNumber),"input new telephone:");

        printf("Name:%s,",temp[p].address);
        getValidLength(temp[p].address,sizeof(temp[p].address),"input new address:");

        printf("\n=====>modify success!\n");
        getchar();
        displayTele(temp,n);
        getchar();
        gSaveFlag=1;
    }
```

```
        else
        {notFound();
         fflush(stdin);
         getchar();
        }
        return ;
    }
    /*************************************************************************
    * 函数名   : deleteTele()
    * 功  能   : UI 上删除电话簿记录,先找到保存该记录的数组元素的下标值,然后在数组中删除该数
组元素
    * 输 入    : 1)TeleBook 的数组 temp[] temp[]为传址方式,删除电话在 temp[]上操作
    *            2)n 为 temp[] 的大小,即电话条数
    * UI 交互  : 输入删除查询方式:1 按姓名 2 按电话
    *           :输出:找到后返回下标,并直接屏幕打印
    * 输    出 : 记录条数 n
    */
    int deleteTele(TeleBook temp[],int n)
    {
        int sel;                /* 删除的选项 1 or 2 ,其他选项则退出删除模块 */
        char searchKey[20]; /* 删除的关键字 */
        int p = 0,i = 0;
        /* 如果记录条数为 0,则打印无电话记录,并退出模糊 */
        if(n<=0)
        { system("cls");
          printf("\n=====>No telephone record! \n");
          getchar();
          return n;
        }
        /*  首先显示当前记录,在当前记录下显示删除的子菜单,提供两个删除选项 */
        system("cls");
        displayTele(temp,n);
        printf("\n     =====>1 deleteTeleete by name");
        printf("\n     =====>2 deleteTeleete by telephone number\n");
        printf("     please choice[1,2]:");
        scanf("%d",&sel);

        /* 根据选项 1,2 分别按 name 和 phoneNumber 处理,而之外的选项,则退出函数模块,回到主菜单 */
        if(sel == 1)   /* 按姓名查找,找到后删除,否则提示没有找到 */
        {
            getValidLength(searchKey,sizeof(temp[n].name),"input the existing name:");
            p = locateTele(temp,n,searchKey,"name");
            getchar();
            if(p!= -1)
            {
```

```
            /* 删除下标为 p 的记录，后面记录前移，即用 p+1 覆盖 p,p+2 覆盖 p+1,…用库函数字
符串 strcpy 实现字符串 */
            for(i=p+1;i<n;i++)
            {
                strcpy(temp[i-1].num,temp[i].num);
                strcpy(temp[i-1].name,temp[i].name);
                strcpy(temp[i-1].phoneNumber,temp[i].phoneNumber);
                strcpy(temp[i-1].address,temp[i].address);

            }
            printf("\n==>delete success!\n");
            n--;
            getchar();
            gSaveFlag=1;
        }
        else
            notFound();
        getchar();
    }
    else if(sel==2)                    /* 按电话号码查找,找到后删除,否则提示没有找到 */
    {
         getValidLength(searchKey,sizeof(temp[n].phoneNumber),"input the existing telephone
number:");
        p=locateTele(temp,n,searchKey,"phoneNumber");
        getchar();
        if(p!=-1)
        {
            for(i=p+1;i<n;i++)  /* 删除下标为 p 的记录，后面记录前移 */
            {
                strcpy(temp[i-1].num,temp[i].num);
                strcpy(temp[i-1].name,temp[i].name);
                strcpy(temp[i-1].phoneNumber,temp[i].phoneNumber);
                strcpy(temp[i-1].address,temp[i].address);
            }
            printf("\n=====>delete success!\n");
            n--;
            getchar();
            gSaveFlag=1;
        }
        else
            notFound();
        getchar();
    }
    return n;
}
```

【代码】工程 CTraining-3 的完整的代码略。

4. 修改模块功能改进(可选)

在人们日常生活中常见的应用需求:在电话簿中需要更改电话号码,保持其他信息不变。

但现在设计的修改功能操作起来非常烦琐，不仅需要输入姓名进行查找，在找到记录后，还需要将姓名、电话号码和地址全输入一遍。

改进方案是只需输入电话号码，而对于其他不改变的项，仅仅输入字符 Y 就行(表示不修改此项)，以减少录入操作的工作量。具体修改方案是，在 getValidLength()函数中，给输入语句“scanf("%s",n);”增加一个判断，如果输入的是单字符 Y 或 y，则退出程序，不将此字符作为真实录入姓名、电话号码或地址，仅当其他输入时，才作为真实录入的值。

优化后的 getValidLength()函数的定义如下：

```
void getValidLength(char * t,int lens,char * notice)
{
    char n[255];
    do{
        printf(notice);     /* 显示提示信息 */
        scanf(" %s",n);     /* 输入字符串 */
        if((n[0] == 'Y'||n[0]=='y')&&(strlen(n) == 1)) return;/* 如果不修改默认值，则输入
单字符 Y 或 Y */
        if(strlen(n)> lens) printf("\n exceed the required length! \n");
        /* 进行长度校验，超过 lens 值重新输入 */
    }while(strlen(n)> lens);
    strcpy(t,n);            /* 将输入的字符串拷贝到字符串 t 中 */

}
```

注意：这里为了优化而修改了 getValidLength()函数，但前面已开发完成的“添加记录”“删除记录”函数都调用了这个函数，这时在修改时需要慎重，要保证修改后的 getValidLength()函数不影响前面已开发完成的函数。

对上述修改方案评估和测试后得知，getValidLength()函数的修改方案对前面的程序代码没有影响。

19.4 查询、插入和排序记录模块的详细设计

1. 查询记录模块 queryTele()的流程分析

根据需求，查询记录模块 queryTele()的定义如下：

```
void queryTele(TeleBook temp[],int n)
```

模块的输入参数为 TeleBook 数组变量 temp 以及当前记录的条数 n，由 main()函数调用，并传入实参。

qureyTele()模块的功能是，进入该模块后，首先显示查询子菜单，即两个选项，1 选择按姓名查询，2 选择按电话号码，如果选择 1、2 外的值，则提示输入错误，并返回主菜单；如果选择 1 按姓名查询，则提示输入姓名，调用 getValidLength()函数得到有效长度的姓名，然后调用 locateTele()函数定位姓名所在的记录，并将记录打印显示。

图 19.12 是进入 queryTele()模块子菜单的 UI 界面示例，图 19.13 是 queryTele()模块的实现流程图。

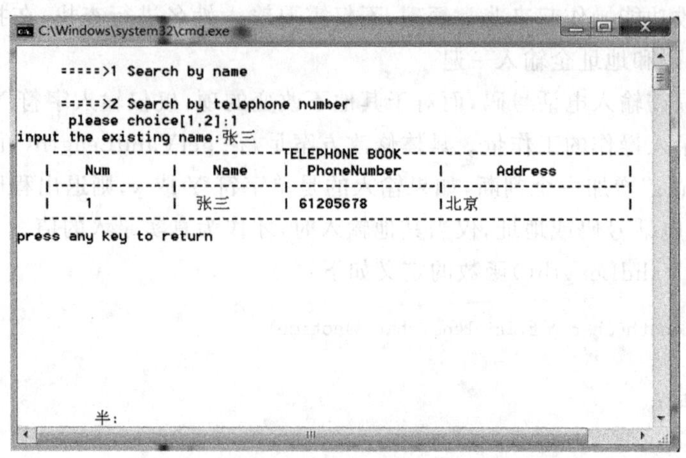

图 19.12　queryTele()模型的子菜单 UI 界面示例

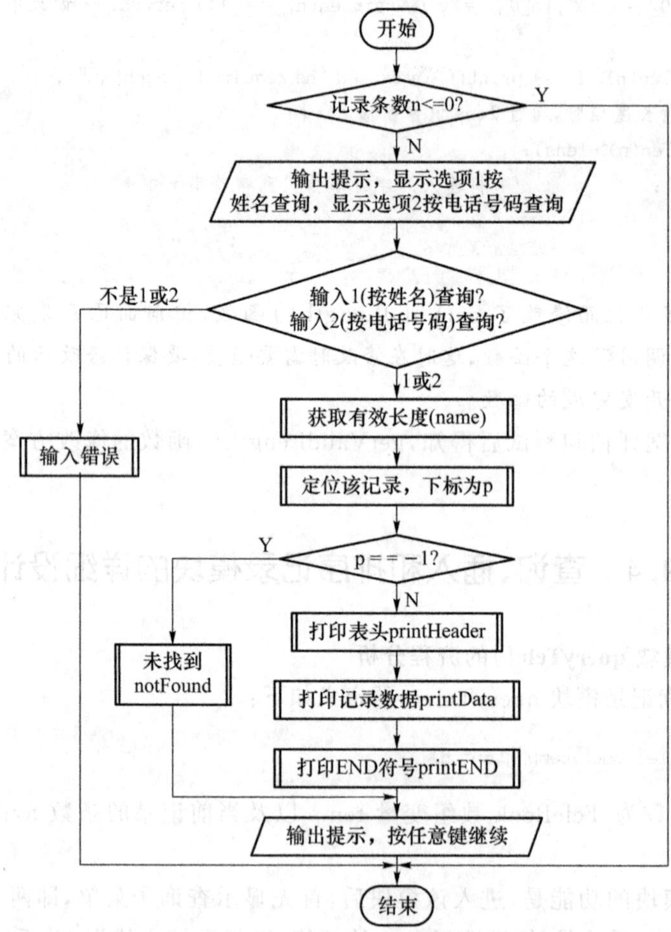

图 19.13　queryTele()模块的实现流程图

在图 19.13 中，调用了 7 个函数。

① 获取有效长度函数 getValidLength()，在前文中已经讲过，在这里用于获取用户输入的关键字 name、phoneNumber，并且获得有效长度范围的值。

② 定位记录函数 locateTele()：在这里其调用方法与删除记录中的相同，不再赘述。

③ 未找到记录函数 notFount()：如果输入的姓名在记录中未查到，则调用该函数进行提示——"Not find this telephone record!"。

④ 输入错误函数 inputError()：如果用户输入的不是 1、2 选项，则调动该函数输出"Error：input has wrong! press any key to continue"。

⑤～⑦ printHeader()、printData(temp[p])和 printf(END)函数：如果找到记录，则先后调用这 3 个函数打印输出表格头、表中记录数据，以及表格最后结束线。

2. 插入记录模块 insertTele()的流程图

根据需求，查询记录模块的定义如下：

```
int insertTele(TeleBook temp[],int n);
```

模块的输入参数为 TeleBook 数组变量 temp 以及当前记录的条数 n，由 main()函数调用，并传入实参。

insertTele 模块的功能是：进入该模块后，首先显示现有记录，以便找到插入序号；其次提示选择插入在哪个序号之后，如果输入的序号不存在，则提示重新输入，如果输入的序号存在，则提示输入将要插入的记录信息——序号、姓名、电话号码和地址，并检查有效长度；再次将插入的信息临时保存在结构体变量中，将插入点之后的记录依次向后移动一个记录的下标位置，以空出插入点，并插入刚才临时保存的结构体变量；最后记录数量加 1，并显示所有记录。图 19.14 是进入 insertTele 的子菜单 UI 示例，图 19.15 是 insertTele 的实现流程图。

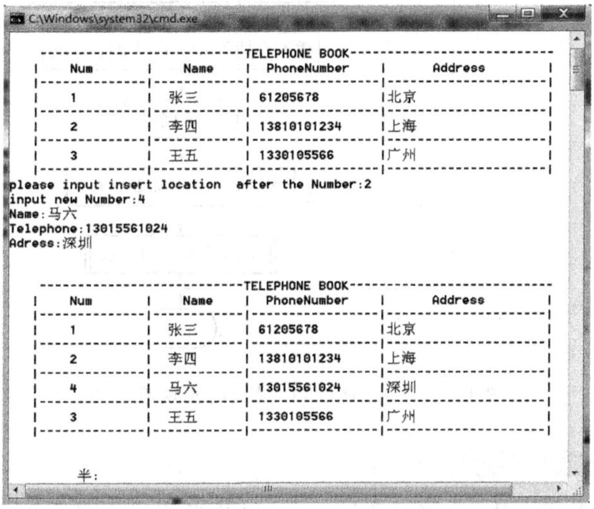

```
C:\Windows\system32\cmd.exe
 ---------------------------TELEPHONE BOOK------------------------------
 |    Num      |    Name    |  PhoneNumber   |        Address         |
 |-------------|------------|----------------|------------------------|
 |    1        |  张三      |  61205678      |北京                    |
 |-------------|------------|----------------|------------------------|
 |    2        |  李四      |  13810101234   |上海                    |
 |-------------|------------|----------------|------------------------|
 |    3        |  王五      |  1330105566    |广州                    |
 |-------------|------------|----------------|------------------------|
please input insert location  after the Number:2
input new Number:4
Name:马六
Telephone:13015561024
Adress:深圳

 ---------------------------TELEPHONE BOOK------------------------------
 |    Num      |    Name    |  PhoneNumber   |        Address         |
 |-------------|------------|----------------|------------------------|
 |    1        |  张三      |  61205678      |北京                    |
 |-------------|------------|----------------|------------------------|
 |    2        |  李四      |  13810101234   |上海                    |
 |-------------|------------|----------------|------------------------|
 |    4        |  马六      |  13015561024   |深圳                    |
 |-------------|------------|----------------|------------------------|
 |    3        |  王五      |  1330105566    |广州                    |
 |-------------|------------|----------------|------------------------|

      半:
```

图 19.14　insertTele()模块的子菜单 UI 界面示例

在 19.15 所示的流程中，调用了 5 个函数。

① 显示记录函数 display()，分别在插入记录前和插入后显示记录。

② 获取有效长度函数 getValidLength()，在这里用于获取用户输入 num、name、phoneNumber 和 address，并且获得在有效长度范围内的值。

③ 插入记录模块 insertTele，其还调用了库函数 strcmp()和 strcpy()，分别用于字符串比较和字符串复制，需要熟练掌握使用方法。

3. 排序记录模块 sortTele()的流程分析

根据需求，排序记录模块 sortTele()的定义如下：

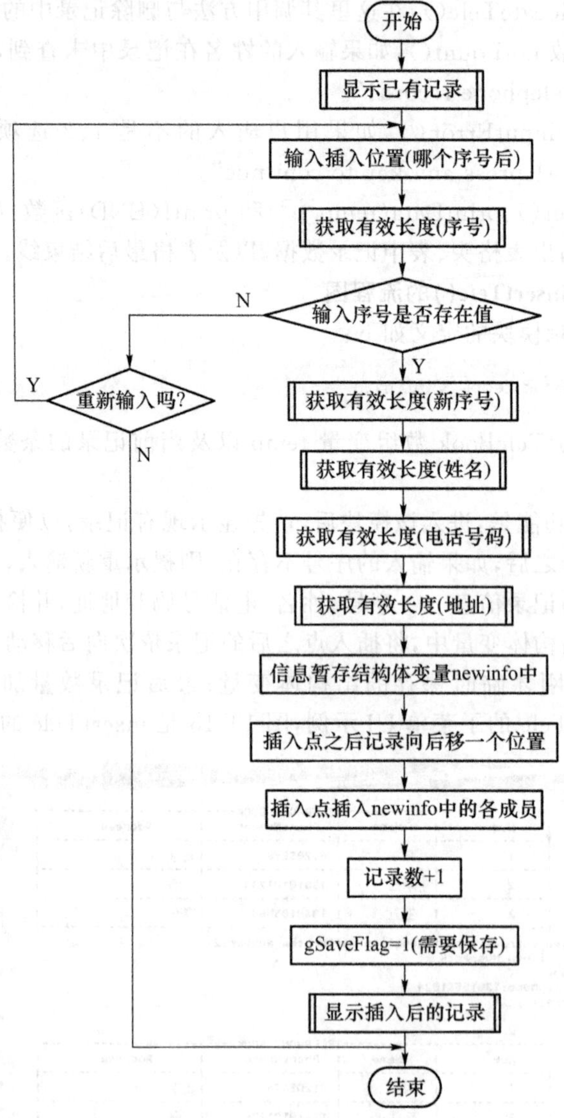

图 19.15　insertTele()模块的实现流程图

```
int sortTele(TeleBook temp[],int n)
```

模块的输入参数为 TeleBook 数组变量 temp 以及当前记录的条数 n,其由 main()函数调用,并传入实参。

sortTele()模块的功能是,进入该模块后,首先判断记录条数是否小于或等于 0,如果是,则退出,否则显示现有记录,然后显示子菜单,其有两个选项,1 是按照序号排序,2 是按照姓名排序,提示用户选择,如果选择的不是数字 1、2,则提示错误,并退出。如果输入为 1,表示按序号排序,则将序号从字符串数字转换为 int 型变量,并利用中间交换变量,按升序排序,排序完成后,显示排序后的结果。如果输入为 2,表示按姓名排序,则直接比较姓名字符串,并利用中间交换变量,按降序排序,排序完成后,显示排序后的结果。如图 19.16 是进入 sortTele()模块的子菜单 UI 示例,图 19.17 是 sortTele()模块的实现流程图。

```
C:\Windows\system32\cmd.exe
 --------------------------TELEPHONE BOOK---------------------------
|   Num      |    Name    |  PhoneNumber   |       Address          |
|------------|------------|----------------|------------------------|
|   1        |   张三     |  61205678      |北京                    |
|------------|------------|----------------|------------------------|
|   2        |   李四     |  13810101234   |上海                    |
|------------|------------|----------------|------------------------|
|   4        |   马六     |  13015561024   |深圳                    |
|------------|------------|----------------|------------------------|
|   3        |   王五     |  1330105566    |广州                    |
|------------|------------|----------------|------------------------|
  ==>1 SORT BY NUMBER    ==>2 SORT BY NAME
  please choice[1,2]:2

 --------------------------TELEPHONE BOOK---------------------------
|   Num      |    Name    |  PhoneNumber   |       Address          |
|------------|------------|----------------|------------------------|
|   1        |   张三     |  61205678      |北京                    |
|------------|------------|----------------|------------------------|
|   3        |   王五     |  1330105566    |广州                    |
|------------|------------|----------------|------------------------|
|   4        |   马六     |  13015561024   |深圳                    |
|------------|------------|----------------|------------------------|
|   2        |   李四     |  13810101234   |上海                    |
|------------|------------|----------------|------------------------|
       半:
```

图 19.16　sortTele()模块的子菜单 UI 界面示例

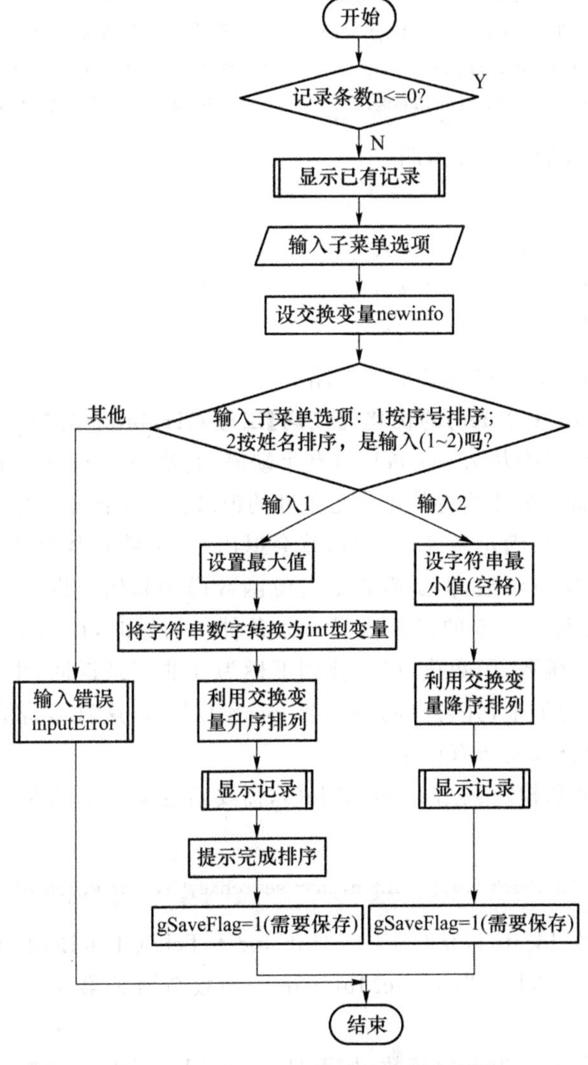

图 19.17　sortTele()模块的实现流程图

在 19.17 所示的流程中，调用了两个函数。

① 显示记录函数 display()：分别在插入记录前和插入记录后显示记录。

② 调用输入错误函数 inputError()：如果用户输入的不是 1、2 选项，则调用该函数输出“Error：input has wrong! press any key to continue”。

在排序记录模块 sortTele()模块中还调用了库函数 atoi()、strcmp()和 strcpy()，分别用于将字符串数字转为 int 变量类型、字符串比较和字符串复制，需要熟练掌握其使用方法。

在具体排序(升序或降序)实现上，本例采用选择排序方法，当然也可以采用其他排序方法。

4. 本节代码实现

本次迭代后，增加了查询、插入和排序记录模块，在 19.3 节代码的基础上做了修改和装配。

① 在 main()函数 switch-case 语句中添加了 queryTele addTele()、insertTele()、sortTele()和 inputError()函数，并且传入相关参数。

```
case 4:queryTele(tele,count);break;            /*调用查询电话簿记录*/
case 6:count = insertTele(tele,count);break;   /*调用插入电话簿记录*/
case 7:sortTele(tele,count);break;             /*调用排序记录电话簿记录*/
default: inputError();getchar();break;         /*按键有误,必须为数值0～9*/
```

② 增加了如下函数的定义和声明。

```
void inputError();
void queryTele(TeleBook temp[],int n);
int insertTele(TeleBook temp[],int n);
void sortTele(TeleBook temp[],int n);
```

【代码】工程 CTraining-4 的完整的代码略。

5. 查询记录模块 queryTele()的优化(【代码】工程 CTraining-3.5)

上述实现的查询记录模块 queryTele()有个缺陷，每次进入查询功能时，只能查找到第一条满足条件的记录，在此之后不再寻找也满足条件的记录。这个问题是定位函数 locateTele()的功能导致的，当查到第一条满足条件记录时，就会退出，为了使查找到满足条件记录后继续向后查找，可以多次调用定位函数，但是需要给定位函数增加起始查询号。假如有 6 条记录，记录下标从 0～5，其中下标为 3、5 的记录满足查找条件。初始时，调用 locateTele()函数查找，需将记录下标 0 传给该函数，函数执行后，找到下标为 3 的记录返回，由于下标 3 不是最后一条记录，则需要将下标记下来，并再次调用函数 locateTele()，这时需将下标 4 传给该函数，继续查找，以此往复直到查询完所有记录。

为了不影响其他函数模块调用 locateTele()，需要新定义一个函数：

```
locateMutiTele:
int locateMutiTele(TeleBook temp[],int n,char searchKey[],char whichSel[],int start)
```

对比原来的函数 locateTele()——“int locateTele(TeleBook temp[], int n, char searchKey[],char whichSel[])”，locateMutiTele()函数新增了第 5 个参数，表示开始查询的记录下标值。

另外，还需要重写 queryTele()函数，如下是 locateMutiTele()函数和 queryTele()函数的

实现代码。

```
/*************************************************************************
 * 函数名   : locateMutiTele()
 * 功  能   : 用于多次定位数组中符合要求的记录,并返回该记录的数组元素下标值
 * 输 入    : 1)TeleBook 的数组 temp[] 2)n 为 temp[] 的大小,即电话条数
 *            3)searchKey 为查找关键词,即电话号码或姓名
 *            4)whichSel 为"哪个选项",取值为"phoneNumber"或者"name"
 *            5)start 为下标的开始值,取值从 0 到 n
 * UI 交互  :  无
 * 输   出  : int 型,temp 数组下标,或者 -1,表示没找到
 */
int locateMutiTele(TeleBook temp[],int n,char searchKey[],char whichSel[],int start)
{
    int i = start;
    if(strcmp(whichSel,"phoneNumber") == 0)                 /* 按电话号码查询 */
    {
        while(i<n)
        {
            if(strcmp(temp[i].phoneNumber,searchKey) == 0) /* 若找到 searchKey 值的电话号码 */
                return i;
            i++;
        }
    }
    else if(strcmp(whichSel,"name") == 0)                   /* 按姓名查询 */
    {
        while(i<n)
        {
            if(strcmp(temp[i].name,searchKey) == 0)         /* 若找到 searchKey 值的姓名 */
                return i;
            i++;
        }
    }
    return -1;                                              /* 若未找到,返回一个整数 -1 */
}
```

```
/*************************************************************************
 * 函数名   : queryTele()
 * 功  能   : UI 上,按编号或姓名,查询电话簿记录
 * 输 入    : 1)TeleBook 的数组 temp[] 2)n 为 temp[] 的大小即电话条数
 * UI 交互  : 输入查询方式:1 按姓名 2 按电话 3 返回主菜单
 *          : 输出:找到后返回下标,并直接屏幕打印
 * 输   出  : 无
 */
```

```
void queryTele(TeleBook temp[],int n)
{
    int select;                     /*1则按姓名查,2则按电话号码查,其他则返回主界面(菜单)*/
    char searchinput[20];           /*保存用户输入的查询内容*/
    int p=0;
    int begin =0;                   /*查找记录时的开始下标*/
    system("cls");
    if(n<=0)                        /*若数组为空*/
    {
        printf("\n=====>No telephone record!\n");
        getchar();
        return;
    }
    printf("\n      =====>1 Search by name\n");
    printf("\n      =====>2 Search by telephone number\n");
    printf("      please choice[1,2]:");
    scanf("%d",&select);
    if(select==1)                   /*按姓名查询*/
    {
        getValidLength(searchinput,10,"input the existing name:");
        while(1)
        {
            p=locateMutiTele(temp,n,searchinput,"name",begin);
            begin =p+1;
            /*在数组temp中查找编号为searchinput值的元素,并返回该数组元素的下标值*/
            if(p!=-1)           /*若找到该记录*/
            {
                printHeader();
                printData(temp[p]);
                printf(END);
                printf("press any key to search next\n");
                fflush(stdin);
                getchar();
            }
            else
            {
            notFound();
            break;
            }
        }
        getchar();
    }
    else if(select==2)              /*按电话号码查询*/
    {
        getValidLength(searchinput,15,"input the existing telephone number:");
        while(1)
        {
            p=locateMutiTele(temp,n,searchinput,"phoneNumber",begin);
```

```
            begin = p+1;
            /*在数组temp中查找编号为searchinput值的元素,并返回该数组元素的下标值*/
            if(p!=-1) /*若找到该记录*/
            {
                printHeader();
                printData(temp[p]);
                printf(END);
                printf("press any key to search next\n");
                getchar();
            }
            else
            {
                notFound();
                break;
            }
        getchar();
        }
    }
    else
        inputError();
    getchar();

}
```

19.5 C语言代码的调试

软件调试的目的是诊断、定位和改正程序中的错误,保证程序正确地执行。在完成C语言编写代码后,首先要进行编译和链接,成功之后才能生成和运行可执行文件,而错误可能出现在编译、链接和运行过程中,这就需要对代码进行调试,一般可以采用以下方式定位和解决这些错误。

① 通过源代码错误提示定位错误。例如,在VS 2010中,带红色波浪线的代码是编译器指出的错误,如图19.18所示,return下面的红色波浪线说明在这个位置提示出错误,但是这种错误可能是前面的代码行引起的,向前查找,可以看到上一行getchar()后面未加分号。

```
void saveTele(TeleBook temp[],int n)
{
    FILE* fp;
    int i=0;
    fp=fopen("telephon","w");/*以只写方式打开文本文件*/
    if(fp==NULL) /*打开文件失败*/
    {
        printf("\n=====>open file error!\n");
        getchar()
        return ;
    }
```

图19.18 return下面的红色波浪线提示错误

② 通过编译错误提示定位错误。在使用 VS 2010 编译代码后，如果出现编译错误，在输出窗口会产生相应提示，需要解决其中的 error 类错误，双击 error 那行提示，该行会字体反白，底色变成蓝色，同时光标会指示到代码区出错的那一行，如图 19.19 所示，这个错误提示是：

```
error C2143：语法错误 ：缺少“;”(在“return”的前面)
```

这种错误可能是前面的代码行引起的，分析光标所在行以及前面行的代码得知，错误原因是上一行 getchar()后面未加分号，其他编译错误可以类似查询、分析并解决。

```
void saveTele(TeleBook temp[], int n)
{
    FILE* fp;
    int i=0;
    fp=fopen("telephon","w");/*以只写方式打开文本文件*/
    if(fp==NULL) /*打开文件失败*/
    {
        printf("\n=====>open file error!\n");
        getchar()
        return ;
    }
    for(i=0;i<n;i++)
    {
        if(fwrite(&temp[i],sizeof(TeleBook),1,fp)==1)/*每次写一条记录或一个结构数组元素至文件*/
        {
            continue;
        }
        else
        {
```

```
100 %
输出
显示输出来源(S): 生成
1>d:\vs2010-workspace\ctraining-6\ctraining-6\telephone.c(371): warning C4244: “=”: 从“double”转换到“float”，可能
1>d:\vs2010-workspace\ctraining-6\ctraining-6\telephone.c(410): warning C4996: 'fopen': This function or variable may b
1>          d:\program files\microsoft visual studio 10.0\vc\include\stdio.h(234) : 参见“fopen”的声明
1>d:\vs2010-workspace\ctraining-6\ctraining-6\telephone.c(415): error C2143: 语法错误 : 缺少“;”(在“return”的前面)
1>d:\vs2010-workspace\ctraining-6\ctraining-6\telephone.c(481): warning C4129: “ ”: 不可识别的字符转义序列
1>
1>生成失败。
1>
1>已用时间 00:00:00.60
========== 生成: 成功 0 个，失败 1 个，最新 0 个，跳过 0 个 ==========
```

图 19.19　点击输出区 error 的情况

③ 分析链接错误。在初学 C 语言时，一个工程通常只由一个源文件构成，链接错误相对比较容易分析，一种常见的链接错误如图 19.20 所示。出现错误提示(可执行文件 exe 无法打开……)的原因是上次运行时控制台窗口没有关闭，造成链接后生成 exe 时，无法覆盖掉上次旧 exe。解决方法很简单，将上次运行的控制台窗口关闭即可。

```
1>LINK : fatal error LNK1104: 无法打开文件“D:\vs2010-workspace\CTraining-6\Debug\CTraining-6.exe”
1>
1>生成失败。
1>
1>已用时间 00:00:00.26
========== 全部重新生成: 成功 0 个，失败 1 个，跳过 0 个 ==========
```

图 19.20　一种常见的链接错误

④ 在程序中增加 printf 语句，跟踪运行错误。当编译和连接通过后，若运行时出现了与预期不同的结果，则可以在代码适当位置插入一些 printf 语句，并将必要的变量打印出来，查看在哪步出现了问题。

⑤ 使用 VS 2010 的调试模式。当编译和连接通过后，运行时出现了与预期不同的结果，

可以使用 VS 2010 的调试模式运行程序，在调试模式下，让程序按断点运行，或单步运行，并利用调试模式下的变量窗口，查看程序中变量的值是否与预期相同，从而找到和排除错误，具体步骤如下。首先，在认为出错的地方，为代码设置一个或多个断点，使用 VS 2010 中的调试菜单——新建断点功能，为光标所在行的代码设置断点，也可以在源代码上使用右键，为光标所在行的代码设置断点。如图 19.21 所示，在函数调用 getValidLength 行上设置了断点（行前有个圆点）。其次，使用 VS 2010 中的调试菜单——启动调试（F5），让程序以调试方式运行，程序会在第一个断点处停下，观察变量窗口和输出窗口，查看程序中变量的值是否与预期相同，如图 19.22 所示。另外，程序运行到断点处后，还可以使用单步运行命令，让程序按代码逐行运行，单步运行的快捷键为 F10 或 F11，其中 F10 将函数调用作为一行代码，一步执行完成，而 F11 会在进入函数内执行。在每步调试时，局部变量都会随着程序的运行而变化。最后，退出调试模式。如果找到了问题，就可以退出调试模式，在调试菜单-停止调试，修改代码后，再次编译和运行。

```
while(1) /*一次可输入多条记录，直至输入编号为0的记录才结束添加操作*/
{
    while(1) /*输入记录编号，保证该编号没有被使用，若输入编号为0，则退出添加记录操作*/
    {
        getValidLength(tempNum,sizeof(temp[n].num),"input number(press '0'return menu):");
        flag=0;
        if(strcmp(tempNum,"0")==0) /*输入为0，则退出添加操作，返回主界面*/
        {return n;}
        i=0;
        while(i<n) /*查询该编号是否已经存在，若存在则要求重新输入一个未被占用的编号*/
        {
            itoa(temp[i].num,tempBuffer,10);
            if(strcmp(tempBuffer,tempNum)==0)
            {
```

图 19.21　在函数调处用设置了断点

```
while(1) /*一次可输入多条记录，直至输入编号为0的记录才结束添加操作*/
{
    while(1) /*输入记录编号，保证该编号没有被使用，若输入编号为0，则退出添加记录操作*/
    {
        getValidLength(tempNum,sizeof(temp[n].num),"input number(press '0'return menu):");
        flag=0;
        if(strcmp(tempNum,"0")==0) /*输入为0，则退出添加操作，返回主界面*/
        {return n;}
        i=0;
        while(i<n) /*查询该编号是否已经存在，若存在则要求重新输入一个未被占用的编号*/
```

100 %

局部变量

名称	值	类型
⊞ temp	0x0046ed3c {num=-858993460 nar	telebook *
n	0	int
ch	-52 '?'	char
⊞ tempNum	0x0046ec20 "烫烫烫烫烫烫烫烫	char [10]
flag	0	int
⊞ tempBuffer	0x0046ec08 "烫烫烫烫烫烫烫烫	char [15]
i	-858993460	int

图 19.22　在断点处检查局部变量是否与预期相同

第 20 章　实训任务测试和文档

在上述开发过程中，总体上采用了软件工程的瀑布式开发方式，在具体实现时采用了迭代开发方式。

迭代开发是指每次只设计和实现软件产品的一部分功能，以此逐步完成所有功能，每次设计和实现的一个阶段叫作一次迭代。在迭代开发方法中，整个开发工作被组织为一系列短小的项目，每次迭代都包括了需求分析、设计、实现与测试。迭代一般还需要制订完成后的版本。目前，迭代开发和敏捷开发都弥补了传统开发方式中的一些不足，具有更高的成功率和生产率。

实训任务项目从 18.1 节软件结构设计和 19.1 节主模块 main()的详细设计，到 19.2 节添加和显示记录模块的详细设计，再到 19.3 节删除和修改记录模块的详细设计，最后到 19.4 节查询、插入和排序记录模块的详细设计，分成了 4 个子任务进行迭代开发，而每次迭代子任务的结果都是一个编译通过、可以运行并做过单元测试的版本。

20.1　实训任务测试

实训任务的迭代开发中，每次迭代完成后都要做相应的单元测试。本节主要介绍测试方法和改进方法。

从测试中发现不符合需求的问题，或者虽然在需求分析中没有详细描述，但与用户交互习惯明显不适应的问题，发现这些问题后需要进行软件的改进。

在改进前需要仔细分析修改对整个软件会产生多大影响，以及对哪些部分会产生影响等问题。在代码修改时，需将所影响到的功能代码一并修改、完善。

1. 软件测试

软件测试是保证软件质量的关键步骤，软件测试按照不同维度可以分为多种类型，典型的分类方法有白盒测试和黑盒测试、静态分析和动态测试，按照软件周期理论，软件测试分为 4 个步骤，即单元测试、集成测试、验收测试和系统测试。

在实训任务中，迭代过程主要采用单元黑盒测试，而在迭代结束，所有功能已开发完成时，主要采用集成黑盒测试。黑盒测试是在已知产品的功能设计规格的情况下，测试和证明每个实现了的功能是否符合要求。

不论采用哪种测试方法，一般都需要编写测试用例，依据需求规格说明书，编写每个功能点的测试输入数据和与之对应的预期输出结果；测试用例要完备，覆盖所有的功能点。一般来说，对于同一功能点，可提供正向测试用例(positive test case)、反向测试用例(negtive test case)。正向测试用例通常指系统支持的输入或状态，而反向测试用例通常指系统不支持的输入或状态，反向测试用例可以检查系统的容错能力和可靠性。例如，假设一个输入只能接受输入数字 0～9，那么正向测试用例可以为 0、1、2、3、4、5、6、7、8、9，反向测试用例可以为其他值。

2. 实训项目测试用例编写

根据 16.3 节的实训任务需求，一组测试用例示例如表 20.1 所示。

表 20.1 软件测试及执行结果

标号	项目	预期结果	实际结果	错误	错误复现
1	主函数菜单	美观规整的菜单	主菜单格式不对	格式化输出有误	每次
2	添加记录	记录正确输入	地址没有记入	地址赋值不对	偶尔
3	显示记录	记录正确显示	记录正确显示	无	无
4	删除记录	记录正确删除	按电话号码删除没有成功	记录定位函数参数错误	每次
5	查询记录	查询结果正确	查询结果正确	无	无
6	修改记录	记录正确修改	提示信息不正确	提示信息设置错误	每次
7	插入记录	记录正确插入	丢掉了一条记录	插入点后的记录没有做向后移位	每次
8	排序记录	记录按姓名或编号正确排序	部分记录未排序	循环次数设置不对	经常
9	保存记录	正确保存到文件	正确保存到文件	无	无
10	退出	正常退出	正常退出	无	无

3. 测试出的问题及代码改进(【代码】代码 CTraining-5 略)

下面说明第 19 章开发的代码中存在的一些问题和针对这些问题提出的改进方法。

(1) 启动界面的改进

在软件启动界面，显示当前记录之后，会停留在该界面，并没有提示用户应该如何操作，如图 18.2 所示。为了增加交互的友好型，可以提示用户按任意键到主菜单。

改进分析：这个改进只涉及 UI 界面提示，具体说，是在 main()函数中原来打印输出记录个数语句之后，再增加一个语句“printf("\ Press Enter to main menu\n",count);”，对其他代码没有影响，改进之后启动界面的运行效果如图 20.1 所示。

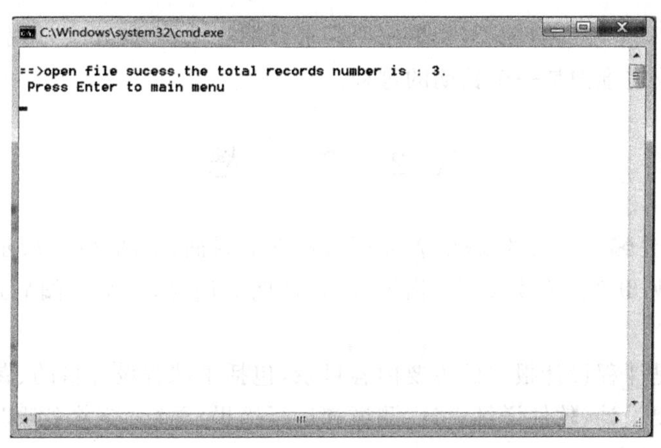

图 20.1 改进之后启动界面的运行效果

(2) 各子菜单退出的改进

从主菜单进入各子菜单之后,各子菜单应该提供直接退出主菜单的功能,以防误入菜单,特别是防止误入后造成对记录的误改动。

在第 19 章软件实现中,各子菜单都具备退出功能,但是提示上不够明确,可以增加更明确的退出提示,该改进方案与启动界面的改进方案类似,并且不会对其功能产生影响,这个改进比较简单,不再具体描述。

(3) 删除记录模块的 bugs()和 getchar()使用注意问题

在进入删除功能后,输入不存在的姓名时本应该显示"Not find this telephone record!",然后按回车键才退回到主菜单。但是在程序运行时,该提示语句一现而过,直接回到主菜单,相关代码如下,经分析知道上面的打印提示是 notFound()函数输出的。

```
else
    {   notFound();
        getchar();
    }
    return;
```

出现这个问题的原因,是在程序中出现了 scanf()和 getchar()语句连用的情况。实际上,在上述语句块前执行 getValidLength()函数时,在该函数中调用了"scanf("%s",n);",从而使"scanf("%s",n);"与上述代码块 getchar()产生连用。这两个语句连用后,scanf()在输入缓冲区中会保留"回车符",而该回车符被 getchar()获得,相当于用户按了回车键,导致用户在没有任何按键输入的情况下直接回到了主菜单。解决的方法是,在 getchar()之前,使用 fflush(stdin)清空输入缓冲区,代码改为

```
else
    {   notFound();
        fflush(stdin);
        getchar();
    }
    return;
```

上面仅仅举了 3 个改进的例子,如果按照需求仔细测试,可能还会发现其他需要改进的问题,软件的开发和改进维护是一个长期的过程。

20.2 文　档

本实训课程需要编写正式的文档,首先要有标准的封面,如图 20.2 所示,在封面中标明了课程设计名称、专业、班级、学号、姓名、指导教师、日期等信息,教师批阅后还需在封面上登记成绩。

图 20.3 所示是课程设计报告的主要内容目录,包括了课程设计目的、课程设计内容、系统需求分析、软件概要设计、软件详细设计、测试和运行结果、总结、参考文献以及源代码,涵盖了软件工程开发文档的大部分内容。

课 程 设 计 报 告

课程设计名称 高级语言程序设计C

专　　业 计算机科学与技术

班　　级 　　　班

学　　号 ________

姓　　名 ________

指导教师 ________

成　　绩 ________

2021年 12 月 6日

图 20.2　课程设计报告封面

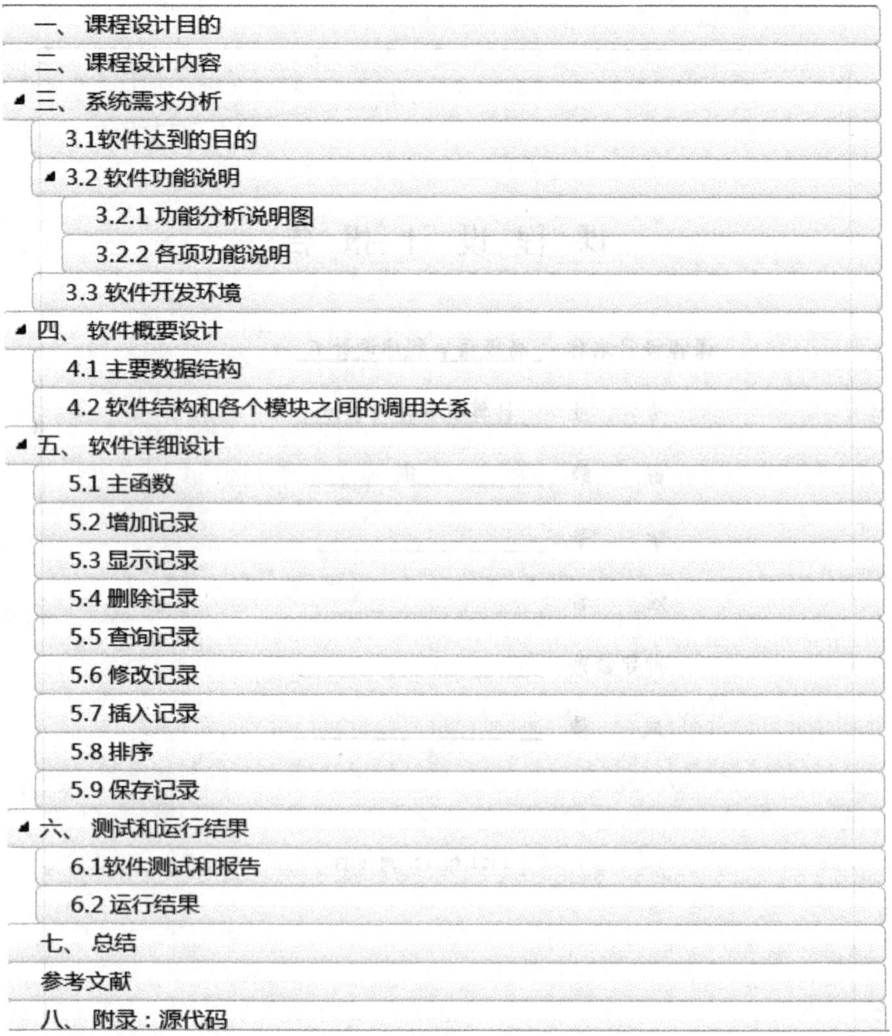

一、 课程设计目的
二、 课程设计内容
三、 系统需求分析
  3.1软件达到的目的
  3.2 软件功能说明
    3.2.1 功能分析说明图
    3.2.2 各项功能说明
  3.3 软件开发环境
四、 软件概要设计
  4.1 主要数据结构
  4.2 软件结构和各个模块之间的调用关系
五、 软件详细设计
  5.1 主函数
  5.2 增加记录
  5.3 显示记录
  5.4 删除记录
  5.5 查询记录
  5.6 修改记录
  5.7 插入记录
  5.8 排序
  5.9 保存记录
六、 测试和运行结果
  6.1软件测试和报告
  6.2 运行结果
七、 总结
参考文献
八、 附录：源代码

图 20.3 课程设计报告的主要内容

第 21 章　实习任务总结和改进方案

在 C 语言实训任务中，实训任务示例的代码有 750 多行，相比 C 语言程序设计课中的上机操作题，实训任务的代码量更大，代码结构也更复杂。

21.1　实训任务总结

下面对实训任务中所涉及的开发思路、C 语言特点和主要知识点进行简要总结。

① 实训任务虽然最终实现为一套代码，相比一般商业代码的量要小很多，但是“麻雀虽小五脏俱全”，在实训任务中，采用了软件工程的开发方式，从需求分析开始，到概要设计、详细设计、代码实现、调试和测试、编写文档，这些过程是大型软件开发的基本流程。

② 实训任务采用步步迭代的思路。在上述开发过程中，总体上采用了软件工程的瀑布式开发方式，在具体实现时采用了迭代开发的思路。19.1～19.4 节将问题分成多个迭代步骤，每个迭代后保证代码编译通过，并且运行结果正确。

③ C 语言程序设计是结构化程序设计、自顶向下设计，将问题分解为多个模块，即采用模块设计方法，逐步求精地解决各个模块的具体设计问题。其中，问题分解和模块划分体现了计算思维中抽象和设计的思维方法；模块分解与重用、函数之间的参数传递体现出计算思维中协调和通信的概念。

④ 在实训任务中制定了代码规范，增加了代码的可读性和可维护性。例如，在开发中将结构体定义为大写字母开头的 TeleBook，而结构体变量以小写字母开头，在语句“Telebook tele;”或“TeleBook temp[100]”中，可以明确区分出 TeleBook 是变量类型，而 tele、temp[100] 是变量。

⑤ 实训任务的编码工作覆盖了 C 语言中的很多基础知识，如 C 语言常量、变量、多种运算符、3 种典型结构、数组、函数、局部变量和全局变量、文件、结构体、指针、宏定义等，而编码时需要灵活运行这些基础知识。例如，# define HEADER1、# define HEADER2、# define FORMAT、# define DATA 等语句，是对字符串常量类型的定义。

⑥ 在人机交互中，大量使用了 printf、scanf、getchar 语句，并且很巧妙地利用了 printf 语句的格式控制符（# define FORMAT、# define DATA），使得 UI 设计变得更加简洁。

⑦ 在实训任务中用到了大量字符串处理函数，如字符串赋值 strcpy、字符串比较 strcmp、整型转字符串 atoi、字符串转浮点 atof、整型转字符串 itoa、字符串转浮点 gcvt 等。

21.2　进一步改进的方法

上述实训任务的代码还有不少地方值得改进，有些改进在详细设计中已经被提出了。

① 在 19.3 节中改进修改记录模块之后，如果只变更了电话号码，而其他值不变，则用户

只需输入新的电话号码，对于其他不变的值则输入 Y(表示不修改此项)即可，从而减少了录入操作次数。在 19.4 节中改进查询记录模块 queryTele()之后，解决了相同姓名记录无法全部查询的问题等。

② 解决结构体成员变量为数值型的问题：

```
typedef struct telebook       /*标记为 telebook*/
{
    char num[4];              /*编号*/
    char name[10];            /*姓名*/
    char phoneNumber[15];     /*电话号码*/
    char address[20];         /*地址*/
}TeleBook;
```

在 16.2 节中给出了 10 道实训题目，其中有些题目将结构体某些成员变量设置为数值型更为合适。例如，图书管理系统中各种图书销售数量设置为 int 型比较合适，而图书价格设置为 float 型比较合适。但是需要指明，即使这些全部设置为 char 数组，也可以满足需求。为了方便起见，还是建议将成员变量全部设置为 char 数组，并按第 19 章的步骤完成代码开发。

下面我们仍以 TeleBook 为例，将编号设置为 int 型，电话号码设置为 float 型(没有实际意义，仅示例如何修改)，说明如何改进和改进步骤。

【代码】代码 CTraining-6 略。

① 在结构体中将部分变量更改为数值类型：

```
typedef struct telebook       /*标记为 telebook*/
{
    int num;                  /*编号*/
    char name[10];            /*姓名*/
    flat phoneNumber[15];     /*电话号码*/
    char address[20];         /*地址*/
}TeleBook;
```

这时，代码可以通过编译和连接，但是运行时会出现错误，下面以添加记录和显示记录两项功能为例说明改进过程，其中主要用到字符串转整型 atoi、字符串转浮点 atof、整型转字符串 itoa、浮点转字符串 gcvt()函数。

② 修改 addTele()模块：

```
int addTele(TeleBook temp[],int n)
{
    char ch,tempNum[10];
    char  tempBuffer[15];
    int i,flag = 0;
    system("cls");
    //displayTele(temp,n); /*先打印出已有的电话簿信息*/

    while(1)              /*一次可输入多条记录，直至输入编号为 0 的记录才结束添加操作*/
```

```
    {
        while(1)                      /*输入记录编号,保证该编号没有被使用,若输入编号为0,则退出添加记录操作*/
        {
            getValidLength(tempNum,sizeof(temp[n].num),"input number(press '0'return menu):");
                                      /*格式化输入编号并检验*/
            flag = 0;
            if(strcmp(tempNum,"0") == 0)/*输入为0,则退出添加操作,返回主界面*/
            {return n;}
            i = 0;
            while(i<n)                /*查询该编号是否已经存在,若存在则要求重新输入一个未被占用的编号*/
            {
                itoa(temp[i].num,tempBuffer,10);
                if(strcmp(tempBuffer,tempNum) == 0)
                {
                    flag = 1;
                    break;
                }
                i++;
            }

            if(flag == 1)             /*提示用户是否重新输入*/
            {  getchar();
               printf("==>The number %s is existing,try again?(y/n):",tempNum);
               scanf("%c",&ch);
               if(ch=='y'||ch=='Y')
                   continue;
               else
                   return n;
            }
            else
            {break;}
        }
        //strcpy(temp[n].num,tempNum);  /*将字符串num拷贝到temp[n].num中*/
        temp[n].num = atoi(tempNum);
        getValidLength(temp[n].name,sizeof(temp[n].name),"Name:");
        getValidLength(tempBuffer,15,"Telephone:"); //gcvt(temp[i].phoneNumber,10,tempBuffer);
        temp[n].phoneNumber = atof(tempBuffer);
        getValidLength(temp[n].address,sizeof(temp[n].address),"Adress:");
        gSaveFlag = 1;
        n++;
    }
    return n;
}
```

③ 修改 locateTele()模块：

```
int locateTele(TeleBook temp[],int n,char searchKey[],char whichSel[])
{
    int i = 0;
    char tempBuffer[15];
    if(strcmp(whichSel,"phoneNumber") == 0)          /* 按电话号码查询 */
    {
        while(i<n)
        {
            gcvt(temp[i].phoneNumber,10,tempBuffer);
            if(strcmp(tempBuffer,searchKey) == 0)   /* 若找到 searchKey 值的电话号码 */
                return i;
            i++;
        }
    }
    else if(strcmp(whichSel,"name") == 0)            /* 按姓名查询 */
    {
        while(i<n)
        {
            if(strcmp(temp[i].name,searchKey) == 0) /* 若找到 searchKey 值的姓名 */
                return i;
            i++;
        }
    }
    return -1;                                       /* 若未找到,返回一个整数 -1 */
}
```

④ 修改 UI 格式：

```
#define FORMAT "    |%-10d|   %-10s| %-15f|%-20s|\n"
```

⑤ 将如下函数实现体暂时注释掉，设置为空：sortTele()、insertTele()、modifyTele()、deleteTele()。到这步只能演示添加记录和显示记录功能。图 21.1 是结构体成员，将序号设为整型，电话号码设为浮点数后运行的显示记录界面。

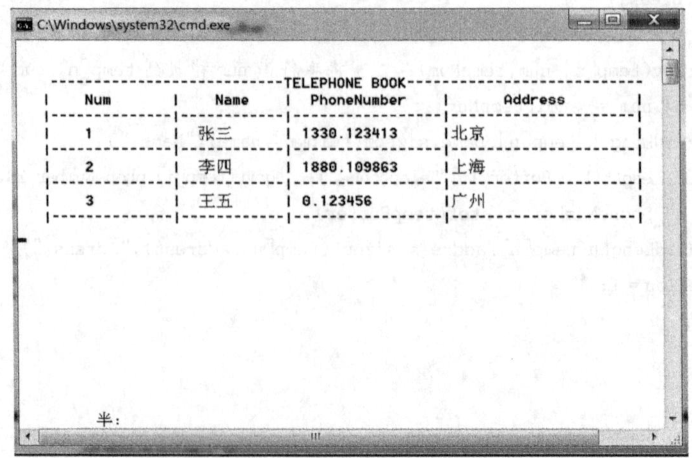

图 21.1 改进后的显示记录界面

⑥ 将上面暂时设置为空的函数,逐个修改,包括 sortTele()、insertTele()、modifyTele()、deleteTele()。其中,主要用到如下函数实现数据类型转换:字符串转整型函数 atoi()、字符串转浮点函数 atof()、整型转字符串函数 itoa()、浮点转字符串 gcvt()函数。

21.3 其他实现方案

上述实训任务在代码实现上还有很多其他方式。其中利用数据结构知识,通过创建链表结构,借助于链表的增、删、改、查,也可以实现电话号码簿的相应功能,这种方式实现起来比较简洁,代码量也比较小。

结构体和数据链表如下所示。(【代码】代码 CTraining-Node 略。)

```
typedef   struct telebook
    {
char   num[4];
char   name[20];
char   phoneNumber[15];
char   address[30];
    } TeleBook;

    typedef struct{
        TeleBook teleData[N];
        int length;
    } Seqlist;
    Seqlist S;
char filename[30];
```

参 考 文 献

［1］ 谭浩强.C程序设计[M].5版.北京:清华大学出版社,2017.

［2］ 方娇莉,潘晟旻.C语言程序设计(慕课版)[M].北京:电子工业出版社,2018.

［3］ 未来教育.全国计算机等级考试,一本通二级C语言[M].北京:人民邮电出版社,2020.

［4］ Wing J M. Computational thinking[J]. Communications of the ACM,2006(3):33-35.

［5］ 教育部高等学校大学计算机课程教学指导委员会.大学计算机基础课程教学基本要求[M].北京:高等教育出版社,2015.

［6］ 吴启武,刘勇,王俊峰,等.C语言课程设计案例精选[M].2版.北京:清华大学出版社,2015.

［7］ 钱乐秋,赵文耘,牛军钰.软件工程[M].3版.北京:清华大学出版社,2016.

附录1　全国计算机等级考试(二级C语言)程序设计考试大纲(2022年版)

基本要求

1. 熟悉Visual C++集成开发环境。

2. 掌握结构化程序设计的方法,具有良好的程序设计风格。

3. 掌握程序设计中简单的数据结构和算法并能阅读简单的程序。

4. 在Visual C++集成环境下,能够编写简单的C程序,并具有基本的纠错和调试程序的能力。

考试内容

一、C语言程序的结构

1. 程序的构成、main函数和其他函数。

2. 头文件、数据说明、函数的开始和结束标志以及程序中的注释。

3. 源程序的书写格式。

4. C语言的风格。

二、数据类型及其运算

1. C的数据类型(基本类型、构造类型、指针类型、无值类型)及其定义方法。

2. C运算符的种类、运算优先级和结合性。

3. 不同类型数据间的转换与运算。

4. C表达式类型(赋值表达式、算术表达式、关系表达式、逻辑表达式、条件表达式、逗号表达式)和求值规则。

三、基本语句

1. 表达式语句、空语句、复合语句。

2. 输入输出函数的调用、正确输入数据并正确设计输出格式。

四、选择结构程序设计

1. 用if语句实现选择结构。

2. 用switch语句实现多分支选择结构。

3. 选择结构的嵌套。

五、循环结构程序设计

1. for循环结构。

2. while和do-while循环结构。

3. continue语句和break语句。

4. 循环的嵌套。

六、数组的定义和引用

1. 一维数组和二维数组的定义、初始化和数组元素的引用。

2. 字符串与字符数组。

七、函数

1. 库函数的正确调用。

2. 函数的定义方法。

3. 函数的类型和返回值。

4. 形式参数与实际参数、参数值的传递。

5. 函数的正确调用、嵌套调用、递归调用。

6. 局部变量和全局变量。

7. 变量的存储类别(自动、静态、寄存器、外部)，变量的作用域和生存期。

八、编译预处理

1. 宏定义和调用(不带参数的宏、带参数的宏)。

2. “文件包含”处理。

九、指针

1. 地址与指针变量的概念、地址运算符与间址运算符。

2. 一维、二维数组和字符串的地址以及指向变量、数组、字符串、函数、结构体的指针变量的定义。通过指针引用以上各类型数据。

3. 用指针作函数参数。

4. 返回地址值的函数。

5. 指针数组、指向指针的指针。

十、结构体(即“结构”)与共同体(即“联合”)

1. 用 typedef 说明一个新类型。

2. 结构体和共用体类型数据的定义和成员的引用。

3. 通过结构体构成链表，单向链表的建立，结点数据的输出、删除与插入。

十一、位运算

1. 位运算符的含义和使用。

2. 简单的位运算。

十二、文件操作

1. 只要求缓冲文件系统(即高级磁盘 I/O 系统)，对非标准缓冲文件系统(即低级磁盘 I/O 系统)不要求。

2. 文件类型指针(FILE 类型指针)。

3. 文件的打开与关闭(fopen、fclose)。

4. 文件的读写(fputc、fgetc、fputs、fgets、fread、fwrite、fprintf、fscanf 函数的应用)

5. 文件的定位(rewind、fseek 函数的应用)。

考试方式

上机考试，考试时长 120 分钟，满分 100 分。

1. 题型及分值

单项选择题 40 分(含公共基础知识部分 10 分)。

操作题 60 分(包括程序填空题、程序修改题及程序设计题)。

2. 考试环境

操作系统：中文版 Window 7。

开发环境：Microsoft Visual C＋＋ 2010 学习版。

附录 2　全国计算机等级考试二级公共基础知识考试大纲(2022 年版)

基本要求

1. 掌握计算机系统的基本概念,理解计算机硬件系统和计算机操作系统。
2. 掌握算法的基本概念。
3. 掌握基本数据结构及其操作。
4. 掌握基本排序和查找算法。
5. 掌握逐步求精的结构化程序设计方法。
6. 掌握软件工程的基本方法,具有初步应用相关技术进行软件开发的能力。
7. 掌握数据库的基本知识,了解关系数据库的设计。

考试内容

一、计算机系统

1. 掌握计算机系统的结构。
2. 掌握计算机硬件系统结构,包括 CPU 的功能和组成,存储器分层体系,总线和外部设备。
3. 掌握操作系统的基本组成,包括进程管理、内存管理、目录和文件系统、I/O 设备管理。

二、基本数据结构与算法

1. 算法的基本概念、算法复杂度的概念和意义(时间复杂度与空间复杂度)。
2. 数据结构的定义、数据的逻辑结构与存储结构、数据结构的图形表示、线性结构与非线性结构的概念。
3. 线性表的定义、线性表的顺序存储结构及其插入与删除运算。
4. 栈和队列的定义、栈和队列的顺序存储结构及其基本运算。
5. 线性单链表、双向链表与循环链表的结构及其基本运算。
6. 树的基本概念,二叉树的定义及其存储结构,二叉树的前序、中序和后序遍历。
7. 顺序查找与二分法查找算法、基本排序算法(交换类排序、选择类排序、插入类排序)。

三、程序设计基础

1. 程序设计方法与风格。
2. 结构化程序设计。
3. 面向对象的程序设计方法、对象、方法、属性及继承与多态性。

四、软件工程基础

1. 软件工程基本概念、软件生命周期概念、软件工具与软件开发环境。
2. 结构化分析方法、数据流图、数据字典、软件需求规格说明书。
3. 结构化设计方法、总体设计与详细设计。

4. 软件测试的方法、白盒测试与黑盒测试、测试用例设计、软件测试的实施、单元测试、集成测试和系统测试。

5. 程序的调试、静态调试与动态调试。

五、数据库设计基础

1. 数据库的基本概念：数据库、数据库管理系统、数据库系统。

2. 数据模型、实体联系模型及 E-R 图，从 E-R 图导出关系数据模型。

3. 关系代数运算，包括集合运算及选择、投影、连接运算，数据库规范化理论。

4. 数据库设计方法和步骤：需求分析、概念设计、逻辑设计和物理设计的相关策略。

考试方式

1. 公共基础知识不单独考试，与其他二级科目组合在一起，作为二级科目考核内容的一部分。

2. 上机考试，10 道单项选择题，占 10 分。